数学教师教育丛书

数学教学关键问题解析

张定强　张炳意　著

中国科学技术出版社
·北　京·

图书在版编目（CIP）数据

数学教学关键问题解析/张定强，张炳意著 . —北京：中国科学技术出版社，2020. 12

（数学教师教育丛书）

ISBN 978 – 7 – 5046 – 8824 – 8

Ⅰ. ①数…　Ⅱ. ①张…②张　Ⅲ. ①数学教学—教学研究　Ⅳ. ①O1 – 4

中国版本图书馆 CIP 数据核字（2020）第 196810 号

策划编辑　王晓义
责任编辑　浮双双
封面设计　孙雪骊
责任校对　张晓莉
责任印制　徐　飞

出　　版　中国科学技术出版社
发　　行　中国科学技术出版社有限公司发行部
地　　址　北京市海淀区中关村南大街 16 号
邮　　编　100081
发行电话　010 – 62173865
传　　真　010 – 62179148
网　　址　http://www. cspbooks. com. cn

开　　本　710mm × 1000mm　1/16
字　　数　310 千字
印　　张　15. 75
版　　次　2020 年 12 月第 1 版
印　　次　2020 年 12 月第 1 次印刷
印　　刷　北京长宁印刷有限公司
书　　号　ISBN 978 – 7 – 5046 – 8824 – 8/O · 203
定　　价　54. 00 元

开篇寄语

亲爱的老师，很高兴与你见面，希望与你展开真诚的对话与交流。数学教学工作是一项伟大而崇高的事业，想必你有很多感悟和想法，可能也会有很多困惑与焦虑。这都是我们在数学教学工作中常遇到的，也是不可避免的。本书是作者多年从事数学教学与研究工作的一些心得与体会，愿和你一起分享、探讨数学教学系统中的一些关键问题，希望对你的数学教学工作有所助益。

亲爱的老师，时空将我们分隔，使我们无法面对面倾谈，但我们面对的数学教学事业是相同的。在信息化、全球化、多样化的时代，数学教学工作遇到了前所未有的挑战：一是教学理念要随全球化的浪潮不断地更新与完善；二是教学内容要随时代的变化不断地拓展和完善；三是教学方式要随信息化的融入不断地创新和发展；四是教学评价要随素养性的要求不断地探索与丰富。由此等等，需要你参与我们一起思考、对话，同我们的学生一起建构美好的数学教学文化环境，开启数学教学新局面。至此，我们以数学教学中的20个关键问题作为交流的起点，就这些问题提出一些看法，使之能够与你进行数学教学思想的交流和碰撞。毋庸置疑，你的阅读构成了一场对话。诚然，我们论述的有些观点、案例及想法可能会与你的认知发生冲突，但相信这些冲突一定是为了更好地探寻解决问题的方法，将你的思想融入我们的论述中，构成真正意义上的对话。

这本书主要以当下的时代背景为切入点，就数学教学中的理论与实践问题展开讨论，进而从数学教学的核心要素：数学课标与教材、数学教学设计与实施、数学教学评价与反思、数学学科素养与数学教学发展四个方面与你展开对话。我们一同琢磨，品味数学教学的真谛，思考如何有效地开展数学教学，深挖数学教学的价值，探讨对于学生数学学科核心素养的发展我们所能做出的贡献。让我们坐上时代的列车，透过窗口，欣赏数学教学的风景，边看边聊。相信列车到站时，你心里的数学教学图景也已完整。

那么，就让我们开启这次对话！当你翻开这本书，会看到每部分均有一段导引语，每部分由两章建构而成，每章有两个关键问题需要思考。在你看完问题之后不妨先自己尝试回答，然后再阅读后面的内容。我们在书中每一节后均留有空白，请你根据自己的教学经验思考问题并进行策略探寻。我们相信，你的参与定能赋予这本书生命的价值，也相信你的数学教学事业定能蒸蒸日上！

本书由西北师范大学张定强和甘肃省教育厅基础教育课程教材中心张炳意合作完成。张定强完成第一、第二部分的著作，张炳意完成第三、第四、第五部分的著作，最后由张定强负责审阅并修正本书。在编著过程中参阅了大量的相关文献，在此向相关的作者表示诚挚感谢。由于水平所限，书中难免有疏漏，恳请专家和读者批评指正。

目 录

第一部分　引　言

——如何理解数学教学所处的现实背景及变革的诉求

○明晰数学教学所处的现实背景与变革诉求是数学教学理论建构与深化的动力源泉，也是数学教学理论与实践不断丰富与进步的根基○

本部分的主要内容是阐释数学教学所处的现实背景与变革诉求；数学教学的理论与实践问题及其相互关系的研讨。

第一章　背景与诉求

◎我们正处在一个不断变化发展的世界中，有必要对这个变化世界的特点进行认知，在了解、理解、分析的基础上，掌握其变化规律，然后在这个世界中去建构与丰富数学教学世界◎

关键问题

1. 如何认识数学教学依存的现实背景？
2. 如何审视数学教学面临的变革诉求？

第一节　数学教学依存的现实背景

数学教学是传播数学与创新知识、发展学生数学学科核心素养、增进人类社会进步的重要途径。这种途径的有效运行需建立在一定的现实背景之上。

一、数学教学依存于时代发展的现实中

数学教学依存于时代发展的现实世界中，因此数学教学的目标、内容、实施、评价及管理都与现实世界的变化息息相关。

数学教学的目标从长远的观点看就是培养学生的数学学科核心素养以更好地理解这个变化的世界，进而帮助学生学会用数学的眼光、数学的思维、数学的语言来分析和表征这个变化的世界。

快速发展的世界对数学学习的内容提出了新的要求，我们需要不断地嵌入与当下现实世界紧密相关并帮助人类理解和认知这个世界所需要的数学知识，进而不断地丰富学生的数学内容体系。

快速变化的世界也对数学教学的实施方式提出了更新更高的要求，信息化时代作为世界快速发展的现实产物，不断地丰富着人与人之间的沟通方式，改变着人们的生存和生活方式，数学教学也要随着时代的发展不断变革，最

显著的变化是改变和重构数学教学模式，其中，交互学习和深度学习已然成为数学教学模式中最为核心的议题。

快速变化的现实也对数学教学的评价与考核方式提出了挑战，要求运用更加多元的评价分析视角来探讨学生的学业表现，不能仅局限于考试这一形态，要求教师用变化发展的眼光看待每个学生个体的真实表现，从中审视学生的真实性水平。

快速变化的现实世界对数学教学管理也提出了新的挑战，数字化生存环境的不断重建，挑战着数学教学的管理体制与机制，也在重塑着数学教学文化的理念、运行方式与管理机制。

时代发展变化最为显著的特点即智能化时代的到来。数学教学作为面向未来的一项事业，一定是立足于现实世界这个基点，并为改变与促进这个世界和谐发展做出贡献。虽然未来社会具有不确定性和不稳定性，但在这个世界中科技环境、产业结构、企业模式、就业形态在不断变化也在不断发展，作为身处变化中的数学教学事业也必将顺应并活化这种变化趋势。时代的变化催生新科技，创造新机会，带来新挑战，对此可能加速财富分配、资源配置及就业机会更加不均衡。市场全球化的加速，地球村的形成以及大市场、隐形市场使强者越强、弱者更弱的马太效应成为常态，从而使资产持有者财富不断地增加，退休者和贫困地区等弱势群体的购买力不断衰减，贫富更加悬殊，不断滋生的金融危机逐渐成为常态化的表现，社会上的不公平、国与国之间的相互竞争、人与人之间的相互影响幅度正在不断加剧，促使人的生存状态、发展趋势、进步程度也将发生大的变革。更为严峻的现实是年轻人的负担将越来越重，压力空前巨大，焦虑程度也随之不断地增加。这些现实中存在的或隐或显的因素无形中影响着数学的教与学。现当今，人口老龄化的现象更加严重，人们寿命长了，年轻人的负担就重了，世界的多极化样态与不稳定的态势，正在不断地颠覆旧有的秩序，改变着新一代的价值观、人生观和世界观，代际间的冲突也在不断地增加，个体赋权不断被强化，人们的经验、意识也会随时革新，这些都是数学教学中不容忽视的现实背景，对此数学教学也面临着相应的挑战，需要数学教学工作者把握时代发展的脉搏，应对挑战。

变化的现实正在不断地改变着世界的格局，如世界最大的的士公司却没有一辆汽车，最普及的社交网站却没有生产任何内容，世界最大的零售商却没有任何存货，世界最大的旅店供货商却没有任何物业。其实，当下共享式经济、同侪经济、群众筹资、开放源码、创客空间、团结合作消费、知彼知己等使得世界的形态已发生巨大变化，其中数学科学起着十分重要且关键的作用。数学模型、数学运算、数学推理在整个社会、政治、经济、文化中发挥着自己独特的作用。这种作用也在以不同的方式改变着数学教育的样态，改变着数学教学的面貌，也在不同程度地影响和改变着数学教学世界。随着科技的进步，人们发现对世界的认知还存在很多空白，人们希望获得更多的信息，却喜欢接受他人简单的结论；向往拥有更多的选择自由，却喜欢接受他人替自己做出选择，这些根源在于视野的狭窄、人情世故、对自己长短优缺的无知，还有人类自身的冒进、怯懦、自卑、缺乏支持系统等与世界的变化都要求变革数学教学样态。特别是农业经济、工业经济、服务型经济使得劳动力、土地、自然环境、资本之间的矛盾加剧，不同类型之间的协调、顺应分工、生产规章制度、文化等也会出现种种障碍，导致人们在掌握操作技能、总结经验、情意感受、区别差异、独特需要、量身定做、生产销售、沟通互动、创意活动等方面会产生更多的差异化需求与存在，致使人们对工作和生活的要求更加多样，需要人们承担多元的角色、进行一站式服务、一专多能，对此软实力也就成为时代的产物，进而迫使人们对于能力、情商、素质、创造力、领导力、团队精神、自我驱动力、自信心、坚毅力、约束力等方面的要求更加强烈，现实生活对人的要求或隐或显的转变为教育中的需要，在悄然地改变着教育的关注点和重心，变革着教育的内容与方式。由于时代的发展变化促使人们的素养发生着转移与变化，这些素养与修为就要求教育变革内容、方式、评价标准。在变化的世界中，学习者必须发生学习行为的变化，要求从经历中、做事中、感受中以及在一些现象的抽象、分析、具体的思考中去学、去观察、去反思，获取替代性经验以应对时代的挑战。基于这种现实的变化，数学教学要从学习的内容、方式、评价、反思等方面发生质的转变，以顺应时代的需要，不断地在数学教学中让学习者亲身参与、具体体验、超越经验，夯实数学学科核心素养，在一种可变化、可信赖的学习环境中实现数学教育目的。

当今社会，经济全球化、文化生态多样化、世界扁平化的趋势越来越明显，数学教学也不能独立存在，需要家长、学校、社会一起营建安全的学习环境，让学生有机会接受富有难度的数学学习挑战，不断尝试选择性学习、兴趣化学习，拓展学生的数学眼界与视野。在数学教学中提供多元经历，那么数学建模、数学探究、旅行、参观、义工服务、交朋结友、实验创作等课外活动也就成为数学教学的有效活动方式，真正让学生在数学学习中学会认知、学会做事、学会共同生活和生存，进而建构一种良序的数学教学支持系统，培养学生良好的生活和数学学习习惯。在数学学习中能够妥善地处理好各种事务与关系，在众说纷纭中辨析真理，在不同的意见、权利和义务、工作流程和反复实践中修炼决策行为，训练能够就某个重大决策进行综合研究，能够考虑各项措施的优、缺点，考究设计工作的程序和轻重缓急，高效处理矛盾与意见纠纷，充分利用数学的理性精神求取共识，照顾多方面的利益，富有创意地做出一个明智的决策。

二、数学教学依存于教育革新的现实中

教育已经发生了巨大的变化，无论是教育的理念，还是教育的内容、方式、评价和管理等的要义都已经发生了深刻的变化。教育与社会的政治、经济、文化以及自然环境越来越息息相关，也更加关联人类社会生存、发展的方方面面，数学教学就依存在变化的教育现实中。

教育是明日的事业，是面向未来的，需要用变革与发展的视野来对待与认知。

我们应充分、全面地认识到我们正培育的学生是将来要做尚未出现的职业的人。他们将以尚未发明的科技去解决今天尚未定义的难题，这就是教育的未来性。因此，教学事业就是要为学生未来的发展奠定坚实的基础，让他们有适应未来挑战的能力，能够基于教育变化与发展的趋势来思考当下与未来的数学教学事业。

当今，教育的理念、方式、方法、功能与价值正在悄然发生着根本性的变化。教育将不断拓展其在当今社会发展变革中的作用，将重新审视其在人类社会、大自然的运演过程中发挥的巨大功能。教育将以不同的方式介入整个人的生命全过程，在人的生活、社会的发展过程中教育的地位与作用将更加重要；教育的方式与方法会随着人类社会、自然进化变得更加科学和先进，并与这些变化与发展产生深度融合。教育将从只面向少数人的精英主义教育，转变为面向全体学生以至于所有公民的教育。教育的目的和任务不再是只为大学输送合格新生，而是为学习者一生的幸福奠定基础。在新时代人们的学习观念、行为、参与教育的过程将更加多元化、动态化，当毕业生继续升学或者直接走向社会时，教育就应当为培养学生的人生规划能力、职业意识和创业精神做出贡献，而这些正是当下社会发展的诉求，也是促使教学变革的动力源之一。教育将随着全球化的进程，分享其共同的经验，借鉴他者的智慧，自觉顺应、自觉跟进教育的国际化趋势。教师要向儿童、青少年和成年人传授他们一生所需的知识和技能、理念和方法、智慧和才干、品德与意志。这些一生有用的东西是社会长久发展与进步的重要基础，数学教学也应为此做出自己的贡献。

当下教育的重点就是深度推进课程改革，是全面贯彻党的教育方针，全面实施素质教育，全面落实立德树人根本任务。要大力推进教育创新，构建具有中国特色、充满活力的基础教育及整个教育体系，把培养学生人文基础、自主发展、社会参与所涉及的素养作为最重要的议题，紧扣学生

未来职业发展与社会进步的价值取向。新课程改革是一次教育领域的革命，课程是教育思想、教育目标和教育内容的主要载体，集中体现着国家意志和核心价值观，是学校教育教学活动的基本依据，直接影响人才培养质量。全面深化课程改革，整体构建符合教育规律、体现时代特征、具有中国特色的人才培养体系，建立健全综合协调、充满活力的育人体制机制，落实立德树人的根本任务，是提高国民素质、建设人力资源强国的战略行动，是适应教育内涵发展、基本实现教育现代化的必然要求，对于全面提高育人水平，让每个学生都能成为有用之才具有重要意义。课程改革面临新的挑战，经济全球化的深入推进，互联网技术的突飞猛进，各种思想文化交流交融交锋更加频繁，学生成长环境发生了深刻的变化。青少年学生思想意识更加自主，价值追求更加多样，个性特点更加鲜明，国际竞争日趋激烈，人才强国战略深入实施，时代和社会发展需要进一步提高国民的综合素质，培养创新人才。这些变化和需求对课程改革、教育系统、教育教学均提出了更新更高的要求，需要建立新型的教与学的互动关系，探究教学变革的动因，在知识经济时代、信息社会当中，树立不断学习、终身学习的理念，让每一个学生具备学习的愿望、兴趣和方法。充分认识、掌握获取知识的方法比记住知识更为重要，秉持对学习负责的精神，促进全面、自主、个性地发展。

三、数学教学依存于数学不断进步的现实中

数学在改变人们的生活方式、思维方式和行为方式的过程中起着十分重要的作用。它的功能、作用和价值正在不断发生着变化。它的内容、结构、原理、思想和方法正在不断地丰富。

数学教学不仅依存于现实背景，依存于人们对教育诉求的提升以及信息技术的发展，更依存于数学的不断变化进步中。数学既是一种文化、一种“思想的体操”，更是现代理性文化的核心。马克思说：“一门科学只有当它达到了能够成功地运用数学时，才算真正发展了。”在前几次科技革命中，数学大都起到先导和支柱作用。我们不能要求决策者本人一定要懂得很多数学知识，但至少数学中所蕴藏的思想和方法会对决策者起到帮助作用。同时，数学作为一种工具，是科技创新的一种资源，是一种普遍适用并赋予人以能力的技术。

数学实力往往影响着国家实力，世界强国必然是数学强国。数学对于一个国家的发展至关重要，发达国家常常把保持数学领先地位作为它们的战略需求。17—19 世纪英国、法国，以及后来的德国，不仅是欧洲大国，更是数学强国。17 世纪，牛顿发明了微积分，用微积分研究了许多力学、天体运动

的问题，在数学上这是一场革命，由此英国在数学上引领了潮流。法国本来就有良好的数学文化传统，一直保持着数学强国的地位。19 世纪德国、法国称雄于世界，源于在数学上的进步。到了 20 世纪初，德国哥廷根成为世界数学的中心。19 世纪数学在俄罗斯开始崛起，到了 20 世纪苏联成为世界数学强国之一。特别是苏联于 1958 年成功发射了第一颗人造地球卫星，震撼了全世界。当时美国总统约翰·肯尼迪决心要在空间技术上赶超苏联，认为关键的方面就是数学领域。为此，在美国推动科学教育（包含数学教育）的大改革，大力发展数学事业。第二次世界大战前美国只是一个新兴国家，在数学上还落后于欧洲，但是今天已经成为数学超级大国。其原因就在于美国加强了对数学研究和数学教育的投入，充分认识到数学在科技方面的重要价值，使得本来在科技界、工商界、军事部门、文化部门等就有良好的数学基础国家，迅速发展成为一个数学强国，足见数学在国家发展与建设方面所起的奠基性作用。

数学的内涵及特征决定着数学的功用。数学是一门“研究数量关系与空间形式”（即“数”与“形”）的学科。这是对数学最为经典的定义，也是认知数学、教育数学的起点。通常情况下，数学首先是对现存的客观实在进行精细化分析的基础上建立的理论体系，是了解、认知、分析现存世界的基本工具，也是基于解决现存问题而产生的一门学科。根据问题的来源把数学分为纯粹数学（又称基础数学）与应用数学。研究其自身提出的问题（如费马大定理和哥德巴赫猜想等）是纯粹数学；研究来自现实世界中的数学问题就是应用数学，通常是要建立数学“模型”，使得数学研究的对象在“数”与“形”的基础之上又有扩充，产生各种“关系”，如“语言”“程序”“DNA 排序”“选举”“动物行为”等都能作为数学研究的对象，使得数学应用的视域不断拓展。数学最明显的特征就是要形式化，即通过符号、逻辑等工具进行严密的建构进而构成体系和谐的一个整体。纯粹数学与应用数学的界限有时不是明显区分的，随着数学的不断进步，一方面，由于纯粹数学中的许多对象，追根溯源是来自解决外部问题（如天文学、力学、物理学等）时提出来的，这些新概念丰富了数学发展的空间；另一方面，为了要研究从外部世界提出的数学问题（如分子运动、网络、动力系统、信息传输等），有时需要从更抽象、更纯粹的角度来考察才有可能解决。

基于数学不断进步与融合的现实，数学在发展演化过程中表现出高度的抽象性与逻辑的严谨性、应用的广泛性与描述的精确性、对象的多样性与内部体系之间的统一性的基本特征。正是这些数学品质决定了数学是各门科学和技术的语言和工具，数学的概念、公式与理论、思想与方法都已渗透到其他学科的体系之中，显现在各类教科书、各种研究文献当中。许许多多精深的数学思想与方法在解决复杂的问题中发挥出了巨大的力量，并将其演变成软件，以内部运演的方式成为快速解决超级复杂问题的利器，成为信息技术的核心，并推动着科技的飞速发展、人类社会健康进步。数学就是其“有机的”的重要成员，已经浸透到大千世界的方方面面，处处都可以显现它的踪迹。数学自身随着现实问题解决的需要以及内部运动的发展规律，也处在不断进步与发展中。自身像一个庞大、多层次、不断生长、无限延伸的网络，各种概念、命题和定理、原理、思想、方法互相碰撞、启迪、融合，连接起来，特别是世界与数学进行亲密的接触中使数学成为接通现实和未来、真实与想象的基石。这种连接是客观事物内在逻辑的反映。一大批数学家、数学爱好者、数学应用者不断探索着新的数学发展时空，建立新的结点成线，寻找新的连接成面，清理和整合众多的连接并转化为体，在客观世界吸取营养的过程中与其他学科融合，并不断丰富、延伸数学的体系空间。从而在研究现实世界的问题当中，建构新的数学模型，打通新的网络关系，为人类提供解决问题的思路、理论和方法。在现代社会，人们的生活越来越离不开数学，我们在享受着数学的服务，并运用数学纯粹的真善美去分析和解读这个世界。

当代数学与科学技术、自然科学、社会科学，以至于与政治、经济、文化、艺术等紧密相连，成为这些学科进步与发展的基本工具和思想。数学教学就要在数学的进步与发展的现实当中，为学生提供最基本的数学知识与技能、数学原理与方法，进而引导学生去创造性的融入技术革命和学科构建的潮流中。数学具有文化的品性，也决定了它能够提供很独特的思维方式和理性精神。这种思维方式包括抽象化、特殊化、运用符号、建立模型、逻辑分析、推理、计算、论证、概括和思辨等，并有不断地改进、推广的特色，从而更深入地洞察内在与外在的联系，在更大范围内进行概括，建立更为一般的统一理论等一整套严谨的、行之有效的科学方法。正是这种思维方式所体现出的独特的文化特质，使得各门学科的理论知识更加系统化、逻辑化。为此数学教学就担当着十分重要的使命与职责，让学生在数学学习中获得这种文化的特质，助推他们在未来的挑战中能够分析和解决问题。

四、数学教学依存于数学教育的发展现实中

数学教育是把数学知识、精神、思想、方法、观念等通过适合学生身心发展的方式转化成学生数学核心素养的过程。数学教学就是最为基本的转化手段之一。随着新课程改革的不断推进，数学教育无论在理念、内容、方式，还是评价、反思、管理中，都在不断地采用更加先进的理论与实践手段去影

响学生的数学发展，所以依存于数学教育发展现实中的数学教学就显得尤为重要。

依存于数学教育中的数学教学重要性不断凸显。在信息化社会，数学对于国民素质的影响至关重要。1984 年美国国家研究委员会在《进一步繁荣美国数学》中提出："在现今这个技术发达的社会里，扫除'数学盲'的任务已经替代了昔日扫除文盲的任务，而成为当今教育的主要目标"。1993 年，美国国家研究委员会在发表的《人人关心数学教育的未来》报告中提出："除经济以外，对数学无知的社会和政治后果给每个民主政治的生存提出了惊恐的信号。因为数学掌握着我们的基于信息的社会的领导能力的关键。"从中透射出数学在当代社会的重要地位与价值。在当下社会，数学比以往更加重要和关键，国家富强、民族复兴更是不能缺失数学这一工具，因此需要数学教育发挥作用，采取更加灵活的数学教学方式，采用更加科学的评价手段，不断地提高数学教育水平，以培养国家之所需的栋梁。现阶段，我国正处于数学课程改革的深化期，着力于提升学生的数学学科核心素养。数学是当代人从事创新性工作的基本素养之一，不仅开阔人的视野，增添人的智慧，而且是对人理性思维训练的最好途径，因此有必要认真研究数学教育样态，分析数学教学所面临的机遇与挑战。

依存于数学教育的教学方式发生了巨大的变化。数学素养对于人的发展的重要性不断强化。它对一般科学工作者的重要性不言而喻，更对每一个公民在事业发展、工作生活中有着十分重要的价值。在 1988 年召开的国际数学教育大会上，美国数学教育家在《面向新世纪的数学的报告》中指出："对于中学后数学教育，最重要的任务是使数学成为一门对于怀着各种各样不同兴趣的学生都有吸引力的学科，要使大学数学对于众多不同的前程都是一种必要的不可少的预备。"数学是科技创新的一种资源，是一种普遍适用的并赋予人以能力的技术和模式，改善数学教育，提高学生的数学水平是数学教育现实的迫切需要。而首要的变革就是依存于数学教育中的数学教学方式的变革，往昔的题海战术、多讲多练或是精讲精练已经不能完全适合时代发展的要求，需要采用自主学习、合作研讨、交流分享、问题解决、情境创设、实践创新等形式来建设更加高效的课堂，采用更加多样的技术手段来丰富教学模式，使用更加科学的评价手段来检测数学素养的达成度。

依存于数学教育的教学内容发生了巨大的变化。数学的发展和进步通常是由内部因素和外部因素共同驱动的结果。数学内部各分支的相互交叉与融合带来了意想不到的数学成就，扩展了数学应用的领域，助推科学工程、经济发展、国防安全、生态文明、自然和谐。大数据时代的到来，更是史无前例地将数学交叉的重要性以及与各学科融合的统一性上升到一个重要的战略位置。未来的大部分科学与工程将建立在数学科学的基础上，数学的交叉研究与应用势不可当，实践已证明，数学科学正日益成为生物学、医学、社会科学、商业、先进设计、气候、金融、先进材料等许多研究领域不可或缺的重要组成部分，几乎渗透到日常生活的各个方面，如互联网搜索、医疗成像、电脑动画、数值天气预报和其他计算机模拟、各类数字通信、商业、军事的优化以及金融风险分析等。毫无疑问，数学科学是以上这些学科的基础。数学也是国家治理、世界重构、文明发展的重要力量源泉，这种趋势必将反映在数学教育体系中，使数学教学的内容不断革新。数学追求一种完全确定的、可靠的知识，在数学上是非分明，没有模棱两可，这种确定性的思维方式与随机思维方式是当代人认知世界与改革世界所需要的方式，并借助于不同的学习领域如数与代数、图形与几何、统计与概率、数学建模活动与数学探究活动来学习和掌握。正是由于信息技术的发展，使师生有更多的机会去获取更加重要的知识内容，在数学教学中追求更深层次的、更为简单的、超出人类感官的基本规律，充分体现一种真正的探索精神、一种毫不保守的创新精神。

思考时刻：作为数学教师的你，对数学发生的变化有什么样的感受，结合数学教学现实，思考一下这些变化给你的数学教学提出了什么样的挑战。

策略探寻：面对复杂的数学教学情境，写出你的应对之策。

第二节　数学教学面临的变革诉求

数学教学随着数学的进步、环境的变化、时代的需要会发生变化，但这种变化必须是基于对现实的把握、理解，从而才能更有力量去进行变革。正是因为现实的数学教学中存在着些许的问题，数学教学变革才显得尤为重要。

一、数学教学存在着教与学的弱相关需要变革

无论是数学教学理论的研究还是数学教学实践的探索，我们发现数学教学中教与学没有很好地达到同步共振，形成强有力的整合力量，表现的形态

是相互分割与脱节的。

表征之一是数学教学设计中学情分析游离于学生的现实。在设计的准备阶段学情分析不够，把学情分析变成了看成绩、看作业、观听话的程度，缺失了对学生数学学习习性、个性特点的深入了解，造成了教与学的分割。其结果是教师在教学设计中教学目标针对性不强，活动实效性不高，问题精准性不够，现象反思性不透，导致在实施中教师似乎在用心地教，而学生却没有用心地学，使得教师付出与学生所获呈现一种弱相关（或极不平衡的现象）。教师“控制”或“绑架”学生，以至于分数至上、德行缺失、机械训练、死记硬背、方式僵化、灵性缺失成为数学教学中经常出现的情况。

表征之二是数学学习与教学的信息不对称。学生如何学、教师如何教沟通不够，导致数学教学设计、实施、评价不能很好地服务于学生数学学习，出现了教与学的双盲现象。教与学信息的不对称反而加重了师生对数学知识教与学的焦虑感，外在过多的信息反而加大了师生的认知负荷，强化了师生的心理焦虑，教不能满足学的诉求，学不能满足教的要求。

上述两种表象就需要树立学习共同体的理念，即视教师、学生及其他学习相关者为一个学习共同体，有共同的目标追求，共同完成学习任务，在学习过程中相互沟通、交流、合作、共享各种学习资源和成果，根据不同的角色定位，创设数学情境、精选教学内容、优化教学环境、开放教学时空、精确教学程式，让学习共同体在一个良好的数学教学环境下成为学习小社区，自主学习，互通信息，形成自由开放且带有异质特点的个性化课堂，这种新型的教与学关系就能有效地破解教与学的弱相关。

学习共同体理念需要把数学教学中的基本要素纳入一种学习体系中来思考，使师生、环境、活动、权力、资源等要素有效组合成一个学习整体，使数学知识、思维、活动、语言、能力、经验、体验、感受、情感、方法等成为学习共同体的着力点，促使学习共同体生命的质量与价值的提升，并通过设计和创设情境强化数学抽象、逻辑推理、数学运算、数据分析、几何直观等数学核心素养。例如“测量学校内、外建筑物的高度”就要运用学习共同体的理念来进行教学设计，让学习共同体一起体验数学建模活动的全过程，在教师、学生、家长、专家等共同参与下，有目标、有计划系统全面开展选题、开题、做题、结题等活动，通过设置一系列精彩的活动，如分享一些数学历史故事：“金字塔是如何测量的?”之类的，以启发引导学生思考；同时拓展性的就测量学方面的问题与学生共享，以激发学习数学的兴趣，使学生在享用数学典故的过程中感受数学的作用和价值，进而投入测量活动中，诸如此类的活动开展，就可以破解数学教学中教与学的弱相关，启发我们进行有益的教学尝试，突破现有数学教学中的一些困境。

二、数学教学中存在着静态改革观需要变革

审视现实的数学教学实践，静态线性的改革观依然盛行于数学教学。这主要表现为视数学教学为备课、上课和考试等线性环节的建构，数学教学观念停留在传统层面，使数学教学设计停留在表层，教学行为停留在形式上，评价反思停留在分数上，从而使数学教学囿于简单化的重复，是一种静态的改革观，致使数学教学没有引发学生数学素养的提升。教师也缺乏改革的勇气，对教学系统分析线性化，对教材分析简单化，对数学思想与方法的挖掘表层化，对例题、习题的剖析漂浮化，造成了数学教与学的被动局面。

基于静态改革观的现实，亟须动态改革观来应对，以系统思考数学教学改革问题。动态数学教学改革观要求：①要求树立系统观。根据时代、环境、知识、学情的变化，系统诊断分析数学教学中的问题，通过多种方法和手段，使数学教学真正为学生的“学”服务，并着力于要素间的特色、意蕴、差异的挖掘。②要求数学教学改革从知识与能力立意转向审美与素养立意。这种转向从根本上要求数学教学建构从传授知识、培养能力的定位转换到改变思维、启迪智慧、体验美感、点化生命的核心素养的高度上，从根本上转变知识主义教育价值取向。③要求数学教学改革聚焦数学学科核心素养。在依据核心素养确定学科核心素养，依据学科核心素养理解数学课标、解析数学教材，从而在数学教学设计、教学实施与评价上都要让学生经历真实的探究、创造、协作与问题解决的过程，不断地强化学生的数学“四基”和“四能”，让学生的数学素养通过学习共同体之间的对话、互动、实践、探究不断生成和强化，在教中学、学中做的基础上践行“发现、探究、解决真实问题”的学习，让学习共同体真正成为数学素养发展的共同体。

基于动态的数学教学改革观需要充分利用学习共同体等诸多方面的资源，精心设计、组织实施课堂教学。在客观真实分析数学教学现状的基础上，科学有效地进行教学设计与实施，在认真分析数学教材编写意图、融合各种资源的基础上，适度定位其认知负荷，切实减轻学生学习数学的困难，提高学生数学素养。

三、数学教学中存在着缺失性思维需要变革

缺失性思维的近义词就是稀缺头脑模式或者固定性思维。在长期数学教学中，师生将注意力过分集中在成绩的提高与考题的训练上，而对一些重要的数学问题不能从质与量的角度分析和思考，淡化了对数学学习真需求的满足。成长性思维的近义词是正向思维或者批判性思维，一个基本观点是“努力”比“天赋”更重要，在遇到困难和挑战时要更加乐观积极，相信通过不

懈努力，能够克服困难，最终走向成功。

数学教学中的缺失性思维一般表现为“太难了，我要放弃”。而成长性思维的学生会想：“我不放弃，我要去试一试!”做题犯错时，缺失性思维的会想：“我粗心了”，成长性思维的会想：“我要想一想用不同的方法去攻克它”。成长性思维会不断挑战自我，把每一次失败当作学习的机会，而缺失性思维局限在思维定式里，缺乏自信，不喜欢挑战，容易放弃。数学教学改革的一个极为关键的任务就是要转变学习共同体的思维方式，让学生能够感受到努力过程和为达目标所做的各种尝试的收获。

基于此，数学教学改革需要确立成长型思维模式。这种思维模式要求超越传统教学走向主题教学，面对数学教学设计简单化、教学过程线性化、评价反思僵硬化的问题，成长型思维要求用设计思维的方式来应对这些问题。设计思维的使命就是想方设法找出并实施有助于学生更愉悦、更投入、更有成效进行学习的方案。因此，要研究数学教学的新样态，诸如微课、翻转课堂、移动学习、泛在学习等移动互联网背景下与数学教学匹配的组织方式，把重心置于基于数学问题解决的主动学习、面向真实情境的深度学习、基于证据的智慧学习、突破校园的无边界学习等，在数学教学中更加关注数学思想、思维品质和关键能力的培养；设计思维还要求学习共同体不仅关注文本本身的情感、态度和价值观，更应关注共同体在数学问题解决、真实情境下的品质和态度，以及对完成知识学习、方法感悟中的思维方式变革；在学习内容方面，致力于具有挑战性的真实任务情境的设计和呈现，将“去情境”“去数学”还原为数学知识发生、发展的现场，增强数学抽象、推理、模型思想；在数学学习方式方面，成长性思维要积极探索跨学科主题整合的主题教学，设计学习工具、模型和脚手架，深度解析数学概念、思想与方法及原理，帮助学生掌握学习某一类知识、解决某一类问题的思维方式和方法，帮助学生掌握主动学习的工具。如“函数单调性”的主题教学就是作为模型和脚手架，帮助学习共同体梳理与一次函数、二次函数、反比例函数的单调性及相关的数学知识，掌握用代数和几何的方法研究函数单调性的方法，在经历用函数单调性解决问题的过程中提升数学抽象、推理和建模素养。

四、数学教学中存在着向后看思维需要变革

向后看思维就是过分地关注发生过的教学事件所留下的印迹，而缺失向前看的意境。向前看思维不仅能够全面审视过去已经发生过的事，更重要的是能够前瞻性思考问题，采取有效的策略，设计与思考数学教学中的一些重大问题，如数学知识的获取方法，概念的掌握程度，数学思想、原理的理解应用等。

向前看思维就是能够从数学教学的战略地位出发，确定数学教学改革向前的思维模式。一是基于现实数学教学问题进行教学改革，在新理念的指导下，打破向后看的思维，即以培养学习共同体逐步形成具有数学基本特征的思维品格、关键能力以及情感、态度和价值观为教学改革的立足点；二是基于数学学习共同体生命成长的角度进行教学改革，克服向后看思维中师生幸福感缺失、教师独角戏填鸭式的教学方式、作业量大学生抄袭等现象，在数学教学中真正以学习为中心，以人为本，坚持教为学服务的基本教学理念。构建一个以学为中心的数学教学行动模式，树立崭新的教育观、学生观、教师观、课程观、课堂观和价值观，解放学生，发展学生；向前看思维方式就要在诊断分析教学现状的基础上，采用系统思维方式，在“察学”的基础上，将上课前的教情、学情等信息公开化，并以此作为确定学习目标、规划活动流程、选用教学方法、进行效果预测的依据，在了解学情、小组合作学习状态的基础上整体感知教材，通过不断的沟通、记录、反馈、调整、完善，使数学课堂因动态生成而精彩，并要不断地在数学教学过程中改进、完善、优化教学策略，更加投入、专注、启发引导学生主动学习、积极探索。如“三角形的性质”的教学改革，就要树立向前看的思维，运用学生生活中的实例引入三角形的概念，并整体设计引导学生探究三角形中所蕴藏的丰富性质。可以设计关于三角形方面的认知故事，联系三角学等方面的知识，拓展学生的探究视域，全方位地开放学习共同体的数学视野，在激发兴趣的基础上，让学生爱上数学学习。

数学教学的主要目标是让学生喜欢并能感受到数学的真谛，感受数学的统一、力量和美，享受学习数学的乐趣。当前学生最大的困境是缺乏学习数学的兴趣，究其原因，“分数为上”的现状直接影响了数学教学，通过向前看思维就能破解这些误区。

上述归纳的数学教学中所存在的四种教学问题，即为数学教师教学改进的基本方面。

思考时刻：在阅读上述问题后，你认为当下的数学教学中存在哪些现实的问题请罗列在下面。

策略探寻：快速地将你列出的问题给出一些解决策略，并在教学中尝试，将其取得的经验、实效列在本书的空白处。

第二章　理论与实践

◎数学教学需要理论的指导，也需要实践经验的积累，更需要对数学教学不断地探索与创新◎

关键问题

1. 数学教学需要什么样的理论作为指导?
2. 数学教学如何在实践中进行探索创新?

第一节　数学教学理论的基本认知

数学教学理论与实践的关系永远是数学教学探究的重大问题。理论源于实践、高于实践且用于实践，理论指导实践并在实践中不断完善、丰富和发展；而实践为理论的发展提供源源不断的原材料。其实理论向实践学习的东西远比它能指导实践的要多，因为实践向来是动态地、不断地接触时代的潮流，理论就在实践的流动中不断地丰富解释力和指导力。因此，在数学教学中要有一种实践感、历史感和动态感，并在数学教学的现实中协调理论与实践的关系。

一、数学教学需要“为什么”的理论

数学是自然科学的基础，也是国家重大技术创新与发展的基础。数学实力往往影响着国家实力，几乎所有的重大发现都与数学的发展与进步息息相关，数学已成为航空航天、国防安全、生物医药、信息安全、能源安全、海洋开发、人工智能、先进制造等领域不可或缺的重要支撑。数学不仅是推动社会发展进步的基因，更是使人明智、全面发展的核心基因。正是数学的巨大功能和价值决定了数学在教育中的核心地位，基础教育的数学课程与教学必然是培养学生成人、成才的一种关键方式。数学教育是基于成人、成才而存在的，是人类社会发展之所需，更是人更加明智和有力量的存在。《普通高中数学课程标准（2017 年版）》指出数学教育承载着落实立德树人的根本任

务和发展素质教育的功能；义务教育阶段也是如此。在新时代，需要数学教育学者从理论与实践的维度探讨数学教育的价值之所在，使每一位学生通过数学实践活动深切地感受到数学的统一、力量和美。

为此，要使数学教学更能充分地发挥教书育人的基本职责，首先要使数学教学共同体明了和掌握“为什么”的教学理论。①为什么要高度重视数学教学。因为数学不仅是一种重要的“工具”或“方法”，也是一种思维模式，即“数学方式的理性思维模式”；数学不仅是一门科学，也是一种文化，即“数学文化”；数学不仅是知识，也是一种素质，即“数学素质”。正是因为数学训练在提高人的推理能力、抽象能力、分析能力和应用能力上具有其他学科训练不可替代的价值，所以就要高度重视数学教学。②为什么学生要通过数学教学来学习数学知识。因为数学本身的抽象性、严谨性和广泛性决定了数学与现实生活的间距，需要通过继承前人创造的知识才能掌握要学的数学知识，只有通过数学教学，通过教师精心设计的教学活动，才能让数学知识融入人类社会的方方面面，并与学生的现有经验产生关联，改变学生的数学经验。如果没有教师的引导、情境的创设、活动的开展，就很难使学生快速地掌握数学知识。因此通过数学教学活动，方能剖析数学在分析现象、解决问题、拓展思维、优化人类社会进程中的作用。让教师和学生从原理上明晰数学为何而存在，人为何要学习，如何去学习等数学学习中的重大问题，把数学中的真、善、美展示出来，从而知晓数学与人之间的内在联系。③为什么现阶段要基于基础教育2017年版课标来从事数学教学。因为该课标不仅是数学教材编写的依据，更是数学教学与考试评价的依据，所以要深入学习核心要义，挖掘蕴藏其中的数学课程性质、理念、结构、内容、实施、评价、管理等核心议题的本质特点，展开对数学教育本源性问题的思考，从根本上明晰数学教学、学习的价值与意义，摒弃人们对数学教育的误解和错解，建构更加科学的数学教育生态环境。

“为什么”的数学教学理论对更好地从事数学教学工作有重要的价值。通过“为什么”理论的探究，就能知晓数学教学能否满足、如何满足主体需要以及数学教学对人和社会的意义。从而明晰数学问题解决和数学建模与探究活动在数学教学中的重大意义，使数学教学更加接地气，从而实现数学教育的价值，通过数学建模、探究、问题解决可以使学生更深切地感悟到数学与生活、世界的关系，才能更深刻地理解数学是研究数量关系与空间形式的本真含义。

二、数学教学需要“是什么”的理论

要更好地从事数学教学工作，就要明晰数学教学是什么的问题，数学教学本质上讲是通过数学教学活动助推、发展学生数学学科核心素养，实现立德树人的根本任务，特别是通过数学教学提升数学学科核心素养以使学生幸福生活。为了更好地挖掘数学教学的本质，就要从“是什么”入手进行数学教学，数学教学就是基于人类所创造的数学文化体系中精心挑选而建构的有利于学生发展的数学知识体系，因此数学教学就是通过教与学的双边活动，在充分分析时代发展的基本特点、数学的发展特点、学生的发展需要的基础上建造人人都能获得良好的数学教育的数学教学生态环境，以实现不同的人在数学上得到不同发展的教学旨向。因此，需要顶层设计数学教学的理念、目标、结构、实施和评价，在扎根于数学课堂，基于学情分析、时代发展、未来展望的基础上进行数学教学接地气式探析，抓住数学教学育人成人这一核心，从数学活动、数学学习、数学反思这些数学教学实践层面最基本的问题入手，把对数学的热爱、功能、价值根植于学生的心田。

数学教学“是什么”的理论就是要探索数学教学的概念及关系体系，只有透过纷繁的数学教学现象才能观察透视数学教学所依存的概念体系及关系体系，才能从数学课程、数学教学、数学学习、数学评价、数学反思等多维度中探析数学教学发展的方向。①知晓数学教学思想，这是数学教学的灵魂，是沟通数学教学众多要素的核心，只有在数学教学思想的指导下，才能使数学教学的价值更加突显，才能析出数学教学原则、拓展数学教学空间、强化数学教学信念；②知晓数学教学方法，方法是解决问题的工具，这种方法体现在数学教学设计、数学教学实施和数学教学评价当中。

三、数学教学需要“怎么做”的理论

培养什么人、怎样培养人、为谁培养人，是教育的根本问题，也是数学教学进行的着力点。工欲善其事，必先利其器。因此数学教学要落实立德树人的根本任务就需要“怎么做”的理论体系，需要探析数学教学的方法体系去实现数学教学的目标，需要站在“互联网+”时代背景下，对于数学教学的形态与实施方法进行研究，提出高质量的研究问题，建构数学教学运行的技术规范体系，使数学教学与互联网深度融合，提供解决数学教学现实问题的指导方案。虽然数学教学因时因地因材因人而异，但数学教学运行一定有规律可循，需要探析其中的理论体系并指导进行实证研究，探寻具有中国特色的新时代数学教学方法，做具有中国特色的数学教学。目前要基于数学核心素养在自主、合作、探究上做更进一步的研究，需要在智能化方面找路径、在统整上找出路，进而在总结实践经验、寻找运行模式中取得新成就。

（1）明晰“怎么做”的数学教学设计理论。首先要明确数学教学设计的基本要素，理顺这些要素的逻辑关系，通常一个数学教学设计包括数学要素、课标要素、教材要素、学情要素、目标要素、重点要素、难点要素、方法要素、过程要素、板书要素、反思要素。其次要明晰这些要素之间的关系，即数学教学设计机制，就是处理好各要素之间的逻辑关系，数学教学设计的核心就是在教学实施中让学生利益最大化，就是发展学生的数学核心素养，实现立德树人。围绕数学的传播、增润、增质的高效化，就要认真研读课标，因为课标是在总结数学教育经验的基础上，经过长时间的归纳与梳理规定所教与所学的理念、内容、方法、评价体系，具有先进的数学教学设计理念、明确的数学教学内容、有效的数学教学方法和科学的反思评价要求，是在深度理解所教所学数学基础上从教育教学的视角做出的先导性明示，助推数学教学设计形成一个框架与路径，从学理上分析，在清晰上面两个上位要素机制的基础上，就要从教材与学情入手，教材是数学教育研究者为数学教学所做的一个准设计，是从教学的视角来展现所教与所学的数学知识，是基于作者自身对教学的理解而做的一种教学安排，因此数学教学设计者就要与所教的学生相关联，进行教材与学情的分析，建立耦合关系，依据学生的学情对教材中的设计进行二次开发。教学的设计及定位，关键在于准确把握两者之间的契合程度，从而有所取舍，在研判学情与教材关系的基础上，结合数学与课标的理解进行教学目标的设计。因为后续的数学教学工作都要围绕教学目标开展，所以教学目标的设计至关重要，能否设计合理，主要取决于对数学与课标的理解及对教材与学情的分析以及整合设计者个体的教学经验等众多因素，为此要清晰而准确的定位目标，通常的设计是按课节来做，那么在一节中到底让学生获取什么样的数学素养，通过什么样的途径与方法来获取这些素养，在获取素养的过程中情感态度价值观如何提升等都是设计中必需思考的重大问题，在确立教学目标中一个不可回避的思想因素就是重点与难点的析出，基于上述几个要素及关系的分析，从数学体系中析出所学的本节课的教学重点，从学生学习理解维度析出所学数学知识的难点，下面就要选择教学方法来实现教学目标和突破难点、突出重点，所有这些分析都是为了优化教学过程，从而得到显著的教学效果。过程设计又是数学教学设计的一个重点地带，要全方位地考量除前面的机制分析之外的数学课堂教学文化的渗透、教学的硬件条件、软件条件、资源条件等的配置，从话语、问题、活动、任务、时间、空间等多角度考量教学的流程。最后就是板书与反思机制的完善。

（2）要明晰“怎么做”数学教学实施的理论。教学设计为教学实施提供了一个方案，要将其转变成具体的行动过程，还需要思考实施的理论架构问题，从学理上搞清楚数学教学实施问题。一方面是基于教学设计方案，但要有变通性和创新性。因为在具体实施过程中，由于教学环境、教学资源、教学进程中偶发因素的影响可能会改变设计中的某些环节的实施，那么在数学教学实施过程中的这种变通性就显得十分重要。另外，随着数学教学的进行，会出现很多生成性的资源，因此就需要创新性的整合这些资源于教学流程中，促进学生数学核心素养的发展。

(3) 要明晰“怎么做”数学教学评价的理论。数学教学评价理论在数学教育体系中的重要性不言而喻，作业与考试环节是数学教学评价的关键环节，也是助推育人目标实现的核心点。因此要在提高作业设计质量上下功夫，既要精心设计一些基础性数学作业，又要适当增加一些探究性、实践性、综合性数学作业，让数学作业充满着人性化、挑战性和成长性，在作业中训练学生的数学意识和素养，在考试评价中既要渗透数学文化又要大胆创新题型，把几次关键性的数学考试和日常考试作为研究对象，探索和挖掘考试评价对于促进学生发展的功能和方法，加强考试数据的质性和量化分析，并结合教学情况和学生学习情况调研，全方位地了解学生的真实水平、作答特点、思维习惯等。认真做好分析评估，从而引导评价方式以及教学方式变革，培养学生的数学感知、创意表达、审美能力和文化理解素养，使学生养成数学思考习惯、掌握数学思维本领、树立热爱数学的品质；数学教学评价中最需要理论建构的就是过程性评价的有效实施问题，也要在实践上加强数学教学评价制度的建设、数学学业绩效评价信息的利用以及思考如何将数学教学系统中所有问题进行关联，从而切实减轻学生过重的数学课业负担。

数学教学中“怎么做”的理论具有较强的可操作性特质，这些理论不仅有实践性总结和通用的方法，也有个体经验所感悟到的方法，是一种复杂的教学现象，既要看到共性，又要看到个性，从多种角度探索数学教学的理论体系。

思考时刻：说说你对数学教学理论的认知。
策略探寻：你是通过怎样的途径来获取数学教学中的理论的？你最关注哪方面的理论？为什么？

第二节　数学教学实践的基本特征

创新与探索是数学教学中的永恒话题，也是数学教学实践所表征出来的基本特征，数学教学实践需要在理论的指导下不断地进行创新与探索，探寻数学教学发展的新路，引领学生获取人生发展过程中必备的数学思维品质和关键能力，让数学教学不断绽放生命的火花。

一、既有理论又有实践，体现理论与实践相融合之特质

数学教学是数学教学理论支撑下的实践探索过程，在数学教学现实中既彰显其理论特质，又体现其实践灵动。对于数学教学需要基于理论的视角来透视现实，着力于教师、学生在数学教学中的行为表现，给予数学教学改革以支撑点，展开丰富多样的调研和实验报告，剖析数学课程改革背景下教师教学观、数学观、行为方式、专业发展、科研现状等方面的实际情况，对学生学习策略、学习效能、认知方式、心理表征、情感态度、学习能力等方面进行调查研究，深度解析现实数学教学中存在的一些问题，如课堂中的公正、习题课教学中困境的突破，教学时空的规划与设计等，充分体现出数学教学理论与实践相结合的特质，促进理论与实践的深度融合。

二、既直击现实问题又兼顾教学系统，体现继承传统与锐意创新之精神

数学教学会因为学生、知识、教师、环境等因素所蕴藏的丰富的信息和情感形成不同的现实景象，为探索与创新提供了丰富的资源和素材，留下了大量的创造空间。因此，在数学教学探索与创新的长河中，一定要直击现实问题的要害，如在教学设计环节上，对获得教学成效的理解与行动的局限性导致教师过分关注成绩，在教学实施中紧扣考纲，使数学教学应有的拓展性、实践性、发展性不足；在教学实施环节上，出现教与学的分离性，满堂讲授式的数学课堂仍占据主要地位，学生学习的主动性、积极性和创新性不高，问题意识极度缺失，题海战术处处显见；在调研、听课、评课等活动中发现数学教学的核心仍然牢固定位在应考模式的训练上，必要的数学实践性和研究性学习几乎消失，在课堂上也很难找到数学文化的痕迹；在评价反思环节上重结果轻反思的倾向也十分严重，激励性评价偏少，数学作业缺乏设计思维，布置和批阅单调且僵化，频繁的测试紧扣数学题型，一些应有的开放性、应用性、综合性、探究性题型在平时的周考、月考等检测中很少见，成绩的排名造成的师生压力过大，使许多师生产生了一定的焦虑；在数学教学的其他环节，如课外实践、德育渗透、跨学科融合也存在着诸多明显的缺失，从而使数学教学实践的时代性不强，数学文化特质淡化，进而影响数学教学质量的提升。对这些问题的研究要在数学教学系统中思考，从点、线到面及体的全方位透视，从中析出问题的要害，总结经验教训，开展对当下数学教学现实问题的调查与实验，在继承传统的基础上，在国内外对比分析的过程中，对数学教学现实进行诊断分析，结合现代数学教学理念，从中析理传统优势，

去其糟粕，取其精华，对数学教学改革与发展提出创新性的观念，充分体现研究数学教学问题的现实性、探索的深刻性、教学的解惑性、方向的指引性。

三、既有深度调研与精细实验相嵌套，又能发出草根之声音，密切关注数学教学改革之动向

基于现实数学教学实情的探索与创新必须扎根于真实的数学课堂，做深度调研与精细化的实验，让事实和数据说话，发出数学教学主体学生与教师的声音，特别是一线教师及不同民族学生的最为真切的数学教学之认知、感悟和体认，从不同的层面，如数学教学理念、数学教学设计、数学教学内容、数学教学实施、数学学习方式、数学教学评价、数学教学管理等维度展开深度调研与精细实验，密切关注数学教学改革新动向，从真实的课堂、研究的论文、进行的课题的变迁中管窥出数学教学变革的新动向，要从关注具体的数学教学过程发展到关注数学教学主体——师生的观念、发展特点，再到关注数学教学的效率、理解程度、认知结构、发展水平及素质提升等，不断深入地探析数学教学的实质。在深度调研与精细实验中既要继承我国成功经验，又不忘吸取他国优秀理念，不断地对数学教学进行方法引领、思想转变与境界提升方面的探索工作，同时要从数学教学哲学的高度触摸数学教学发展之动向，促使数学教学系统化的跟进。

思考时刻：请把你在数学教学实践中的探索经验分享在本书的空白处，并写下探索中最困难的地方。

策略探寻：在数学教学实践中，将你最成功的经验和方法整理在空白处。

第二部分　数学课标与数学教材

——如何理解数学课标与数学教材的作用与价值

○数学教师缺乏的并不是数学教学经验，而是缺乏改变数学教学现实的勇气与技巧，首先要从改变研读课标与教材的态度与方法做起○

本部分的主要内容是阐释2011年版课标与数学教材的内涵与外延，探析学习数学课标与研究数学教材的价值与意蕴，挖掘研读数学课标与教材的方法与技巧。

第三章　数学课标

◎如果你想变革数学教学，就必须改变你的教学行为；而如果你想改变教学行为，就必须改变你的教学思维方式；而要改变教学思维方式首先要从学习《课标》开始◎

关键问题

1. 如何理解数学课标的内涵与外延？
2. 怎样运用数学课标指导数学教学？

第一节　数学课标的内涵与外延

课程标准是数学教学、教材编写和考试评价的依据。本部分以《义务教育数学课程标准（2011 年版)》（以下简称《课标》）为例，探讨其内涵与外延。《课标》是基于现实的反思与未来的展望，在对国内外数学教育现状进行充分调研的基础上，经过众多数学家、数学教育家以及广大数学教师深入研讨、充分论证所形成的具有前瞻性的有利于数学教育事业发展的纲领性文件，代表了对先进数学教育文化的追求。《课标》对数学教学过程中极为重要的和关键的问题进行了回答，对广大数学教师转变数学教育观念、提高从教能力，促进学生数学学科核心素质提升具有十分重要的理论价值和现实意义。

一、《课标》的内涵与功能

《课标》是数学课程改革进程中所取得的一项重要成果。它确定了一定学段的课程水平及课程结构，是对具体的数学教学活动的一种规范，从根本上规定了数学学习的内容、数学教材编写的依据、数学教学活动的要求、数学教学评价的标准以及所要实现的目标。因此，要更好地从事数学教学工作，就应当认真学习和认知《课标》，把蕴藏在文本后面的火热思考提炼出来，变成自己行动的指南，贯彻到数学教学工作的每一个细节处。同时，要在数学教育实践的基础上不断加深领会《课标》中所蕴藏的丰富思想和内在价值，通过自己的创造性教学活动来实现《课标》所期望达到的目标。

由于《课标》结构上具有较大的开放性、内容上具有一定的选择性和弹性、方法上具有高度的灵活性、思想上具有独到的创新性，因而认知《课标》就要有与时俱进的思想。只有如此，才能更深层次地掌握《课标》的精神性、创造性和生成性；才能更深刻地体会感受《课标》的权威性、规范法、指导性、先进性、实用性、拓展性和时代性。认知《课标》是一个艰苦的探索过程，《课标》中的有些理念可能与我们数学教师现行的一些观念、认识、做法有不相一致或者相冲突的地方，甚至会产生诸多的不适，因此认知时要有批判、超越、创新的精神，要有开放的、虚怀若谷的心态，要静下心来认真领会《课标》文本的含义，创造性地尝试、体验《课标》所提出的教学理念、教学方式和学习方式，在亲身感受、经历、体验、探索一些数学定理、方法的形成过程中，对自己已有的教学观念、行为进行新的审视与思考，为自己奠基良好的教学素养，形成科学的课程观、学生观、数学教材观、评价观，进而深入地理解数学的本质，积极改进自己的教育教学行为，以有效地实施数学课程。

作为集体智慧结晶的《课标》准确地回答了数学教育教学中的一些最为基本的问题：为什么教？教谁？教什么？如何教？并做了详细的解释，它对我们数学教师提升数学教学理论修养，加深对数学课程本质地理解有十分重要的作用，是数学教学工作的基本依据。因此，全面准确、深刻地理解课程标准的基本内涵和功能就显得尤其重要。

在数学课程改革、实验不断深入的今天，《课标》有被边缘化的倾向，因为有些教师并不关注《课标》，更多地关注怎样完成数学教材所规定的教学任务，把所有的精力都投入到对数学教材的挖掘上，在例题、命题、习题的讲解分析与练习上下功夫，而不关注知识背后的思想方法及应用价值，更不是以《课标》为课堂教学的依托点，完全被数学教材所束缚，一切围绕着数学教材转，缺乏《课标》意识，造成了要么对数学教材的理解不到位，教学工作缺乏创新，要么有些内容不会上，造成部分学校把能“讲”的内容先上，不能或不敢“讲”的内容留待以后再说的局面（如北师大版七年级上册好多学校先学习第二章代数，而把第一章“丰富的几何世界”的学习留后），可见《课标》的指导观念并没有渗透到教学的每一个环节处，从中显见认知《课标》是必要的、紧迫的。

二、《课标》的结构与特征

透视《课标》结构体系的目的是入乎其内，深入《课标》结构中的每一个部分。《课标》由前言（课程性质、基本理念、设计思路）、课程目标、内容标准、实施建议、附录组成，每一部分都有其核心概念，把握住这些核心概念就能深入地理解《课标》中内容的本质特征。

性质与理念层次的学习是学习《课标》极为重要的一个方面，而理念是核心。所谓理念是指那些带有理性认识的观念，具有前瞻性、指向性，它形成之后会影响人们的实践，推动事物的发展。《课标》中的理念是构建课程的基石，是正确认识数学课程、数学本质、数学学习、数学教学、数学教育评价、信息技术在课程中的作用等核心思想的基础，对形成正确的数学观，课程观，改变学习方式，转变教学方式，建立新的评价体系，充分运用信息技术都具有非常重要的作用。虽然《课标》中的理念部分仅有一页多，但通过学习可以加深我们对数学教育理论体系中的一些基本概念的掌握和理解。

目标层次的学习重点要放在具体目标上。所谓目标是渴望达到某种预期要求的状态或结果，是目的的具体化，具有预测性、激励性和可测性等特点。课程目标是指通过具体的教学内容和教学活动应使学生在某一时间内学会什么，或者会更好地去做什么，或者在思想上、行为上发生一些相对持久的变化结果。《课标》中的具体目标是从知识与技能、数学思考、解决问题、情感态度价值观四个方面提出，强调课程目标的实现必须依赖于丰富多彩的数学活动。义务教育阶段的《课标》的一个显著特点是目标意识特别强，在不同的地方分不同的层次反复呈现，如在理念层次的设计思路中有关于目标的分析与说明，专门就目标中的行为动词进行了剖析；课程目标层次中有总体目标与学段目标之分，在学段目标中又从四个方面以纵横两个维度具体细化为目标细目表，纵看或横看，有不同的层次和要求，呈现出一种和谐的递进关系。特别是在内容标准层次更是以具体目标的形式阐述学生学习的内容，不再包括教学重点与难点、时间分配等内容，给教学以清晰的导向，并力求在课程目标、内容标准和实施建议等方面体现知识与技能、过程与方法、情感态度与价值观三位一体的课程目标，从而促进教师教育教学工作的重心转移。

课程内容是《课标》的核心部分，不再是知识点的简单罗列，而是由言简意赅的语言、具体目标要求和参见案例组成。其特点是提倡学生学习现实的、必需的、有教育价值的数学，让学生通过一定的问题情境，借助于一定的手段通过观察、实验、猜测、验证、计算、推理、交流、反思等数学活动来学会、经历、感受、体验、探索数学，充分地让学生经历“数学化”“再创造”的过程，用词不仅有了解、理解、掌握，而且有活动水平的过程性目标动词，如图形与几何部分中目标动词有：描述、拼图、辨认、分类，估计等，作为中小学数学教师要特别关注、细心琢磨；内容层次中的案例具有一定的典型性，特别生活化、开放化和现实化，导向性极强，极具反思与示范意味。

课程实施建议层次从以下几个方面进行了较为详细的分析与说明：对广

大教师更好地从教有重要的参考价值，如教学建议中更多地分析“让学生……”“引导学生……”“加强……”“重视……”，还有诸如鼓励、尊重、关注、运用、避免等词汇要求把更多的话语权交给学生，还学生学习的自主权；与此同时，呈现富有特色的实例进行教学分析，给教师教学以示范与引领，并强化教师的教学改革意识，促使教师有效地开展教学活动；在评价建议中强调评价主体的多元化与评价方式的多样性，以全面考查学生的学习状况，激励学生的学习热情，促进学生的全面发展，强调评价也是教师反思和改进教学的有力手段，并通过具体的案例说明广大教师应确立的评价观；编写数学教材建议中所倡导的策略对教师正确地活用数学教材起到了很好地导向作用，可以帮助教师从中用好数学教材，树立正确地数学教材资源观；课程资源的开发与利用也是《课标》的重要组成部分，不容忽视，一定的课程资源是顺利实施教学的基本保证，但资源一定要因时因地创造性地去开发和利用，不能有等靠要的思想，要高度重视教学活动中资源的重要作用与价值，积极利用当地人、财、物的资源优势，使教学富有特色。

三、《课标》的目标及意蕴

目标是《课标》中极为关键的部分，也是数学课程体系建构中一个不可缺少的重要因素。因为科学合理的目标体系是数学课程建构之基，也是数学教学实施之本。基于此，有必要就数学课程目标方面的预设及价值问题、建构及结构问题、管理及调适问题进行认知和理解，以求清晰领会数学课程目标体系。

（一）数学课程目标的预设及价值取向

数学课程建构中一个核心的要素就是目标的定位。这是由目标的功能和价值决定的。因为目标的定位引导着数学课程建设的走向与建构的逻辑基础。目标是通过努力期望达到的理想境界，是数学课程建构的逻辑起点，是数学课程建构活动的基石。

数学课程目标的建设经历确定、分解、优化、实现、改进、充实、完善的过程。核心一点就是预设出基于数学课程建设与发展的目标体系，使预设的目标具有重要的价值导向性、现实的可操作性、未来的拓展性。数学课程目标的预设是考量了诸多要素而提出的，是在总结、分析、论证、实践的基础上高度浓缩的产物，其核心意图就是为数学课程的建构与实施先期搭建一个平台，从而使数学课程的建构与实施具有方向性与目的性。

数学课程目标思考的第一个问题就是理论基础问题。数学课程目标体系中不可或缺的有三个要素：学生的特征、社会价值观和社会目标、数学知识的反思。首先，数学课程目标的确定是基于学生数学素养的提升为前提的，必须考究学生的数学认知发展阶段及规律，考察社会和个人对数学的需求与认同，深思学生的心理发展、能力层次、环境资源、方法兴趣，使目标的建构适切于学习者；其次，数学课程目标要与社会价值观和社会目标相契合，社会需要数学提供规范的认识社会与事物的工具，包括读书、思考、交流、探讨、研究的数学工具与技巧，需要通过数学课程这一途径使学生的行为体现社会的最高价值观念，获取最优的数学思维和问题解决技能，从而能够正确地识别、比较、寻找可靠的信息，理解因果关系，使用定性和定量的推理和理解方法去认知、服务这个世界，准确地理解世界变化的特征；最后，要着力于数学知识的反思。数学知识是富有灵性的、有用的、清晰的知识体系，不是冰冷而缺乏生机的，数学课程目标就是要把数学文化中的宝贵资源盘活，借助于数学语言、数学策划、数学思想方法、数学图景、数学场域而成为数学发展的乐园。

数学课程建设的根本目标就是实现学生数学利益最大化。这种数学利益就是数学课程目标的基本价值取向。因此，学生的数学利益映照在数学课程目标体系中就是要基于学生的数学现实（所处的环境、既有的经验、学习的动机）与发展（思维的拓展、知识的丰富、素养的提升），就是把学生当前的经验及未来发展的趋势结合起来进行科学论证，在统筹分析的基础上，精选学习内容和教学方法。由于目标的确定并不是一个终极性的过程，因此需要不断地调整、充实、完善。从数学课程改革反馈的信息来看，对学生现阶段的数学现实与未来的现实还是缺乏深层次的剖析，出现学生对数学课程有繁难的感觉，学习信心和动机不足，课程内容的衔接也不够顺畅，练习题少、思考题难，信息技术无法操作与实施、数学课程的设计倾向于城市学生，目标定位偏高等问题。为此，我们倡导一种实证研究数学现实的作风，在充分、全面了解学生各个方面特征的基础上，切实为学生的发展确定适切的数学课程目标，从预设性、普适性、发展性等方面做具体的析理工作，探索目标定位方法。虽然数学课程建构者为了学生的数学利益做了不懈的努力，力图冲破传统观念的束缚从不同的侧面实现学生利益的最大化，但现实的情况是缺乏把学生的经验统整进课程的意识，因而目标定位有一定的偏差，感觉性设定的成分较多，影响了数学课程目标确定的质量。《课标》中虽然处处显现目标的印迹，但更多地停留在文本层面，而没有落实到现实的数学教学过程中，因此还需要认真探究目标的定位与落实问题。

数学课程目标的预设有前瞻性的意味，对学生数学学习生涯有规定、约束、导向作用，所以预设的目标要经过充分的论证，以对民族高度负责的精神从事这项奠基性的工作，充分认识目标在数学课程体系中的地位与作用。数学课程目标不仅是建构数学课程的基础，也是检验数学教学效果、修正数学教学计划、完善数学教学活动的主动力之一，它具有检测、反映、监督的职能。这是数学课程目标自身固有的存在于数学课程体系之中所发挥作用的内在因素。正是由于数学课程目标兼具如此重要的价值取向，通过数学课程目标这一视角就能映照出数学课程内容体系是否与学生的身心发展相适宜，就能监督内容在数学教学过程中的达成度，从中考究现实目标与构想目标的一致性。

数学课程目标的预设主要体现在《课标》中，而数学课程目标是可及的而又可望的，虽然预设与现实有一定的距离，要达到目标得付出辛勤的劳动，但目标的确是牵一发而动全身的重要因素，所以《课标》高度关注目标在课程体系的地位也就在情理之中，透过数学课程目标这一层面，我们就可以从中了解数学课程发展的轨迹，折射出目标功能与价值的变迁。

数学课程目标处于预设与生成、开放与封闭的动态发展过程之中，它的过程性、开放性，生成性、探究性成为教师开展数学教学活动的灵魂，也是每堂课的方向盘，是判断每节课是否有效的依据。数学课程目标是构建数学教学模式、实施数学教学方法的基本依据，是检查数学教学效果与行为的准则，可是在数学课程目标的实施中，或多或少地存在着一些误区，如过多地把目标作为一个标签，作为教学要求的一种形式，仅仅体现在教案等文本中，而实质上真正的目标却定位在追求高分技能上，一切围绕着分数的提高转，致使目标失位、错位。问题的实质就是缺乏对数学课程目标结构、特征的准确理解，缺乏践行课程目标的意识和行为，使数学课程目标失去操作价值与促进意蕴。

（二）数学课程目标的建构及结构特征

数学课程目标是通过数学课程渴望达到的一种理想状态，是社会进步、数学发展、教育质量对教师、学生提出的明确要求，其中体现最为突出的是时代性、基础性、发展性。既然目标在数学课程的建设中如此重要，因此，很有必要深究数学课程目标的建构与结构问题。认真审视现行数学课程运行发现其有淡化目标的倾向，反映在数学教育教学中就是目标感的缺失，使目标显现出表层化，操作性和灵活应用性缺乏。

数学课程目标的建构是一个动态的发展过程，有其基本的方法论思路，首先要做的是确定问题域，明确基本要求、审视目标保障和实现的条件。目标的建构任务之一就是对问题的研究，通过问题特别是数学问题的发现、提出、分析、解决来确定学生数学利益的实现，这成为数学课程目标建设中优先考虑的问题，围绕这些问题所确定的数学知识与技能、过程与方法、情感态度与价值观就能落到实处，生发出智慧，通过问题就能把数学教育中的众多因素如教师、学生、社会、数学、心理、哲学、环境、科学、学校、家庭等内在因素与外在因素囊括其内；目标的建构具有明确性，一定要用清晰的语言把要求阐述清楚，这样就使目标的达成有清晰的界定而不会含糊其词，这种明确的要求对提升大众数学的水平是有益的，只有这样，才能建造适宜学生发展的高质量的目标体系，为学生的发展奠基一个好的平台；成形的《课标》制定的目标为此做了很好的努力，由于语言表达的多义性与理解上的多样性，使得目标的建构充满了争辩性和曲折性，特别是我国人口众多，地域辽阔，差异较大，要制定一个全国通用的目标，确实需要慎之又慎。为此就要兼顾保障条件与实现的可能性，比如说最有争论的是信息技术作为《课标》中的一个核心目标已渗透到课程的方方面面，可是好多中学教师认为实现的条件不具备、不现实，如何使广大的中学老师认识到信息技术的力量进而不遗余力地实施它就是课程目标建构中思考的重点。

数学课程目标建构的过程就是目标结构不断完善的过程，综合《课标》中目标的表征，有如下几个结构特征：

（1）预设性与生成性。预设性是人们基于现实与人类进步的发展规律而在科学研究基础上进行的先期计划，具有一定的前瞻性、导向性、发展性，这种预期有一定的现实基础和理论观照，也有一定的时代背景，是人们深思熟虑的产物，不是随意盲目的确定，是经验的总结与集成，如现阶段《课标》中所阐述的三维目标；生成性是在目标预设基础上，通过课程实践而在预设目标实现中生发的新的目标，这种实践中的目标就表现为生成性，这种生成不可能是对预期目标的全盘否定，应是对预设目标的一种调适与配合，生成中的目标是基于当下实践的，表现为实践中的目标。

（2）清晰性与理解性。清晰是指目标的话语表述清楚明白，使人能够通晓内在的含义，不让人不可捉摸，从而有明确的方向感；理解主要表现为用词用语的清晰明了，使读者不会产生理解歧义，使目标的实现者能够有能力执行，并产生感染力、表现力、影响力、活力与张力。

（3）建构性与解构性。建构性主要表现为课程目标并不是一种静态的表现，而是动态的发展过程，集结众多人的智慧，是主观见之于客观的东西，是一种整合态的表现；数学课程目标的建构是人为的，而解构是为人的，是为了人的全面发展，基于人的理解力而进行解读与实施的，不同的人具有不同的解构风格与思想，会产生不同的语义体系、理解范畴，这种话语的转变产生了目标的理解语义空间，正是因为人的理解的多样性，才使教育呈现出多种多样的样态，产生出不同的教育发展效果。

（4）操作性与参与性。目标要有可操作性，这样才有存在的价值，这种可操作性是指教育者能够采用一定的数学教学活动而促使目标得以实现；在操作过程中，参与实现的要素需要协商、会话、交流与分享、批判与反思，不仅需要语言参与其中，而且需要行动参与、意识参与、环境参与、情感参与或者说场域参与 。

(5) 监测性与过程性。数学课程目标需要监测、维护、管理与调整，而且需要在过程中去监测其实现度，虽然这种过程有时是曲折的、人为的，伴随着艰辛，但这种对目标的高度关注与努力是数学课程质量提升的基本保证，也是一种智慧的分享。

基于数学课程目标构成的基本要素是目标主体、目标内容、目标表述。而在学习和理解义务阶段的课程目标中，就要关注基本要素的作用与功能，注意其变化，由于数学教学活动是实现《课标》中具体目标的一种重要途径，因此，在开展教学中一定要与《课标》中的目标相结合，紧紧围绕目标进行富有成效的活动，才会使活动富有创意和生命力。为此在建构数学教学活动目标时，要根据所处的实际情况，在关注总目标与具体目标的同时，对一些目标进行本土化的分解处理，把一些总体目标或比较抽象目标分解为具体的、可操作、可评价的目标。

《课标》中总体目标从四个层面进行了阐述，关键词是技能、意识、信心、发展。在具体阐述中是从知识与技能（应用经历、探究、提出等词表述)、数学思考（应用经历运用、丰富、建立等关键词来阐述)、解决问题(运用初步学会、综合运用、形成基本策略、体验解决问题策略的多样性、发展实践能力、学会与人合作、交流思维的过程和结果、初步形成评价与反思的意识等词汇来展示目标)、情感与态度（应用了能积极参与、获得成功体验、锻炼克服、建立自信心、初步认识、体验、感受、形成等词语来表达）四个维度来进行，使之相互呼应，有机整合，在解剖数学课程目标的体系中，一定要吃透基本思想，认真钻研关键词、深挖关键思想，如应对“注重、观察、操作、推理、有意识、经历、体验，先估后验、先猜后证”等目标关键词强化理解。

(三) 数学课程目标实现中的管理与调适

数学课程目标是数学课程体系中极为重要的关键要素，是数学课程整体性、科学性、灵活性（层次性）整合的产物。从理性的角度理解数学课程目标的特性才能有助于提高理论认识水平。可是要高效地实现目标，就得进行有效的管理和调适。那么目标管理的基本含义是什么？如何有效地进行管理和调适才能使目标实施更加有效？如何从目标反思的过程中实现调适、管理目标使之功能最优化？细心分析，目标其实表述在《课标》中、渗透在数学教材中、展现在设计中、落实在教学中、检测在评价中。为此，数学课程目标的管理与调适就应体现在如下几个方面。

(1) 要学习与理解《课标》中所表述的数学课程目标。在学习与理解文本材料中明晰目标的地位与价值。如《课标》中的具体目标是从知识与技能、数学思考、解决问题、情感态度价值观四个方面提出，强调课程目标的实现必须依赖于丰富多彩的数学活动。其显著特点是目标意识特别强，在不同的地方分不同的层次反复呈现，只有深入仔细地阅读、反复思考《课标》中的目标真实意境，才能真正明晰数学课程目标有什么特点，对课程发展、学生发展有什么具体的规定，从目标的层次上理解什么是教学、什么是学习、什么是课程理念、什么是教学方式、什么是学习方式，这样就从理念的维度上为目标的管理与调适创造机会。

（2）要认真解析数学教材。教学教材作为传承人类数学文化知识的重要载体，最大限度地将《课标》所确定的目标经过教育化处理构建成适宜于学生身心特点的知识体系，以其独特的表征方式落实《课标》中的目标，使其课程目标具体化、可操作化。《课标》中的具体目标蕴含在数学教材的字里行间，慢慢品味才能知晓其内在的意蕴性。阅读是“解析数学教材结构”头等重要的途径，应持客观、科学的态度，注重阅读的方法与措施，形成批判性、反思性的分析思路，这样才能避免陷入自鸣得意的状态，还可以防止由于个人原因造成对某些数学问题、概念的误读、误解，有效地纠正个人的一些偏见甚至错误。始终以目标为主线进行数学教材解读才能有效地整合讲授内容，科学地诊断检测教学效果。可见，解析数学教材是课程目标能否实现的一个关键环节。

（3）要认真地进行目标设计。教学目标的设计是数学教学活动设计的一个重要方面，就目标设计的结构而言，主要是从知识与技能、过程与方法、情感态度与价值观三个方面进行的。通俗的比喻就是“要到哪里去?”，也就是“学生应获得什么?”和“学习这些将给学生带来什么?”的问题，在设计数学教学活动时，在厘清上面问题的同时还必须思考“通过什么途径到哪个地方去?”，也就是要根据数学学科特点、学生认知特点、环境资源特点等因素进行认真思索，反复挖掘通过什么样的活动去实现这个目标，使得每一个层次的目标都有相应的活动对应。虽然操作起来有难度，但必须这样做，而要提升目标设计能力的首要任务就是多读书、勤思考、善总结，不断积累成功的经验，使活动与目标之间和谐一致。

（4）要想方设法使教学目标落到实处。实现教学目标的基本途径就是数学教学。通过设计的教学活动的实施使我们设计的目标向实现状态发展，在活动过程中，要不断进行目标调适，也就是活动调适，时刻关注活动是否朝着预定的目标方向进行。若是，成功的原因是什么？若不是，是什么原因造成的。要不断地记录，不断地反思，使实际的数学教学活动围绕着数学课程目标有序地进行。正是由于放之四海皆有效的目标是不存在的，目标不可能十分恰当地适合你当下的每一个具体情境的教学环节，因此需要管理与调适，使之最大限度地具备适应性与推动力，不断推进数学教学走向深入。

（5）要在检测目标中调适、管理目标。数学课程目标的实现就是在不断的评价过程中进行的，有效地调控、监测对于数学教学活动的有效开展是十分重要的环节，由于教学过程的复杂性，往往会出现目标意识淡化，忘记实现目标的职责，有时也会出现目标转向，比如说出现师生之间的冲突，一些突发的教学事件都会使目标发生转向，这种转向有时是非常有意义的，要正确对待。另外要检测目标之间一致性以及目标与其他积极的非预期目标的相容性，使目标之间不能发生冲突，否则，就会使教学过程中的学生无所适从。目标的基本属性是指明了要做的工作有哪些，重点应放在哪里，以及通过一系列活动所要完成的任务是什么，特别要在众多的目标中确定目标的优先顺序。即就是说在数学教学活动中要保证优先的目标得以实现，这就是目标检测中需要做的事，而要做到这点就需要在数学教学的实践活动中不断积累经验、不断地反馈与监督，使数学课程目标在监测与调适中趋向于更加好的发展走向。

四、《课标》的价值与意蕴

认真学习《课标》是数学教师准确理解和掌握数学课程本质，提升教育教学理论修养，有效实施数学新课程的重要途径与保证，也是数学教师与新课程一起成长和发展的重要途径。

（一）学习《课标》是数学教学改革顺利实施之所需

数学课程改革的具体实施者是广大的一线数学教师，为了使得数学课程改革富有成效地进行，必须认真地学习《课标》，理解、吃透并活用《课标》中的核心思想，彻底革新观念，以迎接挑战。《课标》不仅对学生提出了基本要求，而且对数学教师的教学行为也有约束、规范和推动作用，其对广大数学教师更好地从事数学教学、确保素质教育真正地进入中小学数学课堂是必要的和有益的。

由于数学教学工作的持续性，只能在教学实践的基础上，不断地用心揣摩《课标》在理念层次、目标层次、课程内容层次、教学实施建议的内在要求与本质含义，用心地去尝试、实践《课标》所倡导的理念、思想，总结经验，使《课标》的要求落到实处。

1. 学习《课标》可以了解课程改革新动向

课程改革是当前教育战线极为重要的一件大事。要使数学课程改革不断地向纵深发展，必须全面了解课程改革的整体动态和发展进程，即要在宏观上学习《基础教育课程改革纲要》《关于深化教育教学改革全面提高义务教育质量的意见》以及《教育部关于加强初中学业水平考试命题工作的意见》等与数学课程改革相关的文件，全面把握基础教育课程改革的大政方针、基本进程，从深层次明了基于什么样的背景进行数学课程改革，到底要改什么、如何去改等问题，又要深入地分析改革的必要性、紧迫性、现实性。这样才能避免只见树木不见森林的现象发生。正是由于《课标》蕴藏着课程改革的基本思想，所以学习《课标》，才能更好地了解课程改革的新动向。

2. 学习《课标》有助于教学设计以寻求教学最优化

认真学习《课标》，就会逐渐地从冰冷的文本中读出火热的思考与深邃的思想，就会深刻地理解自主探索、动手实践、合作交流、阅读自学、直观感知、观察发现、归纳类比、空间想象、抽象概括、符号表示、运算求解、演绎证明、反思建构以及数感、符号感、空间观念、统计观念、应用意识、推理能力等关键词语的含义，就会更深刻地体会到这些关键词后面渗透的数学及数学教学的关键思想，会对注重、观察、操作、推理、有意识、经历、体验、先估后验、先猜后证等用语有新的感悟，也会对学段之间的内在联系，以及各个层次用词上的一些变化（进一步、加强、重视、鼓励、避免）形成较为深刻的看法，才能不断地促使在日常的数学教学行为中高度关注《课标》，精心设计教学活动，使教学理念与行为达到和谐的统一，在课标的指引下，寻求教学最优化。

（二）学习《课标》是数学教师的专业成长之所需

数学课程改革对广大数学教师而言是机遇与挑战并存的。课程改革不仅造就了一批杰出的数学教师，促进了教师的发展与水平的提高，也给许多教师的教学造成一定的挑战与困惑。因此必须下大功夫认真学习《课标》，这样不仅可以使教师对数学课程、数学本质、数学学习、数学教学、数学教育评价、信息技术在课程中的作用有一个比较清晰的认识，而且可以进一步拓展教师的知识面，深化一线教师对数学教育教学过程中的一些基本问题的认识，强化改革意识，增强自信心。

学习《课标》不仅可以提高教师的数学素养，而且对于促进其从教能力、提高其专业发展具有重要价值。既然学习《课标》对教师的发展有如此重要的价值，因此广大数学教师必须运用《课标》中所倡导的学习方法，自主探索、合作交流、不断反思，深入课程标准的每一个要点处进行深入的剖析，准确地明了标准的本质所在，努力实现《课标》中的目标。

1. 继承传统，发挥优势，改正缺点，融入现代观念体系

由于课程改革已经过近 20 年的实验，有许多成功的案例，也有一些经验教训，但最为核心的一点就是课程改革的主流和发展趋势是好的，问题是我

们必须在继承优秀传统的基础上，尽快地转变观念，实事求是，从局部入手，从小事做起，缩短适应期，正确对待出现的问题，在深入课堂教学实际的基础上，去亲身感受课程改革对数学教育带来的一些新变化，以高度负责的态度认真地梳理教育教学中的一些问题，找出问题的症结所在，避免穿新鞋、走老路的局面出现，尽量使自己能够摆脱传统观念的束缚，走出去看一看、想一想、做一做就会对课程改革有新的感悟与想法，从深层次反思自己在以往教学中的得与失，不断地提高自己的认识水平和理解水平，提高应对变革的能力，积极进行数学教学观念和策略的变革，使自己尽快地融入现代观念体系。

2. 勇于实践，大胆创新，勤于反思，积极促进课程改革

改革决不能停留在口号式的说教与感想中，而要勇于实践、勤于反思、积极行动。在行动中出现困难和挫折是不可避免的，但我们绝不能被困难和现实环境的艰苦而退却，而要不断尝试，反思总结，从教学的细节处入手，从具体问题入手，以《课标》作为检测手段，反复学习、尝试、研究，提高教学水平与学术水平；同时还要认真地读一些著作、刊物所刊发的有关课程改革、《课标》等方面的论述，掌握一定的科学理论知识，以此作为先导，指向现实，做一个数学课程改革的先行者，与数学课程改革一起成长和发展。

（三）学习《课标》是理解数学教学体系重要向度之所需

数学教育体系是由诸多要素建构的一种系统，其核心要素是教师、学生、课程、教学、评价、资源等。其中最为关键的要素是课程，它关涉系统中其他要素。因此，要全面深入地理解数学教育体系就必须掌握《课标》。《课标》不仅仅是编写数学教材、实施教学、反思评价的依据，而且也是理解数学教育体系的重要向度。通过《课标》这一视角就能准确把握数学教育体系中最为关键的教与学以及如何教与学的问题。

《课标》是明了数学教什么和怎么教问题的重要文件。从《课标》整体结构上看，是由前言、课程目标、课程内容、实施建议四部分构成，其中课程内容就明确阐述了教什么、学什么的问题，而在相关的课程理念、课程目标、实施建议等方面解析了怎么教与学以及为什么教与学的问题，只有认真学习、细心分析才能做到心中有数。

《课标》也是理解数学与数学课程价值的重要向度。在《课标》前言中，清晰地表述了什么是数学，在基本理念中对诸如数学课程、课程内容、教学活动、学习评价、信息技术运用等都做出了明确的回答，认真学习才能领会改革的路向，自觉地树立正确的数学教育价值观。

作为数学教师，只有认真阅读理解《课标》，才能系统全面地把握数学教育体系的结构与功能、内容与方法，才能有能力践行和应对数学教育中出现

的挑战，才能对数学教育中最为核心的问题有一个清晰的把握。当前的数学教育中存在动力不足、方法错位、理念落实乏力的现象，根本的问题还在于学习和研读《课标》不够。为此，需要从理念、行为入手，准确掌握《课标》的本质，突破分数成为合理教学追求的束缚，真正做一个《课标》的践行者。

（四）学习《课标》是实现数学教学目标重要条件之所需

数学教学目标是指通过数学课程学习应该达成的目标，数学教育中的主要活动如数学教材编写、教师教学、学生学习及评价反思等都要围绕此目标来进行。正是《课标》明晰了数学教育的目标，为数学教育提供了方向和支点，所以掌握《课标》也就成为教师实现数学教育目标的重要向度。

《课标》明晰了数学课程目标。这样就使课改在目标指引下，有方法、有计划、有步骤地运行。数学课程目标的表述是先总体、后具体，再到结合学段、具体内容逐级展开，是课程改革纲要中“知识与技能”“过程与方法”“情感态度与价值观”在数学课程中的表征。其基点是通过数学学习，提高学生的数学素养，满足学生发展与社会发展的需要。这样定位就使数学教育回归到“以学为本”的状态。

《课标》指明了数学教育目标实现的方向。数学教育的目标主要体现在数学课程目标中，在《课标》中既给出了总体目标，又根据不同的学段给出了学段目标，明晰这些目标就能使数学教师在数学教学活动中有方向感和动力感，透彻地掌握这些目标层次就能使数学教师在教学设计、教学实施、反思评价中胸有成竹，使教师有能力突破常识、熟知、自明误区的束缚，剔除无知的干扰，进而树立正确的目标观、改革观、价值观和方法论。

数学教师认真学习《课标》，就为数学教育目标的实现奠基了基础，只有通晓数学课程中不同的目标层次，就能在宏观与微观层面准确地把握教学思路，科学地运用教学方法，从根本上避免盲目性、随意性，为有效教学提供了条件。

（五）学习《课标》是创新数学教学模式思想前提之所需

《课标》本身所拥有的内外价值是促使数学教学变革的现实力量，这就要求数学教师拥有改革的精神品格，富有智慧创新性的去践行其中的理念与方法。

《课标》是数学教师行动的前提。所谓前提是人们行为和思考的根基和已知的判断，也是行为和思考正确与否的条件。《课标》中所倡导的理念为数学教学的创新提供了根基，如对数学学习活动的理解，除了接受、记忆、模仿、练习，还需要自主探索、动手实践、合作交流、阅读自学，就启示教师要结合教学现实的起点，灵巧地变革教学方式，创新教学思路，使学生最大限度地在学习过程中获益。

《课标》弹性制地规定了教学内容，所倡导的评价方式也为教师创造性地使用、整合教学资源以及优化利用评价策略提供了空间，使教师能够创造性地整合不同版本的案例、运用多种多样的方式开拓教学新思路。

数学教师在认真学习《课标》的基础上，才能不断激活创新因子，整合各种资源，丰富教育思想，创新教学模式，进而依据《课标》检测学生学习行为的变化，在认同、认知的基础上，践行《课标》思想。

思考时刻：在阅读《课标》中你感受最深刻的是哪些方面？
策略探寻：当你在阅读《课标》时，碰到的最大困难或障碍是什么？你是如何解决的，把你的做法列在空白处。

第二节　运用数学课标指导数学教学

数学课程改革历时近 20 年，已进入深水区与攻坚期，从《课标》的制订、数学教材的编写再到《课标》的修订、数学教材的改编以及课堂教学方式的变革，都在不断地深度推进。现阶段改革的对象、方法、重点已深入数学教学的深层，需要数学教师真正成为自觉的改革者和推动者，一个极为关键的要点就是系统、全面、准确地掌握《课标》，充分认识《课标》，并在数学教育实践中运用《课标》，以突破固有观念与行为的藩篱，在教书育人、高效课堂和大胆创新上做好顶层设计。运用《课标》透视数学教材，判断教学、评析考试，真正发挥《课标》应有的价值。

一、在教学准备阶段学习和运用《课标》

有效教学始于学习和研究《课标》，这样才能从根本上掌握数学教学体系的核心，做到宏观与微观、整体与局部的认知，有效地从事数学教学工作。

（一）学习和运用《课标》，掌握精神实质，坚定理想信念

《课标》在数学教学体系中的重要地位决定了数学教师学习《课标》的必要性和紧迫性。既要从宏观上了解数学课程改革的前因后果，也要从微观上透视数学课程改革的要点。因此，要全面理解、把握、运用《课标》，就要结合基础教育课程改革纲要、《课标》解读等文本资料来学习。这样才能在一个更加宽泛的视野下明晰数学课程的性质、理解数学课程的基本理念，洞悉数学课程的目标体系，掌握数学课程的内容标准，把握数学课程的实施建议。

采取何种学习方式才能掌握数学课标的精神实质呢？对比分析学、结合

数学教材学、联系教学学，才能做到活学活用。对比分析学是指课标、大纲对比分析学，通过对比分析方可探析数学课程改革的观念、立足的理念、实现的目标、构建的体系，从共性与差异中形成一个合理的概念体系。在对比分析中，采用表格的方式是一种有效的方式，如对《数学课程标准（实验稿)》与《义务教育数学课程标准（2011 版)》的“课程的基本理念”“课程目标”“课程内容”“实施建议”的表格式分析，就可以清晰地把握其中的差异。结合数学教材学是指根据不同段的数学课标要求，有针对性、研究性地研读数学教材，真正品味数学教材是如何实现《课标》构想的，从数学教材的视角来感悟《课标》的意义与价值，这样对照《课标》与数学教材，才能吃透《课标》的核心思想。联系教学学是指结合教学现实学习，探查教学中存在的问题，对照《课标》，分析原因，唯其如此，才能使《课标》中的理念、思想融于现实，成为教师思考的主流话语。学习与研究不仅能发掘《课标》的精神实质，而且能够拓展教学素养，将有用的信息储存于头脑中，随时调用，从根本上强化了课改信念。

（二）刻苦钻研《课标》，拓展认识疆域，丰富数学教学知识

《课标》是数学课程改革的灵魂，是经过统筹设计、广泛调研、认真修订、科学审议的基础上形成的纲领性文件。每一位数学教师要想取得数学教学事业的成功，必须把深钻细研《课标》放在重要的位置上。

（1）要深入钻研《课标》中所涉及的核心概念，深化对这些核心概念的理解与掌握。如《课标》中，数感、符号意识、空间观念、几何直观、运算能力、推理能力、模型思想、应用意识、创新意识等十大核心概念把数学课程中四大学习领域的关键点给串联起来，那么对这些概念的透彻理解就至关重要。

（2）通过《课标》这一视角，对学习领域之间的知识板块以及知识点、内容要求、前后连贯、相互关系、逻辑关系等才能有一个清晰的把握，做到上下一致，突破思维定式。在一个系统观下，结合《课标》，通晓熟悉内容体系，居高临下，借鉴学习，透彻领悟，找到教学支点，做到有的放矢，形成一种有效的教学思路。《课标》中的内容要求其实是对教师学科知识和教学知识的要求，具备这些必备的数学知识与教学知识模型，才能在知识生成、知识共享及知识传递中发挥教师的示范作用。

（3）在钻研《课标》同时，伴随着数学、教学知识的产生、整合、解释及拓展，可以突破个人中心，发现自我弱点，使教师的显隐性知识之间不断转化，从而不断培植、内化、增长教学理念、教学知识，丰富教学智慧。

（三）努力践行《课标》，大胆实践探索，提升教学实践能力

学习《课标》就是为了践行，无论是理念维度，还是目标、内容、建议

等维度，都需要实施、执行。《课标》的一个显著特性是普适性和通用性。所倡导的理念具有先进性、所确立的目标具有先导性、所规定的内容具有基础性、所提出的建议具有普适性，这就为广大数学教师实践探索提供了宽阔的天地。

现实的数学教学仍有很多困境需要克服，如数学知识的适切性、数学表述的直观性、数学理解的艰难性、应试教育的根深性等，正是由于这些现象的存在，就迫切需要数学教师以《课标》作为看家本领，树立探索精神，提高从教能力。首先，要以提高设计能力、实施能力、评价能力、管理能力为出发点，在分析、调研数学教学现实的基础上，去粗取精、去伪存真、由此及彼、由表及里，直达困境本质。通过学习、钻研、分析，抓住本质的、典型的、主要的困难，以此为突破口，创造性地探寻解决问题的策略，无论是在数学常识中、数学考试中、数学教学中，还是在数学研究中、数学探究中，进一步从《课标》中找影子、从数学教材中找具象、从期刊中找案例、从专著中找线索、从实践中找依据、从经验中找出口，以此全方位地提升教学的实践能力。其次，要对教学对象、内容、方法进行外延式、内涵式探析，把教学资源盘活，把教学内容教活、把思想方法教透，对教学要进行结构性、方法性、功能性解析，开放教学时空，以《课标》作为理论分析和思辨的话语源泉，强化问题意识，剔除错误认知，回归《课标》指引，在师生共同建构知识的过程中，充分发挥案例、研讨、任务的作用，在吸收精华的过程中思想碰撞，提升教学实践能力。最后，要在教学实践中不断反思教学思维方式，对照《课标》审视自身教学实践，借助于教学日记、录像视频、同行审议等形式，追求教学进步，在付诸教学行动的过程中，夯实基础、丰富视野、增强后劲。

系统掌握《课标》是数学教师的重要任务。只有这样才能坚定教学信念，固守教学精神，规范教学伦理，成为独具时代特点和个性风格的数学教师。进而立体式地克服精神的困惑、情感的孤独、生活的单调、信仰的淡化，使心理融合、心流涌动，对数学教育事业的效能感、认同感、责任感更加强烈，自觉地践行《课标》要求，智慧性地处理教学冲突、教学事件，全面优化教学行为、明晰教学道德、升华教学认知，使掌握的《课标》真正成为数学教师的看家本领。

二、在教学的设计阶段运用《课标》

教师的基本使命是教书育人，为了实现这一使命，就必须拥有教书的实力与育人的资本。所谓教书实力就是能够富有创意地将数学教材上所承载的数学知识结合学生的现实有信心、有能力、有策略地传递给学生，让学生真正掌握生活、成长中所需要的数学知识，特别要将学生终身受益的数学思想、精神与方法深深地嵌入学生心田。这种实力包括硬实力与软实力，具体地说就是解析数学教材知识、传授数学知识、开拓引领知识、参与建构知识的实力。所谓育人资本，是指数学教师实现育人之责的各种行为、价值和资源的综合体，包括教学资本、管理资本和统整资本等。这种资本也有硬资本与软资本，过硬的数学学科知识、数学课程知识及数学教学知识等就是育人的硬资本；潜在的内在精神、自我管理、信息占有和心境状态等就是育人的软资本。因此，要看好“教书育人”之家，就要在这两方面下功夫，其基点之一就是系统学习与掌握《课标》，唯有全面深入地学习和掌握《课标》中的理念、目标、内容、建议才能上通育人之根本，下达教书之真谛，就能够真正地结合数学、学生、资源等因素有效地开展数学教育活动，让每个学生快乐地参与知识的建构过程，形成正确的学习观与认知观，使教书育人之家更加和谐。一个首要的任务就是在教学设计融入《课标》元素，并要以《课标》为设计之纲。在数学教材分析、学情分析、目标定位，教法确定、学法确立、工具选择、流程建构和反思评价中都要以《课标》为基准，全面系统优化教学设计。

三、在教学的实施阶段运用《课标》

数学课程的理念、目标、内容主要是在课堂教学过程中实现的。追求课堂高效是每位师生的期盼，无论是学习负荷量、任务日清度、知识转化度、师生影响力，还是情感态度价值观的变化都要在高效课堂上实现。作为课堂教学的第一责任人教师，就要用自己的智慧建设学习共同体，在和谐的课堂生态文化环境下，师生共同探索数学真谛。如何让数学课堂充满生命活力、产生生命意义、富有生命价值就需要教师从《课标》中汲取营养、信心和力量。课堂是由不同的数学语言与数学活动共同建构而成的，是多向互动的过程，为此，①要系统思考课堂高效因素，在系统观下分析教师、学生、数学教材、资源、目标、问题、活动、反思、评价等因子的功能，在现实的数学文化基础上，超越性地构思课堂教学程序，激发课堂教学动机，激活思考因子；②要掌控课堂时空，做到收放自如、动静结合、思练协调、讲做流畅，把各方的因素发挥到最大，使课堂充满知识感、情意感、成功感；③要以学为本，把重心投入到对学生数学好奇心的培养上、思维品质的优化上，使习题向问题、学答向学问转化，让学生在数学好玩、玩好数学的状态下，品味数学的意境，舒展数学的思维。

课堂高效体现在每一个细节中，教师应向设计师那样细心、精心地设计每一个教学环节，对一些重大的教学问题进行精细化的考量，使思维高涨有致、收发得当、训练有序，并不失时机地加入一些文化史料、运用富有诗意的话语进行表征，使和谐、亲切、流畅、心流充满课堂。课堂高效其实就体现在数学教材剖析、引导、处理的高效，体现在活动设置的精妙、时间运用的合理、探索创造的适宜、交流分享的协调、反馈评价的有力、资源整合的科学上，也体现在观察、猜测、实验、计算、证明等数学活动的高效上，而《课标》与其解读中的案例分析就是高效的经典之作。

四、在教学的评价阶段运用《课标》

创新是一个民族进步的基石，数学教育中培养创新意识是《课标》所确立的核心理念之一。数学中有许多超越现实的创新火花，需要师生精心维护创新的天地，践行创新理念，锐意进取，在教学内容、教学设计、教学实施、反思评价上创新。而教学评价是促进创新的基本基因，在评价的促进下，才能激活创新因子。

（1）教师的评价创新。教师的评价创新主要体现在学习、研究、教学、管理等方面的评价创新，要力求把自己在这些过程中感悟到的、深思到的纳入教书育人的评价创新中。如对习以为常的平行问题思考，如果引入无穷远点的要素，介入非欧几何的思想，就能激发学生联想、产生创新的火花，而对此成果的评析就能从中激活评价的力量，教师的评价创新就体现在数学故事的剖析与评析中、数学文化的叙述中、数学问题的分析中、数学课堂的运行中。①在教学目标的定位上评价创新，基于教学现实，综合考量多种因素，系统化的分析，科学确立和评析教学目标的达成度；②在实施过程中评价创新，打破固有的评价模式，灵活开展评价活动，营造快乐学习天地，在知识分析、引导、互动等方面着力于知识、学生表现等评价创新；③在评价反思中创新，有效地利用评价的促进功能，深入审视课堂内外，在作业批改、教学点评、习题分析、任务驱动等过程中用适宜的有趣的语言评价创新。

（2）学生的评价创新。这是评价创新的根本，教学就是要使学生在数学教育过程中，富有创意地学习，享受学习的快乐，感受成功的喜悦。因此要促使：①学生对自己学习方式的评价，诊断自己数学学习的成效，根据自己的特点，在学习时空、学习任务、阅读理解、合作交流上以评促学，真正发挥学生自我教育与评价的主体性，从而获取一生有用的数学知识；②交流互动评价，借助于一切积极因素，帮助学生诊断学习效果，在学习小组中互帮互助，共同探讨解决数学问题之道；③要对学习内容质量评价，根据各人的天赋和兴趣，有选择性地学习喜欢的内容，并检测学习质量，拓展学习空间。

虽然现实的数学教学中存在目标、问题、活动、反思、评价的焦虑，直接或间接地影响着课程理念、内容、方式的落实，变革这种困境的最好途径，就是要深入钻研《课标》，高度重视《课标》的引领作用，方可建构良好的课堂世界，让课堂状态、学习体验、学习效能达到一种最佳状态。

思考时刻：《课标》在你的数学教学中起什么样的作用，把要点罗列一下。

策略探寻：结合数学教学现实，你是如何在数学教学中让《课标》指导教学的，把具体的策略写在空白处。

第四章　数学教材

◎如果数学教师把数学教学作为一项事业，就必须读懂、读通、读透数学教材，而要读懂、读通、读透数学教材，就得全面深刻地认知数学教材，掌握研读数学教材的方法与技巧，从而有效地使用教材◎

关键问题

1. 如何认知数学教材的内涵与价值?
2. 怎样科学有效的使用数学教材?

第一节　数学教材的内涵与价值

数学教材是把人类创造的灿烂文化以文字语言的形式经过教育化处理而建构成师生开展教学活动的文本材料，具有传承知识、开阔视野、增长智慧、启迪思维的功能。这种功能实现的基本途径就是教学化，因而数学教材的天然属性就是教学性。这是数学教材存在的根基，也是数学教材区别于一般专业书籍的本质差异。那么，全面深刻地认识数学教材的教学属性就是科学建构数学教材和使用数学教材的逻辑前提。

理性地分析数学教材的教学属性与实践特质就会发现，现行的数学教育教学体系中有一种轻视数学教材的现象，使数学教材在教育教学中的应有地位逐渐旁落，反而被教辅、参考书、练习册、解读等所主宰，使数学教材的权威性、示范性淹没在参考资料的海洋中，无形中将数学教材应有的品质不断地被表层化、肤浅化和平庸化。那么出现这种状态的原因到底是什么？是数学教材不具有教育教学的价值，还是师生在阅读与使用中出现了障碍？是数学教材建构中远离师生的实际与教育的祈求，还是认识理解上、操作实施上、反思评价上出现了问题？需要从数学教材的结构与过程、融合与冲突维度进行质性分析，然后从教学化的主体、教学化的方式维度来探索其路径，以明晰数学教材教学化的本真品质。

一、数学教材的教学属性

要全面分析与理解数学教材的内在品质，就要对数学教材做一质性分析。我们选择两个维度：结构与过程、融合与冲突维度来进行。数学教材是一种结构化的存在，其意义在于将人类创造的数学文化体系得以传承和创新。正是由于人们观点、认识的不同，这种过程出现冲突进而不断融合就成为数学教材产生意义的常态。

（一）结构与过程维度

数学教材是一种赋予数学教学意义的结构化存在，它是由语言建构的，又是通过语言来解构的，本身就是意义的符号体。基本的建构与解构过程如同“五 W”模式：谁→写（说）了什么→对谁→通过什么素材→取得什么效果。这种模式的核心成分有语言、问题和理解，语言是基础，问题是核心，理解是本质。语言是表达文化、阐述思想和情感的工具，也是获取知识、增长见识、丰富智慧的源泉。人类的语言主要有口头语言与书面语言，数学教材正是经书面语言的方式把人类创造、认识而形成的数学认知以文字语言的形式经过教育化处理而形成的文本资料，符合人类的认知规律。这种教育化处理的文本资料一个显著特点就是问题倾向，人天生就有探究与好奇之心，而问题是启动这一好奇心的钥匙，不管是经验性还是非经验性的问题，也不管是基本问题、核心问题还是派生问题，都是以传播和创新人类创造的数学文化知识为旨归，通过发现、提出问题，分析、解决、反思问题等环节以优化与促进学习者大脑的数学思维及理解水平。

从某种意义上讲，数学教材是为学生的学习而存在的，而学习又是一个高度情境化、理解化的过程，看似静态的文化事件的描述，实质是能被激活的动态体验。因此，数学教材唯有与学习者接触，以问题为出发点，通过教学路径，才能显现数学教材顺性、自由、共处的自然性特征，刻画数学教材精确、控制、预设的工具性特征；实现数学教材理解、对话、生成的反思性特征。作为智慧产品的数学教材，虽然表面上是静态同质化的，但通过师生的视域融合就能产生火热的思考。基于问题的分析与思考，就能拓展与加深人们的认知空间，具备“言外之意”“理解之境”，呈现启发性的眼光，表达出独立思考和批判的意识，让学习者从中领悟以及不断超越。因此，无论是数学概念的阐述、数学原理的描述、数学案例的设计等都要以问题为中心，围绕着学习者理解进行精心的设计和巧妙构思，使采用的语言、秉持的观点在适宜的语料加工过程中成为学生记忆、大脑储存事件和信息的场所。

数学教材承载知识与智慧的一个显著特点就是以案例说话，数学教材所选编的案例不是案例素材的简单堆积与孤立知识的显现，字里行间都蕴藏着人类的数学智慧，体现着人文关怀，对学生的思想与行为起引导示范作用，进而更好地说明一个概念的本质特征、一个命题的深刻含义、一种方法的应用价值。学习共同体在参与、交流，理解、实践、应用和发掘案例的过程中体验知识与技能的有用性，感受数学知识的统一、力量和美。数学教材处处可以显见案例的身影，嵌入数学教材的例题、问题、探究，就像一张网络的节点，把知识纵横交替地链接起来，沟通了抽象与具体，展现了发散与聚合、正向与反向、实证与理性的思维方式，融现实性、思想性、知识性、智慧性、艺术性于一体，使数学教材更加现实化、生活化，更加富有弹性、张力。形式多样的案例是数学知识内容引入、数学思想方法深化、数学智慧承前启后的关键，通过案例的学习就可以深刻地理解一个原理的背景与实质，快速地学会一种解决问题的思路、方法，养成刨根问底、锲而不舍的精神。

既然数学教材如此精心设计和构思，作为教育者就没有权力置之不理，唯有悉心解构方可实现数学教材教学化的目标。

（二）融合与冲突维度

数学教材是化育个体的主要载体，由于文字语言解读的无限多样性，基于数学教材教学化中的融合与冲突就不可避免。所谓融合就是数学教材承载的信息与学习者的经验相整合并生成学生的学习认同，生成数学教材的现实性与目标的实现性。所谓冲突就是数学教材所承载的信息与学习者的经验不适宜并促进学习者自身的反思，实现数学教材的发展性。数学教材是编者以自我文化为背景去设计的，是基于编者经验、习得、体认、风格、语境去阐述知识体系，是经过编者遴选的语言“过滤”了的思想建构，并以其独特的文本方式把内在的认知结构外化。但在与学习者相遇时，编者合法的偏见、过度的解释以及学习者的误读和误解就混杂在一起，必然引发编者与学习者观念的冲突以及在冲突中的融合。

数学教材的建构是基于计划性课程的要求而建构成的内容体系，是根据课程方案及《课标》的要求选编内容顺序及结构。虽然编者进行过详尽的调研、周密的思考、教学化的构思，但编者与读者之间的距离是客观存在的。因此教师在用数学教材方面有权力、更要有能力和勇气去界定当事人即学生的需要及决定提供服务的内容及性质。这种权力和需要有时带有教条主义与经验主义的印迹。经验主义局限于数学教学实践的直接现实性品格，造成教师和学生可能误读数学教材的内涵与品性；教条主义则固守教学实践的普遍性品格，从而固化了具有生命活力的知识体系。由此，造成师生在阅读与使用数学教材中出现了障碍，师生成天忙于寻找系统而详尽表述的“答案”和一些考试范畴的“问题”解决之法，学校关心那些精于学业的学生，只要功课成绩当头，个人的灵感、努力与自我发现就没有位置，使学生丧失了充满个人感情与意义的数学学习意蕴，无形中造成了数学教材教学价值的失落。为此，倡导一种批判反思的数学教材认知观，使师生个体的经验在与数学教材承载信息的融合中诱发意义，借助于不同诠释者之间形成的张力结构实现数学教材教学化的目的。正是由于这种差异性的认知冲突，就更应注重数学教材交流模式的构建，在二次建构活动中体现、感受差异美，使各种观点在冲突中融合，在融合中冲突，克服对数学教材浅阅读与浅理解的现象，细心品味，不断地从单一到多元、从静态到动态，使个性得以展现，创造力得以激发，从中探析与领悟数学教材的精微与奥妙之处。

数学教材教学化实现的场域就是数学教学实践，主战场是数学课堂教学。课堂是数学教材教学化真正发生的地方，也是冲突与融合持续进行的场所。师生对数学教材的理解与思考，糅合师生的经验、知识、个性、兴趣，参与了数学教材教学化的过程，在师生、资源、环境的多边活动中被不断地理解、诠释，使数学教材的内在力量由于师生的参与、深刻的体悟、多方的交流而得以激发，从而使参与数学教材教学化的师生强烈地感受到自己是一个受到内在创造冲动所激发的独立个体，而不是受外在数学教材权威支配的说教者与接受者，把自己内在的潜质发挥出来，养成独立思考与批判的精神，共同实现数学教材教学化的使命。

二、数学教材的实践特质

数学教材教学化的前提是学习与反思，这种学习是经验整合式学习，这种反思是批判建构式反思。通过学习与反思这一途径就能使数学教材教学化成为现实，那么从学习与反思的主体与方式维度来探索数学教材教学化就是必然的路径选择。

（一）数学教材教学化的主体

数学教材教学化是一项系统工程，其核心成员有编者、专家、教师、学生、家长等。其中最为直接、核心的要素就是师生在数学教材教学化中所起的主导力量。

师生参与数学教材教学化的过程是数学教材生命力张扬的过程，教师担当着引领学生解析数学教材的知识性、开放性、生成性、个体性及动态性等属性的重任，这些属性一般深藏于数学教材其内，需要借助教师与学生的智慧共同去挖掘与解剖，使数学教材的文化力量（创发源、辐射源）凸显出来。

教师与学生是参与数学教材教学化的主体。数学教材首先要与教师和学生相遇，展开对话。数学教材文本存在的意义不能自行显现，只能从相遇者的视界中解读出来，其意义产生依赖于解构者的理解与解释。“数学教材教学化”就是师生围绕着教材中的数学知识进行的对话与理解过程，在此过程中不断地解析着数学教材的话语形式和叙事模式。如师生首先与数学教材相遇的是“主编的话”“目录”（以人教版为例），主编的话就把学习者带入数学的天地，需要仔细地品读，理解“数学应用很广泛”“数学使人聪明”“勤于思考，勇于探究，善于归纳”“巩固基础，注重运用，提高能力”“开阔视野，自主学习，立足发展”等的含义，从目录的阅读中就要体味所学内容及内容间的逻辑线索。作为数学教材教学化主体之一的教师对文本的理解与解释是站在“中间人”或“传递者”的位置根据自己理解的“前结构”帮助学生理解文本所阐述的数学文化事实，经过教师个性化的解读，将文本预设的教学设计整合、提炼成适宜于学生学习的教学方案，通过数学教学活动践行数学教材教学化。作为数学教材教学化的另一主体学生，在阅读思考的基础上通过教师的引导，在主动探索、独立思考、参与讨论的学习过程中实现数学教材教学化的目标。

师生在数学教材教学化的过程中涉及一个核心问题就是理解。哲学解释家伽达默尔认为理解要以不同方式进行，并认为只要有所理解，理解就应有所不同。因此数学教材教学化的主体之间的理解就是要达到对数学教材中共同意义的把握，即在各种不同的理解中，甚至“在观点的相互冲突中”，建立起一种共同性，这种共同性超越了个体和个体所从属的团体。就数学教材的理解活动而言，由于时间的一维性特点所造成的某种对过往的生疏感与新知识的陌生感，才使师生对数学教材产生了各种各样的理解和解释，数学教材的完整意义才逐步地向师生凸显出来。这种时间距离不仅给了师生理解数学教材的机遇，而且它能够消除师生对数学教材理解的教条主义态度，消除或过滤掉某些错误前见，使那些促成真实理解的前见浮现出来，避免主观主义和相对主义对数学教材理解所造成的伤害，从而保证理解的客观性。同样，在对数学教材的理解过程中，语言的间距不应回避，编者所持的语言与师生共同体之间的语言差距肯定存在，师生利用自我营建的语言空间、交流彼此的理解，可以开放自己的成见和理解，消除固有的蒙蔽，正视他人与自己的不同理解，并使真正的意义或真理性的认识从一切混杂的东西中被过滤出来，从而获得对数学教材文本深入的理解和解释。

（二）数学教材教学化的方式

数学教材教学化的过程就是数学教材生命力张显的过程，主要体现在数学教材的主体在设计阶段、实施阶段及评价阶段所做的工作。正是这些阶段的工作使师生不断地参与数学教材、介入数学教材、共享数学教材、成就数学教材、发展数学教材。也就是通过这些阶段的不同方式把师生纳入与数学教材对话与生活的现实场域，使师生带着喜悦与兴奋之情去观察、去实践、去共鸣、去争论、去生成和去实现数学教材教学化的使命。

1. 设计层面的路径

数学教材教学化的首要工作就是教学设计。数学教材的编者就是首位设计者，编者依《课标》及数学教材教学化的天然属性对其建构，通过数学教材这一载体进行了教学前设计，这种设计纳入数学教材建构共同体的参与，生成师生共享的智慧资源。其次是数学教材的主要使用者教师和学生的设计。教师通过基于学生现实视角解析数学教材内容体系，从教学的视角创设教学问题与情境、过程与方法、活动与反思实现数学教材的教学转化，转化成数学教学方案，其实质是教师对数学教材的教学特性做出的自己回应，这种回应整合了教师和学生的经验、知识、方法，实现了对数学教材的超越。在进行教学方案构思时，教师从数学教材中析取语料、语词到语义，提取案例与练习，根据目标定位，从当下的环境中，通过操作性思维和情境式思维建构教学各个环节，通过设计师生参与的活动、情境等把数学概念、技能、方法放在可操作性的框架中，从中挖掘出数学教材中已经被遮蔽的内在意义，防止一些观念、偏见、习惯性思维侵占学生的思想领地，谨防师生对数学教材产生过分的依赖。

在设计层面，核心考虑的因素是如何促进学生的数学学习进步。由于编者的缺席，就形成了师生在理解数学教材上的距离，加之学生知识、经验、智慧的不完善，使数学教材的控制－权力运作能力有可能被强化，从而成为压制师生创新精神的借口。数学教材是这么说的：无形中强化了言说者的合法地位，易使数学教材对教学设计的流程起控制作用，将参与教学设计过程中的诸多要素置于它的魔咒之下，出现了数学教材依赖症，丧失了基本的判断能力，从而使数学教材教学化在设计层面上基本局限在数学教材的简明框架内，形成简单的讲授模式，把本应富有生命活力的数学教材僵硬化。因此要使数学教材更加快捷地教学化，在设计上就要多方位探索透析数学教材教学化的路径，深入研究基于教学用语的思维和表达的特征，为数学教材教学化做好前提准备。

2. 实施层面的路径

数学教材教学化的价值是通过课堂这一操作化的过程实现的。课堂教学就是数学教材教学化的基本路径，在数学课堂教学中，解释活动、对话活动、合作活动和练习活动等是它的主要实施方式，通过对话、交流、倾听、反思加深师生之间对数学知识、思想、方法的理解，特别是通过问题提出与解决的活动使数学教材从理论走向现实，促进学习者不断产生新的文本意义，并在一种清醒的批判与反思的状态下，推动数学教材教学化深度进行。

在实施层面，师生之间的活动主要围绕着数学教材所承载的知识来展开文本的解释活动，数学教材文本具有可重复性、阐释的无限可能性。课堂教学就是师生通过教学活动创造出的文本，如板书、教授、对话、讨论、笔记乃至对学生的操作活动进行的激励和发出的指令、课堂教学记录、学生作业等。在这些活动中，当学生对某些概念、命题、推理意义理解不清或出现问题的时候，教师就要用学生能够理解的话语以及必要的资源去解释其本质含义。那么对“我应怎样传达意义？我应对学生怎样解释这些意义？为了让学生理解，我应做些什么？”的深度思考就显得十分重要，这也是数学教师深度教学的应有之义。基于这样的思考，课堂教学和数学教材的文本解释就不只是相似的两件事，其本身就是一回事。但数学教材对课堂教学一般会产生两种效应，正面效应是数学教材赋予课堂以社会地位，强化数学规律、原理和人类认知的理性，建立起人类数学知识、方法、精神的获取通道；负面效应则是束缚人的思想，禁锢人的精神，封闭人的思维，降低审美力，创新力和鉴赏力，控制自由的时间，就是过分的教条化和机械化。课堂教学都会面临着数学教材的这两种效应，而教师的神圣职责就是克服负面效应所产生的影响，认识到学生理解水平的差异性以及不同学生的知识背景和多变兴趣的特殊性，用多种方法解释文本的意义以便学生把新的数学理解融合到已有的前理解中去，加入自己的理解与认知元素，从而生成新的意义。引领学生数学思维不断解放。

3．评价层面的路径

数学教材教学化的过程实质上是实现知识的转化过程，作为人类实践成果的数学文化知识是结构化和符号化的，具有一定的抽象性和概括性，能否有效地在知识共同体之间实现转化，必须掌握科学的评价工具来审视数学教材教学化的成效。一方面要审视编者是否是站在学生的立场进行数学教材建构，另一方面要审视数学教材所关涉的教学场域中的主体合作意识是否浓厚，交流机制是否顺畅，语言表达是否贴切，数学思维训练是否科学等，以使数学教材教学化更加富有力量。通过这样的评价反思，以对一些传统的教与学的习惯、权威、常识进行批判与思索，从而周密、系统、深入地探究提升数学教材教学化的科学性与高效性，为数学教材建构与解构提供建设性的建议，让数学教材的目标聚焦于现实生活，超越数学教材的狭窄限制，为学生的学习提供可靠的信息源。

在评价层面，首先，就是探析数学教材教学化的深度与广度问题。由于数学教材自身是一种教学化的处理，这种处理的适切性就在于师生的重新解读，可是现实的数学课堂设计大多是以书本为标准进行的，这就很有可能造成学生死记硬背，错误地认为知识的学习过程就是把书上如关键性的概念和原理记住的过程。这种简单化的经验认知其实是异化了数学教材的教育性，因此，评价就要纠偏数学教材教学化在设计层面的这种误区，把教学与学习过程看成一种基于数学教材教学化的经验持续改进的过程，恰当的选择设计层面的深度与广度。其次，利用及时性评价工具，抓住数学教材教学过程中的智慧生长点，果断地做出教学决策，实现教学中数学教材教学功效最大化。因此，要在理解本质上下功夫，摒弃“我想更深入地阐述课程内容，但却没有时间，所以，不得不进行泛泛地讲解”的说法。同时，要摒弃“由于这方面还没有学，所以就不说了”的说法，使数学课堂教学能真正“深入探究”某一主题，避免产生肤浅的、刻板地理解，防止把学生的思想禁锢在一个狭小的空间，那么拥有透过现象洞察本质的能力就是数学教材教学化的一个关键能力。因此，运用评价这一锐利武器，就可以为数学教材教学化树立一面镜子，随时诊断整个过程，使更多的争论、支持、核实、证明、概括、归纳大意、挑战在设计课程与教学过程中体现出来。

数学教材教学化是数学教材的基本使命，高效完成其使命的设计、实施、评价过程有赖于对各个路径的思索与考量，要树立科学系统观的思想，舒展数学课程教学思想，不断地开掘数学教材的教学生命力，使不同对象之间迥然不同的观点与事实揭示出来，凸显数学文化知识体系的本真面貌，确立数学教材在教学过程中的地位，不断创造性地建构与使用数学教材，丰富人类的数学文化知识体系。

三、数学教材的价值属性

（一）现代数学教育价值观是数学教材的基本价值观

数学教材的基本职能是为师生的教与学提供基本线索，以促进学生数学学科素养的提升。它是实现课程目标、实施教学的重要资源。因此，建构有效的数学教材在数学教育体系中就显得十分重要。

在数学课程体系的建构中，一般遵循这样的逻辑关系：首先要确定《课标》，在其导引下，建构数学教材，然后创造性地开展教学，科学地评价。所以数学教材就要力图把《课标》中所倡导的一些核心理念、确定的内容、实施的建议以文本的形式准确的表征出来，为此要秉持现代数学教育观。

现代数学教育观是在继承数学教育优良传统的基础上形成的在数学教育过程中所坚持的基本理念、思想和方法，它是有利于数学教育健康向前发展的精髓。数学《课标》中，用简洁的语言阐述了数学课程观（着力于强调数学课程的基础和发展属性）、数学观（从数学的功能角度阐述数学的基本内涵，特别是数学思维的角度来阐述数学自身的本真属性）、数学学习观（从学习内容、学习方式、学习过程等方面揭示数学学习的本质）、数学教学观（从师生角色、数学基础、形式化、文化价值等角度来分析教学的实质）、数学教育评价观（从评价理念、评价方式和评价体系等方面分析评价的意蕴）、现代信息技术观（从整合的视角透视信息技术在数学内容、教学、学习、评价等方面的价值与意义）。这些文本阐述的数学教育观最终要落实到数学教材这一层面，然后通过师生的数学教学活动转化成为富有生命力的数学素质与修养。

数学教材作为数学教育表达的一种手段和过程，也是一种交流传播数学教育思想的主要途径，怎样才能体现并表达现代数学教育价值观，也就是说通过什么方式把外在的数学教育价值观转化成可以实现的内在的价值观。由于数学教材的建构涉及的因素、关系、问题较多，诸如涉及的因素有数学素材、数学事件、教师学生、教学条件、人文环境；涉及的关系有《课标》与编者、编者与用者、教者与学者、学者与评者等；涉及的问题有数学教材的现实性与未来性，编制技术、编制原则、编制方法、手段与使用者的现实适切问题，浩如烟海的数学知识的选择与组织、精细化、条理化处理的问题，数学教材中组建的基本成分如文字、图表、栏目、版式以及具体的练习题的适用性、教育性如何与学生的经验、记忆、理解、解释相适等问题，还有数学教材中所具有的情境性、对话性、策略性与学生心灵世界的沟通等问题都是数学教材建构必须思考的重要问题，从本质上讲，就是如何围绕数学教育价值观的展现而建构的问题。数学教育的价值观就是要想方设法在数学教材建构的主体成分中如数学语言、数学活动、数学事实、数学问题、数学情境等方面尽可能准确、清晰地渗透在其构成的点点滴滴中，不管是在数学教材的显性和隐性结构中，诸如一个数学符号、一个几何图片、一些公式图表、一段文字叙述、一个问题、一个活动、一个习题都要展现数学教育的价值观，都要对数学教育价值观尽情地展示与解读，最终通过使用者把看似静态的文本中所蕴藏的深刻思想挖掘出来，把值得传承下去的精华和合法的数学文化、数学精神和数学思想，用独特的话语体系、情境方式、编排体例表征清晰。

（二）育人价值是数学教材的核心价值观

现代数学教育观的核心是学生的数学思维与素养的提升问题，数学教材建构的基点也是如此，如何更好地去为人的素质的提升发展服务，也就是数学教材的育人价值，数学教材必须为此承担其基本使命，这是数学教材赖以存在的根基，它规定着数学教材存在与发展的方向。因此，数学教材建构者就要集众多的智慧，以育人目标为根本旨向，时时处处体现以人为本的理念，在数学材料的选取、数学活动的设计、用词用语的取舍都要紧紧围绕着学生数学学科素养提升而进行，以行为主义、认知主义、建构主义为建构指南，精心设计思路，统筹谋篇布局，反复斟酌用词用语，精练每一句话，透析每一例题，挑选每一个习题，并用巧妙的方式方法将这些长期探索、执着追求、勇敢实践、不懈奋斗过程中形成的建构数学教材的经验、智慧显现在学生面前，以真正实现育人目标。

育人目标是数学教材的核心目标，这就要求数学教材建构按学生的发展走向、心理发展状态、社会发展需求去精心设计教材的每一个章节，去不断地彰显数学教材的育人目标。数学教材正是通过它的权威性、可传播性、可读性、普遍的使用性等特征来有效地渗透数学课程所承载的育人目标，这种目标是社会、数学、教育对教师、学生提出的明确要求。虽然数学教材是人为的，但它是建构者在大量的数学教学实践基础上，提炼总结、汲取国内外编制数学教材的精华，富有个性化的创造性建构的结晶，是通过反复思考、长期实践、认真完善形成的供学习者使用的，应当说是经典的文本，在“合法性、传统性、专业性”方面的权威而成为数学教育工作者对数学教材价值认同和理性服从的逻辑基点，数学教材为教师和学生提供了数学规范的表述，成为理解和掌握数学知识的重要途径，是一个学习数学知识、方法、思想的向导和适宜的蓝图。

首先，数学教材是供学生获取数学知识、丰富数学智慧的场所，是提升数学修养、掌握数学话语、拓展数学思维、运用数学知识分析、解决问题的舞台。借助这个平台，学生在与作者对话交流的过程中，提升数学知识与技能、经历数学过程与方法、体验情感态度与价值观，从中养成基本的认知方法、学习态度和方法策略，因此数学教材一定是为学生的。

其次，数学教材也是为教师的，教师通过自己的解读，准确的理解和掌握编者的真实意图，富有启发性、创造性地在教学中使用。由于数学教材具有教学的预设性，从某种意义上讲，数学教材为教学规定了方向和流程，通过教师的再创造，使之具有可操作性、适切性，回归到实现数学教材的育人目标上。数学教材确立了教学的框架，也就或多或少地支配着教师教和学生学的数学内容，对许多学生来说，数学教材是他们能读到的最有教育性的书籍，也可能是第一次接触到要学的数学并进行阅读的数学。但不管如何，数学教材所秉持的育人核心价值观不仅是对数学、数学教育的一种投射，同时也是对数学文化现象的一种投射，透过数学教材这一视角就可以看出数学世界是如何构成的，更为重要的是，可以看出浩如烟海的数学知识是如何被选择和组织以体现育人价值的。

最后，数学教材是以活动的视角来体现它的育人性，横向观察各种版本的数学教材，其对同一数学知识点设置的活动不尽相同。虽然同一概念应用了不同的语境、表述全然不同，会产生一定的差异，彼此提出的问题、使用的素材、活动的模式各有千秋，但都是促使学生发展的。数学教材中的栏目是建构数学教材的主体成分，学生学习的数学内容就是通过一个个栏目串联起而成为一个个学习的情境，如北师大版通过问题导入、做一做、议一议、读一读、习题等栏目，人教版设置观察、思考、探究、归纳、讨论、问题、信息技术、例题、习题等栏目，营造了一个个问题串，以问题的思考与解决为核心且通过议、说、做等活动来形成深层次的知识建构、情感交流。在做一做、想一想等方面更多地用类比、归纳、推理、观察等思维方式，让师生在活动、合作、交流的过程中增长数学智慧。因此独特的栏目设计可快速地将师生带入数学天地以焕发出知识内在的价值。无论如何数学活动栏目在数学教材建构中的重要地位怎样强调也不过分，因为就是这些活动把师生引领到数学学习的天地共同感受获取数学知识、提高数学能力、增强获取数学智慧的乐趣。

（三）数学教材的特殊性决定了它的价值观应包含数学精神

数学教材不同于其他学科的教材，主要源于数学教材所承载的数学是训练学生心智活动的最好素材。在训练中不仅使学生获取数学知识，掌握发现、提出、分析、解决问题的思维方式，而且培养克服困难的勇气和意志力，养成探索、质疑、批判、反思、创新精神，求实、求真、求是品质。

数学精神渗透在数学教材的点点滴滴中，往往是不经意间显现。如阅读材料中的大量案例就呈现出数学的探索精神、求真精神、求实精神，在数学教材设计的活动过程中每一个字、每一个词、每一个符号细心琢磨就能触摸到数学的精神。在数学教材的建构中，例题、习题的设计十分重要，例题就像一张网把数学知识链接起来，使之置于连线的关键节点处，对数学知识的展开起承前启后的作用，其作为“有影响力的老师”，对于问题解决的重要性远远胜过其他方面。由于这些例题是编者精心挑选的，渗透着编者对数学以及学习数学等问题的认识，有编者探索这些问题的足迹，有深刻的文化背景和深远的意境。

有数学家说过，数学的真正组成部分是问题和解。例题就是由问题和解组成的，学习这些问题和解具有示范导引作用，可以让学生从中体会感受解决问题的全过程，特别是发现问题、提出问题、解决问题的过程。

义务教育阶段数学课程中综合与实践是一大亮点。这一内容的设置，将改变传统数学课程以学科为中心的体系和直线式的结构，促使学生改变学习方式。不同版本的综合与实践部分选材、问题导入、解决问题的方式方法、展示汇报等处理的角度都不一样。人教版是课题学习内含于一章之中，与这一章紧密相关，如“从数据谈节水”是第十章“数据的收集、整理与描述”一章中的第三节。同时，人教版每章内容完后都有“数学活动”栏，有点课题学习的属性。北师大版与华师大版的课题学习是独立于章之外单独设立的一部分内容，与刚学完的章节内容关联度较大。对北师大版、人教版、华师大版的数学教材进行研究可以看出，华师大版设置的课题学习最多，北师大版设置的较少，但目标定位基本一致。都是强调其实践性和综合性，关注经历“问题情境—建立模型—求解—解释与应用”的基本过程，都是让学生体验数学知识之间的内在联系，初步形成对数学整体性的认识，让学生获得一些研究问题的方法和经验，发展思维能力，加深理解相关的数学知识，获得成功的体验和克服困难的经历，增进应用数学的自信心，无形中养成了执着、钻研的精神。

阅读材料也是数学教材设置的重点内容：义务教育数学教材中北师大版以“读一读”作为一节正文中的一个栏目出现，直接结合正文叙述的内容给出相关的背景或史料材料，如在七年级“丰富的图形世界”一章第二节“展开与折叠”中讲述了欧拉公式，北师大版的读一读都很短，如“我们居住的地球”只需一两分钟可读完，但能使学生获得许多常识，渗透着国情教育和爱国主义教育，可拓展学生的知识面；华师大版共设置了多个阅读材料，分散到不同章节中，富有特色的是华师大版有一些英文阅读材料，可从语言学习的角度拓展学生的学习视野；人教版则是以“阅读与思考”的栏目出现，是选学内容，放在节后部分，作为一节的补充。如学完“用图表描述数据”一节后的阅读与思考是“作者可能是谁”、学完“乘法公式”一节后的阅读与思考是“杨辉三角”。数学教材中的阅读材料是将数学中的重要数学事件、与数学有关的人和事以史实或议事的形式写出来，语言十分通俗，适合学生的阅读水平，涉及代数、几何、统计与概率及其他众多学科领域，这些阅读材料对提升学生数学兴趣、拓展学生的认识领域、完善数学知识结构具有重要的作用，更重要的是从中析理出的数学精神会给了学生无尽的力量。

（四）数学教材的特殊使命决定了它必须以服务学生、传播数学、弘扬数学精神为目标

数学教材所承载的育人目标的神圣使命决定了它必须以服务学生、传播数学、弘扬数学精神为目标。数学教材用一套独特的语言体系（词汇、符号和文体风格），在符合学生认知水平的基础上配以数学活动来显现其目标属性，例如采用学生熟悉的日常生活实例，做比喻和说明来反映数学学科领域的最新成果，反映当前的技术及文化。数学教材正是通过预设的教学活动来彰显它的人文性和工具性，通过精巧问题的设置，开启学生的数学思维，通过解决问题的探索、示范让学生感受到用数学工具解决问题的便利性和可拓展性，让学生体验学习的过程，养成终身学习的愿望。

数学教材的版式设计、教学要素的呈现、装帧质量等都是显现数学教材品性的重要方面，包括数学教材的编排要符合逻辑和统一，层次要分明；目录能有效地显示内容结构，各章节能以标题或序号等明确标识划分结构层次；

文字和图解有助于识别和突出核心概念和基本数学思想；标识标记有助于学生了解教学重点，激发和辅助学生学习，而不分散学生的注意力；栏目板块设计合理且在各章节中内容分布均匀；数学教材中字形及字体大小恰当，使得阅读达到舒服感；纸张耐用、装帧美观结实等都能提升数学教材的育人品性。

数学教材主要是供师生使用的，唯其如此，才能更加有力地体现数学教材参与传播数学知识的功能。数学教材所承载的学习内容经数学教师的再创造而进入学生的学习视域会焕发出新的生命活力，它的每一个符号、每一个公式、每一个概念、每一个命题、每一个例题、每一个习题都随着师生的解读、认知、理解会更有力地弘扬数学精神。

数学教材承担的使命，需要细心地去品味，数学教材的结构特征、所蕴藏的思想方法、所运用的语言风格等都是基于服务学生，服务于学生数学问题意识的培养，服务于学生数学能力的提升，服务于学生学习方法的获得，服务于学生情感、态度价值观的提升、体验及感受。

弘扬数学精神之所以也是数学教材的重要目标与职能，因为唯有上升到精神层面，才能有意志力去攻破数学难关，才能为学生奠基坚实的数学信念和奋斗目标，为学生提供不懈的动力源泉，使数学真正成为学生终生有用的知识体系，发挥它应发挥的功能。

思考时刻：数学教材在你的数学教学中起什么样的作用？
策略探寻：你是如何理解数学教材的功能和价值的，在教学实践中把你对数学教材进行理解的策略罗列在空白处。

第二节　科学有效地使用数学教材

数学教材是数学课程的重要组成部分，直接反映、体现着《课标》规定的学习内容，数学课程改革中所倡导的一些新理念、新思想，影响和规定着师生的数学教学活动方式。数学教材的质量会直接影响到数学课程的整体质量和水平，从而影响到数学教育教学的质量和水平。数学教材由于本身的工具性、人文性、基础性、抽象性、严谨性等特点，使得数学教材的问题成为教育界最为关注的视点之一。因此首先要掌握数学教材阅读的方法和技巧，然后有效地将数学教材应用于教学实践。

一、科学阅读数学教材，合理使用数学教材

数学教材的基本功能是为师生的教与学服务，实现这一功能需要通过阅读与研究数学教材。通过阅读可以通晓数学教材的编排思路与知识体系，获取系统知识；可以不断地训练、强化对核心知识、思想、方法的理解，提升综合处理数学教材问题的能力（特别在钻研中，透视了数学知识之间的相互联系与来龙去脉，提升了信息检索能力、观察能力、创新能力、思维能力、文字能力、教育科研能力）。

（一）阅读中明晰数学教材是为教师提供的教学蓝图

数学教材力图采用“问题情境—建立模型—解释应用—拓展反思”的模式展开，使学生经历“做数学”的过程，体验“鲜活的数学”，采用由浅入深、逐级递进、螺旋上升的方式逐步渗透重要的数学思想方法以满足不同学生发展的需求。教师要在分析与解读数学教材的过程中高度关注这一建构模式，教师应明晰“透视数学教材的结构”是教学准备工作头等重要的事，在此基础上结合学生的现实设计科学合理的教学方案。因此要深刻领悟数学教材呈现知识的样态，明晰数学教材的第一个特点是它的知识性，即表征数学知识、落实课标理念；第二个特点是它的教育性，即教育数学、设计数学；第三个特点是发展性，即促进数学进步、素养发展。

为此教师首要做的工作就是对数学教材进行阅读。可采用 SQ3R 阅读法进行。其关键点是浏览（Survey）、提问（Question）、阅读（Read）、复述（Recall）、复习（Review）。这五个关键词的基本含义是：

（1）浏览。就是对全书进行快速浏览，弄清数学教材的基本内容及基本结构，对编者的基本观点有一个初步印象。

（2）提问。就是在开始仔细阅读正文时，应当尽量向自己多提些问题。提问对学习具有极大的推动作用。带着问题阅读最有实效性，能使阅读有更多的目标，并能促使阅读时带有批评性和深刻性，使读者成为深层含意的积极追寻者而不是文字语言的消极吸收者。

（3）阅读。阅读的目的是正确理解和深入掌握所阅读数学材料的精髓，对重点章节学深吃透，做到融会贯通，使其成为自己知识结构的牢固基础。一次仔细地读一小节，阅读时尽量寻找题目所列问题和浏览时所提问题的答案。

（4）复述。不是指逐句的复诵或默记，而是指在理解的基础上，集中精力把有关章节的中心思想和基本观点、基本思想方法牢记在脑中。

（5）复习。通过复习来检查对读过的章节的掌握程度。

基于 SQ3R 法的阅读可以使数学教材的阅读进入深度阅读层面，如对章前

言及章节目录的阅读，要注意章节标题，因为它标出了整章内容的主题；要对章节标题提出问题，把陈述句变成疑问句并试图回答这些问题，如人教版“实数”章节中，有三节：平方根、立方根、实数；以及阅读与思考：为什么说$\sqrt{2}$不是有理数，数学活动，小结，复习题等，要注意理解段落大意，弄明白引入新知识的直观素材并要抓住关键字、词、句和重要结论，这对理解新知识非常重要。

通过阅读可以达到博观约取与见微知著的功能。博观约取指在数学概念、定理、公式、法则、方法等构成的知识结构体系中看待具体数学知识，教师钻研数学教材，绝不是孤立看待某章节的数学教材内容，而是钻研各章节内容之间的联系，还要考虑各章节内容与上一级和下一级学段是如何衔接的，同时要立足高学段，俯视低学段的内容，在纵横联系中钻研各单元教学内容，才会识得“庐山真面目”，认识到某本数学教材内容在整个数学教材中的地位、作用。见微知著指深入钻研各具体数学知识及练习题，尤其要重视对基本概念与知识的深入钻研，对具体知识要做到：见微以知萌，见端以知末，数学教育家傅种孙指出：“越是起初的东西，若是追究起来，越是困难。这是涉猎过算理哲学的人，都知道的。”

数学教材的前言是数学教材的编写者对读者就本书在编写方面的问题所做的分析与说明。是编写者向读者对学什么、怎样学、为什么要学的精要分析；是沟通编者与读者的窗口及桥梁；是编者向读者展示的导游图，具有导读导学的功能，成为影响数学教与学的一个先导性要素。它能够引导师生找准获取知识的切入点，给予师生开展数学学习活动的基点与策略，给读者以信心与力量，也可让家长、教育者以及社会各界人士通过前言这个窗口，快捷地了解现阶段数学教学的内容、思想、方法以及蕴藏的精神。

（二）阅读中明晰数学教材是为学生的学习提供服务

学生正是透过数学教材这扇窗口走进丰富的数学世界，而教师是引路人和带头人。通过教师的内容解读把学生引入探究学习的数学天地。为此教师明晰教材内容，为学生的学习提供指导。①分析解读数学教材的认知因素，即要分析数学教材中的显性因素和隐性因素。显性因素的分析较易，即分析数学教材的知识内容及其呈现方式，探讨数学教材知识的重点、难点以及调整和处理知识内容的相关策略，进而分析数学教材中知识的呈现模式以及相应的利用策略；隐性认知因素主要包括隐性的智力训练因素和隐性知识，即挖掘数学教材中没有明确表述出来的知识。②分析解读数学教材的情感因素，数学教材不仅是知识的载体，也是情感的载体，数学教材分析必须挖掘和处理其中蕴含的情感因素，这样才能在数学教学活动中使数学教材真正成为“为人”活动的载体，数学教材所含情感因素要视不同情况进行处理，包括发掘情感的策略、诱发情感的策略以及赋予情感的策略等。③要对数学教材中的价值观分析，教学取向的数学教材价值观分析主要采用定性的内容分析法，对照相应的价值观条目对数学教材进行挖掘和归纳，梳理出数学教材中蕴含的价值观，然后将之有机地渗透在教学过程中，使学生体悟、接受乃至内化之，以达成教育性效果。

具体地说，对数学教材的文本分析，可以从如下的视角进行分析：①基本概念的分析视角；②基本定理的分析视角；③基本思想与方法的分析视角；④例题、习题的分析视角，可进行对比分析、案例分析等；⑤基本文本结构的分析视角，如画框图、流程图，对其核心概念、核心思想、方法梳理；⑥设计意图的分析视角（数学教材是如何整合众多思想、如何做适切化处理的）；⑦情感因素的分析等。分析数学教材的视角还有知识视角、教学视角、学习视角、资源视角、建构视角、解构视角、技术视角、功能视角等，无非就是要将数学教材中所蕴藏的深刻内涵打开，重新加以审视和质疑，在分析与综合的思维方式下解读，从而避免误读和误解，以形成正确的数学教材阅读观。

（三）阅读中领悟数学教材是数学教学设计与实施的重要资源

阅读数学教材，对教师而言应该做到这三点：读懂、读通及读破。

（1）读懂数学教材，作为数学教师应该读懂什么呢？①要读懂数学，深刻理解数学教材所阐述的数学概念、命题、法则、公式以及练习题的数学含义，知晓其在前后数学知识体系中的地位和作用，特别要基于数学学科核心素养的视角去阅读其所体现的数学抽象、逻辑推理、数学建模、数学运算、直观想象、数据分析的数学形态，进而从教学的视角去思考如何培养学生的数学学科核心素养。②要读懂学生，因为数学教材是为学生学习服务的，透过数学教材读懂学生就是阅读数学教材的第一要务，由于学生天分的不同，对同样的数学知识可能有不同的理解，因此，针对学生的数学现实去阅读数学教材才能更有利于因材施教。③要读懂课堂，数学教材要运用于课堂才能实现数学教材的功能和价值，因此，阅读数学教材也要立足于课堂教学，透过数学教材的阅读来规范数学课堂教学的流程，建构有效课堂。

（2）读通数学教材。①要读通相关要素，如读通数学教材中的语言、问题、方法、命题等诸多要素，以及读通与数学教材息息相关的数学教学中的教师、学生、资源以及相关的目标、活动、评价等要素。②要读通相关关系，如读通数学教材中几何、代数、统计等知识内与外的相关关系，读通不同年级、不同章节之间的相关关系，同样还要读通数学中的数量关系、位置关系等。③要读通数学思想，数学思想是指现实世界的空间形式和数量关系反映到人们的意识之中的精华，是经过思维活动而产生的结果，唯有读通数学教材中的数学思想，才能更有力量地去培养和优化学生的数学思维。

（3）读破数学教材。①要读破问题，数学教材的一个显著特点是由问题串串起来的，处处显现问题的痕迹，因此要读破问题及问题之间的关系，以及通过问题学数学的意境，特别是要细心琢磨每个问题中所蕴藏的数学知识、方法和思想。②要读破问题串，在阅读数学教材时要明晰问题串是如何串起来的，如何通过问题来串联数学内容。③要读破联系，清晰知晓不同版本数学教材是如何呈现数学内容之间的相互联系以及是如何衔接和过渡的，这样才能不断深化和品味问题在数学教材中的地位与教学价值。

其实，阅读数学教材作为数学教师的基本任务，对数学教材的每一个细微处都不能忽视，诸如前言、目录、正文、旁白、脚注以及附录都需精心研读，方可读出数学教材的真谛。

二、总结思考教材方法，科学使用数学教材

爱因斯坦说过“学习知识要善于思考，思考，再思考”。所以在阅读数学教材的基础要善于思考数学教材，思考数学教材有如下三个维度：思深、思广、思透。

（1）要对数学教材思深。读到数学教材中一个概念或一个定理时，要试着去思考这个概念的来源，这个概念是如何发展到现在以及在发展的过程中有哪些变化。基于这样的思维方式才能促使数学教师广泛的查阅资料，做到思源、思流、思变。

（2）要对数学教材思广。阅读数学教材就要把视角伸向更广的时空，阅读到数学教材中的一个数学问题时，就要思考这种问题源自何处，有什么价值，能培养和锻炼学生的哪种能力，体现着哪几种数学素养等，并要思考如何检测对于这个问题学生理解和掌握的程度。

（3）要对数学教材思透。就是在研究数学教材时要做到通透理解，不仅通透理解每个数学知识的表征形态、深刻意境，还要从学生利益出发，规划教学思路、教学策略，确定教学目标，思考研究定位到学生发展的核心处。

三、精心研究数学教材，科学使用数学教材

深入细致地研究数学教材是数学教师的基本素养和使命，不仅是提升教师专业素养的基本诉求，也是学生素养发展的基本诉求。如何研究和使用数学教材也是数学教师专业发展的根本性问题，为此从如下四个维度探析数学教师研究和使用数学教材问题。

（一）确立研究和使用数学教材理念

数学教材研究与使用理念是数学教师在长期的数学教材研读中对数学教

材分析及应用所形成的思想观念。这种理念是在一定的师生观、数学观、数学教材观等下形成的，决定着教师对数学教材的基本态度和认知。因此数学教师研究与使用数学教材的理念就是最重要的研究素养，而这种研究素养是多种理念的综合反映。

首先，师生观下的数学教材研究是基于师生及其相互关系在数学教育的定位而确立的数学教材研究观。教师在数学教育中承担着让学生的数学世界变得更加美好的教育责任，就必须有责任研读数学教材，方能更好地解读、分析、教授数学，教师的天职是教书育人，一个重要的方面就是透过数学教材培育学生学会认知、学会做事、学会生活、学会生存的能力。其次，数学观下的数学教材研究就是要从数学科学的视角解读数学教材中所蕴藏的数学原理、思想和方法，以免误读数学教材中的概念、命题、例题及习题所体现的数学本质，因此研究数学教材就要将数学教材融入现实生活中去解读，立足于教学现实剖析其中的数学原理、思想、方法。最后，教材观下的数学教材研究就是深刻理解数学教材本身是呈现适宜于学生学的数学知识范本，数学教材是基于学生学习的立场来建构的，解读也要基于学生发展的视角来进行，形成用数学教材教的思维方式而不是教数学教材的思维方式，因此基于学生立场来研究数学教材就成为数学教材研究的基本立场。事实上，数学教师研究数学教材是在多种理念的综合作用下来进行的，是教师怀揣自己对数学教育的信念、执着、追求来探索数学教材的意境，是教师与数学教材作者之间的一种对话，唯有深度进行，才能把握数学教材中的本真含义，走进数学教材中的丰富世界。

1. 以学习为本的教材分析观

数学教材是为学习数学而建构，是基于学习者立场，符合认知规律而建构的学习蓝本。因此数学教师分析教材的一个基本理念就是要以学习为本。教材与学习是彼此对象性的存在，从学习的视角分析数学教材就是要站在学习者的立场剖析教材的认知结构、逻辑结构、能力结构和情感结构，在研读数学教材的知识表征时要联想学习者的现实情况，密切联系学习者来重构数学教材，根据学习者的认知水平、接受程度、现实情境、实际需求对数学教材进行二次开发，重心置于和谐学习、提升素养，并从中挖掘数学知识中所蕴藏的数学品格、思想、方法和原理，拓展分析教材的维度，带着问题、情感、热情去分析教材，将学习者方法的养成、习惯的形成、知识的建构、价值观及行为观的塑造作为分析教材的重点。

基本学习立场的教材分析首先教师要以学习者的角色去钻研数学教材，与作者进行真诚的对话，深刻地理解教材中的每一句、每一段、不同段之间的内在关系，达到与作者之间的观点、思想、认知之间的相似同构，同时也要从求学者的角度研究教材，从提升学生数学素养的维度解析教材，从中把作者的意图与学情、现实情境相结合，站在学习者的利益与角度思考教材中所蕴藏的四基、四能及核心素养的实现。

2. 以质量为重的教材分析观

提高数学教育质量是永恒的话题，站在质量的角度分析数学教材就会重点明晰、思路清晰。学生数学学科核心素养的发展就是教材分析的根本，因此数学教师分析教材就要有质量意识，着力于数学课堂教学质量的提高，在分析数学教材时，就要倾力于设计、实施、评价、反思、活动等数学教学质量方面的建构。基于这样的视角就要求教师对准《课标》来研读教材、基于学习来领悟教材、基于质量对比分析教材，使不同场域下的教材资源开发利用到位，情境的创设、活动的开展、有效的检测都与学生数学素养的提升相关联。

基于质量立场的教材分析首先要求教师结合课标、学情、目标、流程、检测等要素来考量教材，在学懂弄通数学教材本真意蕴的基础上，探析数学教材基于学习立场的数学视点、教学视点、学习视点，运用系统思维，从目标、内容、任务、活动、行为、检测等维度思考教材，从文化的视角剖析数学教材的结构，从问题入手，分析数学知识的整体构建，探析不同版本教材中同一概念或同一主题内容的不同表征意境，特别是用系统的观点探视知识编排的递进性、认知特点和知识基础，明晰螺旋式设计知识目标、能力目标、态度目标及其教学安排的意境，为高质量数学教育奠定基础。

3. 以学术为基的教材分析观

追问数学教材如何建构与如何解构的问题就是在进行教材学术研究，数学教师在分析教材时有意或无意地会思考是什么、为什么、怎么办的问题就是进行数学教材的学术研究。而这种学术的探讨对深度解析数学教材是极其重要的。把数学教材分析作为一种学术活动，首先，要有问题意识和探究能力，带着问题与探究意识挖掘数学教材所蕴藏的本真，在文本分析时要进行教学构思、旁征博引，对教材中的内容要说得清、看得透；其次，要有生命情怀和开放思维，投入情感去钻研数学教材，并用理性反思分析教材，使分析的角度更加新颖，视角更加独特，方法更加多样，从而挖掘不同版本、不同国家教材之间的差异，探析知识表征、组织方式、例题安排、习题建构等异同；最后，还要有批判精神不断超越自我，努力克服在教材分析方面的偏见与不足，不断评估、检讨、反思自己在教材分析方面的强弱危机。

基于学术立场的教材分析观对教师提出了更高的要求，需要掌握科学的方法与工具进行教材分析，具有良好的学术素养，不断地刨根问底，从多角度多方位地吃深吃透教材，达到融会贯通的境界，无论是数学课标与教材、评价、考试的关系，还是数学教学构思、学生素养、目标达成、学段衔接等都要深度的理解和掌握。站立学术立场分析教材就要求数学教师要有学术的眼光、思维、语言深度介入数学教材，与数学教材融为一体，为数学教学美好创造一个新天地。

（二）掌握研究和使用数学教材方法

所谓“方法”是指人们在长期的实践中形成的解决某问题的有效程序与步骤。数学教师研究数学教材的方法素养也很重要。数学教材研究和使用的方法就是在数学教材研究理念指导下的研读方法和使用方法，通常有如下三个具体程式。

数学教材是连接数学知识、教师和学生的纽带。数学教师首要的任务就是精读数学知识，如果说读和思是研究数学教材的基础，那么写出研究数学教材的成果才能体现数学教材研究的境界，就是要把研究数学教材的感悟、收获、体会用文字语言表达出来。

首先要写清。把自己对数学教材阅读完后的想法清晰地写出来，可以以论文的形式或教学设计的形式表达出来，特别是要清晰地表达自己对数学教材的理解，从不同的维度去解析数学教材中所蕴藏的价值。

其次要写实。基于教与学的视点去分析数学教材，深入地挖掘数学教材中的每一句话、每一个词、每一个图形所表达的含义，做到思路清晰、观点明确、内容真实可靠、有理有据，文字表达要通顺流利，易于表达数学教材研究的结果。

最后要写美。对数学教材研究的成果表达语言要优美，基于教学、学生、事业的视角完美有力地展现自己对教学的思考，使数学教材研究的成果不仅对自己是一种享受，对别人阅读也是一种教育和享受。

如对人教版或北师大版目录的研究就是写作的一个重要点。透过目录的研究，可知章节安排的逻辑，对更好地从事教学有很大的帮助与启示作用，从教学的角度看目录，有待挖掘的内涵很多。如可提出如下问题引发讨论。关于……，你可以从目录中得到什么？这个标题所表现的中心思想是……？通过什么表现的？你希望在第……章中发现什么重要事实？获取什么样的知识技能、基本思想、基本活动经验？这一章同……章相同（或相似），因为……？这个标题可以引发的问题是……？促使你深入思考的问题是……？

（三）明晰数学教材研究和使用路径

所谓“路径”是指研究问题所遵循的技术路线。数学教师研究数学教材需要路径素养，以拓展数学教材研究和使用的深度和广度。因此数学教师就要在数学教材研究与使用的路径上不断进行拓展，其主要的拓展点是在点线上、线面上、面体上。

1. 点线上的拓展

数学知识作为具体的知识，只能成为学生暂时的记忆，但是数学思想和方法作为一种理念能让学生终身受用。那么研究数学教材与使用的拓展之一就是点线上的拓展。从基本概念出发，引申到基本思想和基本方法。把数学知识运用到实际生活中去，很多学生在教材中只看到一些结论，而这些结论中蕴含的数学思想和方法是学生琢磨不到的，这就要求教师有意识、有目的地在教学设计中去挖掘数学思想和数学方法。

2. 线面上的拓展

就北师大版初中数学的数学教材而言，给人的感觉是零散的，整合程度较低，其实这样的设计有很深刻的教育含义，需要慢慢去揣摩。因此研究与使用数学教材路径上的拓展之二就是线面上的拓展。数学单元教学设计是在整体思维的指导下，根据教学需求统筹重组，优化教学内容，并视其为一个单元进行的数学教学设计，单元可以是跨章节、跨领域、跨学段等，利用这种教学设计思路纵横考量某一知识体系，就更能理解北师大版建构数学教材的基本思想。初中数学从大的范畴看，可分为图形与几何单元、数与代数单元、统计与概率单元；也可分为数系单元、运算单元、图形单元、函数单元、统计单元等。这样就做到了从知识间到内部间再到领域间的拓展。

3. 面体上的拓展

数学作为最重要的课程之一是在相互联系的知识体系中存在的，它和其他学科之间都有着密切的联系。正如莫尔斯所说“数学是数学，物理是物理，但物理可以通过数学的抽象而受益，而数学则可通过物理的见识而受益”。这就已经说到了研究和使用数学教材路径上的拓展之三面体上的拓展。学习数学不仅解决其他学科中的计算与推理问题，还要能够增强学生思维的逻辑性、严密性、灵活性、创造性。因此面体上的拓展是在认真研读和使用数学教材的基础上，将某一知识拓展到学科间、文理间、生命间，让学生透过数学教材真正感悟数学的美、统一和力量。

（四）提升数学教材研究和使用境界

所谓“境界”是指思考或研究某一现象或问题中达到的某种通透的程度。数学教师研究数学教材的境界素养至关重要，直接影响着教学质量。教师数学教材研究和使用的境界是指教师对数学教材熟悉与清晰的程度，通常是指在认知和行为上的高参与程度与水平。

1. 认知上的境界

长期在中小学岗位上的数学教师，或许会有职业的倦怠感，从而变成一个教书匠。如果需要做出变革，首先就要在认知上有一个大的突破，上升到一个新的高度，而要在数学教育事业上有一番成就，率先要做的就是研究和使用数学教材，需要进行数学教材分析、比较、使用、开发等主题的研究，以不断拓展数学教材的认知境界，在初中数学教育世界中有很多知识结构、情境设计以及习题安排都需要基于学生的数学现实进行分析、思考、钻研、重组，在认知不断丰富的基础上或许会产生许多新的想法，会激发兴趣，改变一些固有的思维习惯，从中汲取力量。提高认知境界就要投入时间和精力于数学教材中，全身心融入数学教材中，全方面地检测自己的数学教材理念，以此作为教学事业发展的基点，艰苦探索，积累经验，拓展数学教材的教学空间。

2. 行为上的境界

就是说要把研究和使用数学教材变成教师的自觉行为，有意或无意地去进入数学的教材世界中，去不断探寻数学教材中的奥妙，极为重要的一点就是要掌握数学教材的研究方法，夯实数学教材研究的理论基础，从内容范畴、范式区分、方法选择以及工具上丰富数学教材研究方法体系，在认真地钻研数学教材中达至王国维先生所描绘的人生三境界：立志奋发，艰苦探索，一定会达到豁然开朗的境界。为此要把研究数学教材变成一种自觉的教学习惯，一有空闲时间就利用起来研究数学教材，并通过总结与分析，整理成研究成果发表出来，走向更加丰富的人生境界。

法国著名数学家布莱士·帕斯卡说过：“人只不过是一根芦苇，是自然界最脆弱的东西，但他是一根有思想的芦苇。”人是这个世上唯一能彻底挖掘自身潜力的人，因此，数学教师要利用好自己的思维，不断地去挖掘、探析数学教材中的真理，在静谧的数学教材世界里不断思考，大胆探索，实现数学教育理想。

思考时刻：使用数学教材时你感觉最困难的地方在哪里？
策略探寻：请把你在使用教材中的好做法写出来，梳理总结，你发现了哪些规律，写在空白处。

第三部分　数学教学设计与实施

——如何掌握数学教学设计与实施的创新方法

○数学教学设计与实施是构成数学教学体系的两个主体成分，如果要想取得数学教学进步就需要在这两个方面下工夫，使数学教学设计更加合理，教学实施更加精致有效○

本部分的主要内容是认知数学教学设计与实施的功能与价值，掌握数学教学设计与实施的方法与技巧，从而创新性地开展数学教学设计与实施活动。

第五章　数学教学设计

◎如果把数学教学比喻为一项建筑工程，那么精心地进行数学教学设计就是此项工程最关键和重要的事项，需要数学教学共同体精心设计、巧妙构思、合理规划，以使数学教学有计划、有目标、有秩序、有反思地运行◎

关键问题

1. 如何认知数学教学设计？
2. 怎样建构数学教学设计？

第一节　数学教学设计现状及存在问题

数学教学设计是教师基于数学教学现实为实施教学而勾画的图景。它的核心是教师对数学教学要素进行系统思考而建构的教学流程，主要是对教学活动的步骤和环节进行规划安排，体现设计者对未来数学教学的期望。在设计过程中，需要教师把课程与教学等因素放在教学系统中，全面地、综合地、精确地考察系统和要素、要素和要素之间的相互作用及关系对象，创造性地进行教学设计，不断地追寻教学效益最大化。

要提高教师的数学教学设计水平，就必须对数学教学设计的现实有一个清晰的把握，在此基础上，探寻改进的方法和策略。为此，需要进行必要的诸如微型调查等活动，以了解教师数学教学设计的理念、方法、评价的现状，从而探查数学教学设计中存在的问题，进而探索数学教学设计的策略。

一、探查和诊断数学教学设计现状

调查的对象是参加“国培项目”的160名数学骨干教师，分两个层面对数学教师的教学设计技能问题进行了探析。第一个层面是基本信息调研。调查的教师样本来自城市、乡镇、农村的比例大约是4∶4∶2，其中男老师占

55.7%，女老师占44.3%，本科学历者占72.7%，大专及以下学历者占27.3%，教龄16年以上者占53.1%，16年以下者占46.9%。任教小学阶段者占35%，初中阶段者占65%。这些信息说明所调查样本具有一定的代表性。第二个层面是对教学设计技能进行调研。从教学设计理念、方法、过程、评价四个维度进行。

（一）教学设计理念

教学设计理念是教师对教学设计所秉持的基本观点，是教学有效运行的前提，决定着教学设计的行为与过程。数学教师在长期的教学实践中形成了自己的设计理念与教学风格，影响着教学的成效。

统计发现，认为教学设计在整个教学工作中，对提高教学质量重要者占90.0%，一般者占8.8%、不重要者占1.2%；认为掌握教学设计方法、技巧及规范并详细地进行教学设计，对专业发展重要者占90.0%、一般者占8.1%、不重要者占1.9%；认为教学设计起基础作用，为教学质量保底者占31.9%，对教学成效起关键或决定性作用者占58.1%，认为课堂生成性很大，几乎不起作用者占2.5%，认为教学设计形式化，加重了工作负担者占7.5%。上述数据说明大多数教师认同教学设计对教学行为的重要作用。对新课程的基本理念能否落实到教学设计层面进行调研发现，认为完全落实者占7.5%，可以落实者占36.5%，部分落实者占54.1%，不可能落实者占1.9%，表明多数教师对新课程理念的落实持怀疑态度。认为目前新教材对教学设计很顺当者占15.0%，可以照搬者占10.6%，部分内容难以设计者占72.5%，不适应者占1.9%，显示教材对师生的适切性仍是一个十分严重的问题。按课型设计的难度从大到小排序，教师们认为综合实践课是最难设计的，占41.2%，其次是讲评课占29.1%，反映了教师教学设计中的真实困惑。

上述的调研结果反映出，大多数教师对教学设计重视、有一定的设计理念，但过分关注任务完成，有浮于观念、乏于行为的表现。在访谈中，教师对实践类课程、问题情境创设的设计有困惑，也有部分教师视教学设计可有可无，忽视设计对教学的规划与导向作用，在设计的理念方面存在着遵循同一、方便、任务原则，向外看而少于向内看的倾向。

（二）教学设计方法

教学设计方法是落实教学设计理念，根据教学现实所采用的方法。它不同于教学方法，是运用一切资源，倾心于设计目标、过程、活动等环节，不断完善和超越教学现实，使教学达到一种理想境界的过程。

调研教师备一节课所需要时间时发现，不足1小时者占27.5%、1~2小时者占56.6%、2~3小时者占15.1%、3小时以上者占8.8%，从中看出教师钻研、分析、学习材料、整合资源的时间相对较少。调研教师设计思路时发现，从单元、主题的整体角度思考设计问题完全符合者占 11.9%、基本符合者占 64.4%、一般者占 22.5%、基本不符合者占 0.6%、完全不符合者占 0.6%。说明大多数教师缺乏系统思维的习惯。调研遇到教学设计问题时发现，总是参考教参、课标等资源，并与同行讨论，完全符合者占 25.9%，基本符合者占 51.9%，一般者占 19.6%，基本不符合者占 2.5%。说明教师意识到参考资料、参与讨论是提升设计能力的主要举措，但主动性不是特别强烈，有依靠经验设计的倾向。调研“在设计过程中，总想学生在什么地方学习有困难，并能针对学生作业、考试等方面存在的问题进行设计”时发现，完全符合者占 30.6%，基本符合者占 51.2%，一般者占 15.6%，基本不符合者占 2.5%，说明教师在教学设计中以学生为中心的意识并不强烈，过分受考试等因素影响。调研“总是征求同行、专家对教学设计的建议，并能虚心请教”时发现，完全符合者占 18.1%，基本符合者占 51.2%，一般者占 27.5%，基本不符合者占 2.5%. 完全不符合者占 0.6%。一般者与基本不符合者占 1/3，说明部分教师在教学设计时过分自信，没有养成研讨、分析、思考的习惯。

综上教师在教学设计方法方面存在机械僵化、简单移植、盲目模仿、过分自信、应对检查等现象。

（三）教学设计实施

教学设计是在教学实践中不断完善的，教学设计的理念、方法只有到实践场域接受检验才能发现问题，从而为下一次有效的设计提供借鉴，而优秀的教师正是通过实施过程不断调适，使设计的理念与方法更加符合学生的发展。

调研“在具体教学中，有时出现所备的课与实际情况不一致时，会灵活调整，以使教学进程更加有效”时发现，完全符合者占 36.9%，基本符合者占 52.5%，一般者占 10%，基本不符合占 0.6%，说明大多数教师能够灵活处理课堂上的突发事件，但也有为数不少的教师无法调整课堂程序。在调研“教学过程中，能独立解决常见硬件、软件以及突发事件所引发的问题”时发现，近 1/3 的教师无法应对，导致教学的进程与效率受到影响。在调研教学活动的转换与调整节奏时，也有 1/3 的教师存在困难，灵活应用策略的意识不强。在“调研经常与同事、家长或学生进行教学方面的交流，以提高教学设计水平”时，完全符合者占 19.5%，基本符合者占 49.1%，一般者占 27.7%，基本不符合者占 2.5%，完全不符合者占 1.3%，有 1/3 的教师认为一般，这不利于教学设计水平的提升。在访谈上网习惯方面时发现，绝大多数教师有上网的习惯，但参与、利用网络资源提高数学教学设计能力方面做得不够，教师坦言即使上网查阅资料，也是查阅一些习题的答案。

教学实施调研有喜有忧，但凭经验上课、流于形式、疏于内容、安排盲目、处理无序、设计不当等现象比较严重。

（四）教学设计评价

教学反思是优秀教师的基本特质，是教学进步与发展的源泉与力量，借助于评价的手段与工具，才能有效地透视教学真相，审视教学设计理念、方法、行为的得失，并不断改进。

调研“经常请同行对教学设计提建议”回答完全符合者占7.5%，基本符合者占43.1%，一般者占40.0%，基本不符合者占8.8%，完全不符合者占0.6%。可见老师一般不太愿意征求其他人的意见，可能是出于同行之间的竞争以及成绩等高利害关系的影响。调研“上课一段时间后，会请基础不同的学生对教学情况提建议”，认为完全符合者占10.6%，基本符合者占31.9%，一般者占40.0%，基本不符合者占16.2%，完全不符合者占1.2%。说明教师在教学中不太愿意征求学生对教学的建议。调研“课后一般会在头脑中想这一节课的得与失，但很少写教学反思或日志”时发现，回答完全符合者占13.8%，基本符合者占40.3%，一般者占23.3%，基本不符合者占18.2%、完全不符合者占4.4%，说明部分老师能够分析教学得与失，但仍有大多数教师不能很好地进行教学反思。调研“评判自己教学水平的标准”，大多数教师认为是学生接受与欢迎程度、考试成绩、同事看法、成长记录袋、校长认可。说明学生的反应与成绩仍是教学设计关注的核心问题。

评价维度的调研发现绝大多数教师缺乏内在的动力去评析教学，把视点放在外在的成绩等因素上，忙于效仿别人提升成绩，丧失了教学的独立性，致使好多教师对学生抄作业无对策、对兴趣不浓无办法、对有效设计无策略。

二、分析和反思数学教学设计存在问题

现状是不容乐观的，改善现状需要面对存在的问题，认真分析，把脉现状，析出问题原因之所在。

（一）经验自信症，缺乏设计理念

调研发现部分教师认为数学教学设计可以按照自己的风格去进行，随意化倾向严重。有部分教师轻视教学设计，凭经验设计，缺乏对数学教学理论的学习与现实教学的深入反思，对数学教学设计的内涵与外延含混不清。部分教师养成了课前三分钟设计的习惯（认为知道要讲的大概议题，凭经验进行教学就可以了），从而不能有深度地解析教材、分析学情、设计过程，使教学缺乏特色。

优秀的数学教学设计是成功教学的关键。这些设计都是在先进的教育理念指导下进行的，理论学习、实践反思至关重要。调研发现大多数教师缺乏

良好的设计理念，源于对理论学习与实践反思的淡化，出现了对怎样分层教学、怎样处理个体差异与不同诉求、怎样设计有效活动等束手无策的现象。

（二）转化障碍症，缺乏系统思维

教学设计思考的出发点是：教什么、怎么教、为什么教、怎么学等问题。而一线的教师很少思考这些本源性的问题，因而就出现转化障碍问题。

调研发现，大多数数学教师在把书本转化成易于学习的方案时有障碍。一般而言数学教学设计是一种把数学教材转化成教学设计、把教学设计转化成教学实施、把教学实施转化到教学反馈、把教学反馈回归到教学设计的一种循环过程。教师之所以出现转化障碍，一方面是钻研数学教材不够，有自以为是的倾向，另一方面是对学情了解不深入，也就不能有效地确定教学目标与流程。这样在文本转化成教学设计的过程中对教什么、如何教等问题就不能做到心中有数。

（三）教材依赖症，缺乏资源整合

数学教材是教学设计的重要资源，需要从不同的视角、不同的方面挖掘数学教材中蕴藏的知识、思想与方法，但教材绝不是教学设计的唯一资源，教学设计中不能缺失学生资源、同事资源、家长资源、环境与社会资源。调研发现，教学设计中部分教师有过分依赖数学教材进行设计的现象，好多教师手头仅有的资料就是教材与教参，另加一些配套练习，即便仅有教材也没有用足、用够，一个明显的事例就是很少有教师对目录、前言进行教学设计，对学生等资源的开发利用就更少了，正是由于缺乏资源整合意识，使课堂不能很好地彰显活力。

数学教学设计需要教材，但教材是静态的文本，学生的火热思考需要教师激发，需要在设计中下功夫，如果仅是简单的移植与下载，就无法形成有效的教学设计。

（四）评价简单症，缺乏多元诊断

不断地反思评价设计历程是数学教学进步的具体表现，特别是从设计的角度进行追究、自查是教学进步的利器。调研发现，教师对自己的设计要么采取回避的方法不闻不问、要么不进行反思，对难以设计的环节、难以把握的课型等采用简单效仿的办法行事，这些简单、方便行事的方法严重影响了设计质量。

在现实的教学中，大多数学教师诊断教学设计适切与否的一把标尺就是学生的考试成绩，这种单一的方式严重制约了设计的思路，冰冷的分数已影响了正常的设计，也影响了教师对学生的全面关注，因而产生目标定位不准，价值取向不明，采取拿来主义、本本主义、照搬主义等方式的设计教学，使教学设计失去了灵性，使参与设计的主体缺位，异见与共识缺乏表征的平台，没有把利于设计的教师因素、学生因素、资源因素纳入设计的范畴。

三、厘清和探寻数学教学设计理念与方法

（一）广识参与，锐意创新，夯实设计理念

数学教学设计能否成为促进师生进步与发展的工具，最重要的一点就是要树立先进的设计理念，而广识参与就是教师树立先进理念的根本之途。所谓广识就是在学习与践行的基础上，拥有设计的知识、能力，不断反思设计的要素，主动寻求设计的概念框架；所谓参与就是有意识、主动地参与到设计的实践活动中去，与同事、同学，资源一起丰富设计智慧，感悟、探寻设计之路，从一个新的视角析理自己的设计维度，提升设计路径。

端正设计思想，优化设计行为，反思设计实践，拓展设计价值，才能从根本上激发数学教师教学设计的潜力。先进的设计理念可以导引设计基于不同的学生进行，可以使设计者从同样的设计中感悟出不同的意义，使不同天分的学生，依不同的学习行为和学习目标而学习。虽然基于此的设计艰难，但这才是设计的灵魂，数学教学设计理应为此而努力，把热情、吸引力以及意识力根植在设计中，克服有些学生要么不想学，要么不知道怎么学的困境。

数学教学设计是一种计划、一种方案、一幅教学图，是为了达到预期的教学目的，防止教学的盲目性和随意性，提高教学效益而进行的一项任务。数学教学设计是教师事业的根基，是影响、改变学生一生的关键环节，必须坚守设计是彰显人类学习本性、提升学习服务品质的信念。在设计中确立教因学而在、教基于学、教为了学的思想，真正从思想上树立设计是促进学生发展、成长的关键，是教师完善经验、改进教学、专业发展的关键。

（二）沟通对话，剔除偏见，营建设计平台

做任何事都得讲究方式方法，要全面诊治设计障碍症，就要开放思维，不断沟通对话，把一些误解、曲解逐渐消解，把固有的偏见剔除掉。因此，必须全方位地审视数学教学设计的方法，从数学教学实践的反思中寻找教学设计的支点，为打造设计新平台奠定基础。

数学教学设计真正的目标是为数学教学服务，因此必须在方法论、实践论上下功夫，在设计力、策划力、执行力、应变力等方面入手，做如下方面的奠基工作：①认真阅读数学教材及相关教学资源，深入钻研，吃深挖透，以准确理解核心概念、清晰把握内容体系、科学掌握思想方法；②科学了解学情，积极撰写设计初稿，一份好的教学设计，三个关键要素不能缺失：确定目标、明确意图、制定过程；③修改设计初稿，即审视主线是否明确、活动是否清晰、细节是否精致；④完成设计，虽然设计形式不一，但内在的体

系结构须完善。

基于设计过程中的方法与实践考究，才能不断提高数学教学设计技能，如计划技能、组织技能、执行技能、改善技能、沟通技能，才能建立教学设计中问题解决的方法机制，使设计进入到教育自觉、课程自觉到课堂自觉。

（三）共商协调，盘活资源，激活设计思路

数学教材依赖症严重地影响了设计思路拓展，明智有效的做法就是共商协调，盘活资源。所谓共商协调就是合理地利用设计的内部资源，设计共同体之间共同研讨设计问题，特别是与设计利益相关者——学生之间进行对话交流，充分了解学习诉求；所谓盘活资源，就是把有利于实现教学目标的诸如有形、无形的资源整合开发，在系统设计观下加以梳理激活，开拓设计新思路。有效的设计资源是教学设计有特色、有活力的条件保证，采用和而不同、普遍共赢、理性平等的策略才能恰当地处理好应知与未知、应知与已知、无须知亦未知、无须知却以为知的关系，把被遗忘的、浪费的设计资源盘活，让其发挥作用。

激活创新设计思路时，要高度关注情感资源的开发与利用，采用主动交流、参与分享来建造情感资源，特别是家长、社区、校际等方面的情感要素，与有形的实体资源一起，整合成数学教学设计的智慧资源，并把实践中所形成的经验资源、作业资源、管理资源、教案资源等融入设计路径之中。数学教学设计要充分地将学习的主动权交给学生，处理好教与学的关系，让教学中问题引入的恰当性、过程展开的流畅性、活动设计的合理性、意外处理的和谐性、结论得出的自然性、话语解释的启迪性、节奏把握的灵活性更加精妙。

盘活资源也不能缺失语言资源的开发与利用，使语言表达的技巧更好地配合活动开展、师生互动、情感交融，从而借助于数学语言的力量调整教学思路与流程，使教学权力、教学管理、教学评价、教学开发等方面都能以学生的发展为出发点，着力于教学效能的提高、教学风格的形成、教学艺术的升华。

（四）暴露自我，多方倾听，探寻设计新路

科学地探寻设计路径，最重要的是勇敢地暴露自我，主动地倾听多方声音，毫不留情地评析数学教学设计的得与失，这是克服评价简单症的良药。为此，必须拿起反思的武器，采用适切的诊疗法诊治数学教学顽疾。如录音录像、教学审计、同事观摩、学生反馈、深入检查等都是有效的方法，更重要的是用内在的方法，如教学反思日记、对照同行上课、网上查阅课件等进行教育会诊，从根本上改变自己的设计路径。

倾听对教学设计而言是一种美德，也是设计创新的有效策略。通过倾听，可以对设计的形式，如整体设计、局部设计、单元设计、课堂设计有一个清晰的判断。通过倾听，可以更加理性地考查设计要素，如确定目标、分析任务、了解学生、设计活动、评价结果。通过倾听，可以科学合理地定位设计目标，如近期目标、远期目标，过程目标、结果目标，显性目标、隐性目标。通过倾听，可以不断地想方设法优化教学设计思路、明确基本要求、清晰呈现方式，使设计稳、准、好。通过倾听，可以知晓教学问题的症结、教学用语的适切、教学解释的力度、教学错误的析出。倾听应当是建构教学设计的重要手段，是完善教学设计的利器。当然科学的教学设计还要基于理论的支撑及实践的反思，唯有如此，才能汲取设计营养，不断提升设计水平。

数学教学设计成为教学系统中一个常谈常新的话题，而认知数学教学设计的价值、功能、方法及其现状既需要理论的探索，又需要实践的总结。通过对数学教师教学设计现状的调查，可以清晰地知晓现阶段数学教学设计中存在自信、简单、依赖、障碍等方面的问题，可以探查到只有在学习、反思、研究中，才能对症下药，切实找到根治的药方，从而动员内外部力量，多力并发，不断提升数学教师的设计水平。

思考时刻：数学教学设计对数学教学意味着什么，说说你的看法。

策略探寻：列举你进行数学教学设计的基本步骤和其中的方法策略，把你认为有效的策略按其效度大小写在空白处，时时对比分析，你就能感受到教学的进步。

第二节　建构数学教学设计的策略

建构科学合理的数学教学设计，不仅需要理论上进行探索，更重要的是要在实践过程中探索行之有效的设计策略，需要教师智慧性、创造性地进行设计，从而达到一种理想化的状态。为此要从如下四个维度进行数学教学设计。

一、基于“四个需要”建构数学教学设计

（一）需要在继承传统的基础上进行创新性的教学设计

数学教学设计理论与实践体系是数学教师在长期的教学实践中形成的智慧结晶，需要在学习、继承的基础之上进行创新性的教学设计。①继承传统

教学设计中合理的设计理念，以学习为中心进行教学设计；②继承传统教学设计中有效的设计路径，以课标、教材分析为先、学情分析为要、情境创设与活动环节为本、评价与反思渗透于全程进行教学设计；③继承传统教学设计追求卓越的设计品质，从构思、行动、修订完善再到实施及课后反思，都要渗透精益求精、深钻细研、反复推敲、精细考据、批判创新的设计品质，在追求设计高境界、高品质中进行教学设计。

传统的数学教学设计有宏观设计、中观设计与微观设计之分，为此要在继承的基础上用系统思维的观点处理好三种设计之间的辩证关系。宏观设计一般是指主题教学设计，围绕教学主题展开，用系统论的方法对设计所关联的要素，诸如教材、学情、目标、方法、过程、反思等进行“具有内在关联性”的分析、研判、析理，形成相对完整的设计范式，在整体观指导下将所授主题内容进行有序规划以优化教学效果；中观设计一般是指一节课的教学设计，这类设计比较常见，是宏观设计下进行的具体课节设计，是对宏观设计的分解化、具体化；微观设计通常是指一节课的环节或片段的设计，这种设计注重一个概念、一个问题、一种方法、一个活动等的精细设计，时长不等，具有短时、小量、清晰等特点，这些微观设计组合就为中观设计，但不是简单的叠加，中观设计串并可成为宏观设计，同样不是简单的叠加。这些不同的设计侧重点与意境各有不同，但互相联系、互相渗透，各具特色却又不可分割，在系统思维视野下协调不同设计才能更清晰地思考不同设计的功能和精妙之处，才能不断提高教师的设计能力，促进自身专业发展。

例如，《函数》主题在初中数学体系中占有重要的地位和作用，是“数与代数”学习领域的主线。而一次函数和二次函数又是函数的主要内容，据此可以进行函数主题教学设计，在继承教学设计的基础上，将“相关概念”“性质探究”“简单应用”三部分纳入主题设计中，在学习结构和学习方法的设计上，以先学习概念，再利用作图来研究函数的性质，最后到简单应用为逻辑线索，易于激发学生的学习兴趣，也有助于学生理解知识之间的联系，展示数学知识的整体性。以主题教学设计中的目标确定为例，可确定如下目标：

（1）理解函数的概念，能准确识别出函数关系中的自变量，学会函数不同表示方法的转化，会从函数图像中提取信息；掌握正比例函数解析式的特点，理解正比例函数图像性质及特点；掌握一次函数和二次函数解析式的特点及意义，知道一次函数与正比例函数的关系，理解一次函数和二次函数的图像特征与解析式的联系与区别，会用描点法画一次函数和二次函数的图像，学会用待定系数法确定一次函数和二次函数的解析式；具体感知数形结合思想在一次函数和二次函数中的应用，利用一次函数和二次函数的知识解决相关实际问题。

（2）经历画一次函数和二次函数图像的过程，培养动手能力、观察能力及信息技术应用能力；经历探索一次函数、二次函数与方程、不等式关系的过程，体会并掌握转化等数学思想方法。

（3）通过函数主题的学习，体会数学在现实生活中应用的广泛性；通过小组合作学习，培养主动参与、勇于探究的精神；通过师生共同活动，培养良好的情感交流、合作探究主动参与、责任担当的意识，在独立思考的同时能够主动分享并认同他人。

（二）需要在合作研讨的基础上进行个性化的教学设计

我国数学教育的特色是通过教研制度促进教学进步。这种制度就是让数学教育共同体合作研讨教育教学中的重大问题，在平等互助、合作研讨的模式下，探析如何设计教学、实施教学与评析教学等。有质量、有影响的教学设计就是在合作研讨的基础上形成的，教学设计研讨可以让参与者展现各自的设计思路，发表自己的设计观点，从而分享设计经验、触及设计灵魂、领悟设计方法、理清设计思路，使数学教师在独立思考、静心分析、参与互动、共享智慧的基础上形成独特的设计风格，进行个性化的设计。

在教研活动中，数学教师通常着力于教学环节的打磨，重心置于教学环节的完善：如复习旧课、导入新课、构建新知、巩固练习、归纳总结、作业布置等环节中，但对其重要的设计要素课标、数学、学情、目标、方法、反思等分析研讨不够，造成了合作研讨中制造同意的成分重于争鸣，因此需要在合作研讨机制上创新，设计更加完善的问题与任务，针对具体的教学设计案例进行研讨，反思教学设计中的得与失。特别是要克服研讨中的话语霸权与权威顺从现象的发生，树立系统思维的观念与工匠精神，对诸如导入新课时选取的生活场景、片段，问题提出的语言、梯度、解决、体验等都要做一番精细化的辨析，以引领研讨深度进行，在研讨中既要形成共识，又要形成独特的想法，才能针对不同的学习者、不同的学习情境、不同的时间与内容进行个性化的教学设计。

（三）需要在核心素养分析的基础上进行主题化的教学设计

数学学科核心素养已成为数学教学的核心议题，而提高学生的数学素养也就成为教学设计的基本追求，具体体现在教学目标的设计上，要以数学核心素养的发展为教学目标设计的核心。由于数学学科核心素养的形成与发展是在长期的数学教学过程中实现的，因此，需要在数学核心素养分析的基础上树立主题化教学设计的思想。结合时代性、情境性、学习性、目标性，建构以学生数学学科核心素养发展为中心的主题化教学设计。在数学教学体系中，无论是义务阶段，还是普通高中阶段，都是将数学知识凝集成主题的形式在课标、教材中表征，如义务阶段是数与代数、图形与几何、统计与概率四大学习主题，普通高中是函数、几何与代数、概率与统计、数学建模活动与数学探究活动等四大主题，在主题之下是核心内容，课标与教材的这种设计就为主题化教学设计提供了理论基础与客观的条件，需要设计者围绕主题将数学核心素养嵌入其中。

主题化教学设计具有宏观设计的意蕴，这种设计一般是围绕着一个主题进行系统思维，需要统筹设计要素，建构明晰的主题教学方案。一个有效且完整的主题化教学设计方案一般包括数学要素、课标要素、教材要素、学情要素、目标要素、重难点要素、教学手段要素、教学方式要素、教学过程要素、教学反思要素等。在设计思维视野下，依其要素间的逻辑关系进行。第一要进行数学分析，读懂弄通所要授课主题的本体性数学知识是教学设计的先决条件，要从源与流的维度探析所授数学知识的来龙去脉，以及相互关联的知识，深刻地掌握数学本质；第二要基于课标视角分析所授主题知识，解析课标中内容要求、教学提示、学业要求；第三要进行教材分析，教材是将所学主题知识进行的教学化处理，有其清晰的教学思路，需要深入挖掘，进行再造；第四要针对所教学生的特点进行学情分析，而采用调查、测试等方法就可以知晓学生学习的偏好、动机和个性差异等情况；第五就是要准确定位所授主题的教学目标，紧紧围绕数学学科核心素养来建构；然后析出教学重难点，选用恰当的教学手段和方式，建构适切的教学流程，盘点反思教学过程等。在充分考量设计要素时要将情境、问题、活动、评估等显性化的设计元素纳入主题设计系统中，建构富有生命价值和色彩的设计主题化群集。

例如，对初中北师大版教科书《统计与概率》主题的教材要素分析可如下进行。统计与概率教材的呈现是七上（第六章 数据的收集与整理）、七下（第六章 概率初步）、八上（第六章 数据的分析）、九上（第三章 概率的进一步认识）、九下（第四章 统计与概率），分布在不同年级、不同章节的这些内容，包括数据的收集、普查和抽样调查、数据的表示、统计图的选择、感受可能性、频率的稳定性、等可能事件的概率、平均数、中位数与众数、从统计图分析数据的集中趋势、数据的离散程度、用树状图或表格求概率、用频率估计概率等。在分析这些分布特点时要与代数、几何属于“确定性”数学相联系，感知统计与概率属于“不确定”数学，因而思维方式也会不同，确定数学主要依赖逻辑推理和归纳演绎，在培养学生的计算能力、逻辑思维能力、空间观念方面发挥重要作用，而不确定数学是寻找随机性中的规律性，主要依靠辩证思维和归纳的方法，在培养学生的实践能力和合作精神方面更直接、更有效。因此要系统分析教材中所表征出来的不同思维特征，在读懂弄通教材呈现逻辑关系、话语表征、栏目设置等基础上基于数学核心素养的维度进行二次开发，使教材更好地服务于教学和学生核心素养的发展。在这一过程中，需要思考如何将统计与概率主题中教材所列举的大量活动针对具体所教学生的实际变成易于操作的活动。这种教材的转化过程应注意几个基本原则：整体与部分相协调原则，统计与概率主题在北师大版分五章，分别在五册书中呈现，统计、概率交互出现，先统计、概率，再统计、概率，最后是统计与概率的综合。在统整认知的基础上，要细研每一章节中的逻辑结构与案例分布，做到宏观把握、微观深入；内容与经验相结合原则，教材中所建构的实例有些可能和学生的经验世界有出入，那么培养数据分析素养时就要与学生的实际活动经验相结合，以减轻学生的认知负荷；渐进与发展相适宜原则，教材内容安排的一个显著特点是循序渐进、螺旋上升，基点是通过这种安排方式来提升学生的数据分析素养。在研究教材时，要结合具体章节内容采用由浅入深的方式发展数据分析素养，使教学安排符合学生的认知规律，使学生在统计与概率的活动过程中，逐步掌握统计与概率的知识要点，提升学生数据分析素养。

（四）需要在研析课型的基础上进行特色化的教学设计

不同的课型有不同的教学设计，作为一名教学设计者就要研究不同的课型，课型通常有复习课、新授课、活动课之分。这些课的性质与特点不同，设计的路径与方式不同、目标与要求不同，内容与情境的匹配也就不同，因而就有别样的教学色彩，产生不同的教学风格，形成不同的教学思路。因此需要打破以往数学教学设计的习惯，充分地研判以往课型教学设计的现状，进行有特色的教学设计。

数学教学设计是基于课、依存课、发展课、促进课的，也一定是用于课、服务学的。由于数学知识具有高度抽象、逻辑严谨、应用广泛等特点，需要在学习过程中建构不同的课程类型，在复习课中主要解决数学知识的巩固与提升问题、在新授课中主要解决新知的学习与掌握理解问题，在活动课中主要解决数学知识内化、实践、探究、应用问题。不同课型其基本的教学理念都是发展学生的数学核心素养，那么研析课型就十分重要，需要教师共同体针对不同的数学主题、不同的学习目标对课型研究，在持续开展的研课磨课活动中，对不同类型的课有一个清晰的认识，从而设计出更有特色、更加精彩的教学设计。

数学教学设计没有固定的套路和形式，但为了使教学设计有力量感、效率感、成就感，还需要强化理论基础，深析设计依据，完善建构思路。有效的数学教学设计不仅需要设计理论，还需要教育学、心理学、多元智能及核心素养理论等，为科学的教学设计提供有力的支撑。核心素养已然成为当下教学设计的重要理论基础，必须认真学习，深入领会，才能在读懂课标与教材的基础上，对学生既有与应有的数学核心素养进行诊断分析和建构，在教学设计中把提升数学核心素养的目标渗透到各个环节。无论是在引入环节、新知探究环节、总结反思环节还是在问题嵌入、思维表达、兴趣激发、师生互动、小组合作等过程中，设计的根本意蕴都要定位在学生数学素养的提升上。

二、基于数学思维方式培养建构数学教学设计

数学课程改革已经进入到一个新的阶段，一个显著的特点就是数学课堂教学的革新，其本质是学生数学思维方式的培养。到底数学思维方式的本质含义是什么？为什么要培养学生的数学思维方式？如何在数学教学设计中渗透培养学生思维方式的思想？这些成为当前数学教师思考的核心问题之一。

（一）明晰数学思维方式的内涵与外延

1. 数学思维方式的含义

思维是有意识的大脑对客观事物能动的、间接的和概括的反映。这种反映是一个相当复杂的过程，参与了人的态度、认知、意识、情感等因素，形成了不同的认识路径。这种不同的认识路径既有共性，又有差异，反映出的就是不同的思维方式。即思维方式是人们对客观事物中的一些现象、问题进行观察、分析、推理、判断、决策等过程中形成的动态的思维路径。思维及其方式决定着一个人的思维力，这种思维力是人素质的一个表征，它反映着一个人能否有效地发现问题、提出问题、分析问题和解决问题。有些人善于集中思维、有些人善于发散思维，这种不同的思维方式长期使用就会成为一个人的思维定式，进而会形成人的不同性格、不同的认知结构。思维方式的不同决定了一个人做事和处理问题的风格和行为的不同。不断地优化与反省思维就是一个人进步的表现。

数学思维方式是人们在遇到问题时有意识地应用数学知识、思想、方法等去思考解决问题的过程中所形成的途径，不同的人有不同的思维途径。这种途径通常表现为对问题的迅速地进行检试、模式认别、知识收集、方法探试、解决尝试等。宏观上审视人们的思维路径会发现有综合思维方式与分析思维方式；有发散思维方式与聚合思维方式；还有正向思维方式与逆向思维方式以及再现性思维和创造性思维方式等。具体审视会发现有观察、分析、比较、综合、判断、归纳、类比、反思、批判等方式，仔细剖析这些方式就是我们常说的数学方法在解决问题过程中所具体表现出的路径。由于数学知识、思想、方法、经验等参与问题产生、解决的全过程，因此数学思维方式是由掌握了一定数学知识的人借助于数学思维进行的一种思维活动，这种思

维活动的结构中包括逻辑、分析、观察以及数学活动和数学经验，参与思维的成分主要还有数学符号、数学命题、数学证明、数学运算等，这些思维要素的参与具有抽象性、多角度性、技巧性等。如在解决问题的过程中，数学思维方式的一个显著特点就是将问题数学化、进而建构数学模型、再对模型进行反思、推广、延伸、提炼，使之具有更大的普适性，这就使得数学的思维方式与其他学科的思维方式有了质的差异。也正是由于数学思维方式体现出的数量化、模式化、精细化、最优化等特性，就使得数学思维方式对学生的发展具有其他学科不可替代的重要价值。

2. 数学思维方式的基本特点

数学思维方式不仅仅表现在解决问题、探寻规律的过程中，而且也是人们心智训练的重要途径，特别对推理力、记忆力、反思力、意志力的提升具有独有的功效，主要源于数学思维过程中的问题、材料、过程、步骤、阶段、内容等方面所显现出的独特的思维力量。如统计思维、概率思维、确定性思维、形象思维、抽象思维等思维类型所形成的思维力量、所蕴藏的本质含义、所承载的教育价值，使得数学思维方式具有十分显著的特点。具体地讲有如下几点。

（1）数学思维方式的目的特点。数学思维方式是目的性比较强的一种思维。对于一个具体的数学问题，人们在思考中会紧紧围绕着问题寻求数学模式，或者创新数学模式，思维始终与目标一致并能及时进行调适、决策、建构图式、做出预见，朝着既定的目标迈进。这在问题解决过程中表现得最为突出。

（2）数学思维方式的过程特点。数学思维过程是一个复杂的心理活动过程，在目的性、问题性、概括性、逻辑性的导引下，参与思维的感觉、知觉、表象、概念、判断、推理及数学知识、思想、方法等基本元素与情感要素整合，借助于分析、综合、抽象、概括、归类、比较、系统化和具体化处理等环节形成对问题提出、问题解决、问题反思的独有的过程体系。

（3）数学思维方式的结构特点。数学思维不是漫无边际的思考过程，它会形成一种思维模式，遵循一定的思维程式，形成一定的思维结构，可概述为确定目标、接收信息、加工编码、概括抽象、操作运用、反思检验、获得成功。

（4）数学思维方式的非认知特点。由于数学思维的材料是经过抽象概括出来的，具有一定的难度，需要一定的支持力量，除了数学自身的自然性、有用性、清楚性，以及数学追求一种和谐和秩序，追求一种普适性和逻辑的完美性，还需要动机、兴趣、情绪、情感、意志、气质、性格参与其中，以强化解决问题的意志力。

（5）数学思维方式的方法特点。数学思维是训练人们思维的最好工具，源于数学自身的基本特征以及由此形成的数学方法和策略，问题的解决具有多样化的特点，也就是说对于一个数学问题可以探寻不同的方法去解决，而在思考方法的过程中又会碰到许多困难和障碍，需要意志力、整合力、灵活性的参与，如公式的变形能力、代换能力，命题的嵌套能力，外部数学信息、内部数学信息、不同分支数学信息之间以及不同学科信息之间的联结能力等，使得数学思维在训练思维方法方面具有更大的优势。

（二）理解培养学生数学思维方式的重要性

1. 培养学生数学思维方式取决于数学教学的目标

由于时代的发展，数学教育的根本目标发生了重大的变化。在信息社会中，数学教育具有四个方面的主要目标：①奠基学生良好数学素养，亲身感知数学价值；②培养学生终身学习数学的习惯和能力，形成尝试和应用数学去解决现实问题的意志；③使学生形成良好的数学思维方式，能够有效地进行数学交流、数学思考，灵活地应用数学思想方法于现实生活中；④使学生具备利用数学的思想、方法去处理信息的能力。

数学教育的目标归根到底是提升学生的数学学科核心素养，这种核心素养就是要使学生形成良好的数学品质、广阔的数学眼光、敏锐的数学思维、灵活的思维方式去分析问题、解决问题，使之不仅具有综合型的特点，而且具有分析型的特点；不仅具有整体观点分析探究个别的能力，而且能从个别的东西出发认识整体的思维品质与关键能力。而形成与发展这种思维品质与关键能力的着力点就是培养学生的数学思维方式，教育者必须为学生数学思维方式的优化营造良好的学习环境，不断地开放学生的思维，使学生的归纳思维、类比思维、演绎思维、统计思维、概率思维上一个新的台阶，使数学思维能更好地迁移到生活、学习、劳动的方方面面，成为学生成长的基础。

数学教育的根本目标导引的数学教学过程必须是开放、动态、机敏的一种过程，是一种文化沟通与发展的过程，是让学生借用优美的数学思维方式去更好地认识客观世界，更好地发展自我、认识自我。在数学教育过程中，严格的定义、缜密的推理与表征、精巧的运算、确定的结论等都能体现出数学思维的风格与特点。而数学思维方式就展现在诸如课堂上点点滴滴的实践活动中、语言叙述中、文字表达中，师生之间的对话与思维碰撞中。这种数学教育目标就要求数学教育过程中时刻以数学思维方式的培养为重心，以思维方式的优化为切入点。问题的设计、例题的分析、习题的演练、命题方法的提炼都要展现数学思维方式的精髓性，都要考究提问、讨论、操作等是否激活了学生的思维，思维能否产生火花，思维的灵活性和反应性能否得以舒展。

在《课标》中明确强调数学思维方式在数学教育体系中的重要性，如运用数学的思维方式进行思考，增强发现和提出问题的能力、分析和解决问题的能力，使学生掌握数学的基本知识、基本技能、基本思想以及基本数学活动经验，使学生表达清晰、思考有条理，使学生具有实事求是的态度、锲而不舍的精神，使学生学会用数学的思维方式解决问题、认识世界。这些就能更加适切地反映出数学思维方式培养的重要性，学会数学思维方式也就成为数学课程目标的本真要求，数学课程内容的设计、展现都是围绕学生数学思维方式的培养来运作的。

2. 培养学生数学思维方式取决于人的全面发展的特性

人的全面发展首先是思维的发展，主要体现在思维方式的培养上，好的思维习惯、思维道德、思维品质、思维德行及思维艺术，是一个人全面发展的表现之一，而良好的思维方式将影响人的一生。数学思维方式以其独有的思维魅力参与人的全面发展过程，促进人整体素质的提高，归因于数学语言可以清晰准确地描述和表达客观现象，数学的知识、思想、方法可以灵巧地解决一些复杂的问题，数学的运算、数学的证明可以用来训练学生的思维能力。

人的全面发展离不开知识与技能的夯实、过程与方法的历练、情感态度与价值观的提升，由于数学思维方式在参与夯实、历练、提升的过程中具有其他学科不可替代的作用，使得培养学生的数学思维方式成为人生历程中极为重要的途径。良好的数学思维方式具有解放人的思想、开拓人的思路、激发人的创造欲望的功能，特别是在对数学问题进行艰苦的探索过程中，会让人产生渴望成功、奋发拼搏、处于不懈追求的精神状态，也会产生不断地净化人的灵魂、完善人的品格、充实人的思想的作用。数学思维的表达方式的特征有简洁、准确、清晰；数学思维的过程表现特点有和谐、对称、均匀；数学思维的活动方式的特点有周密、理性、高效，这些都不断地显现出数学思维的魅力，这种魅力渗透到数学教学活动的始末，在思维的启动点、助燃点、闪光点处产生持久力、牵引力、助推力。如在中心射影观点下研究两条直线之间的对应关系，发现两直线之间的点并非一一对应，为了使之一一对应，需要在直线上增加无穷远点，而无穷远点的加入破坏了原有直线上的一些固有性质，使之与我们已有的认知发生冲突，而这种冲突就迫使人们转变观念，开阔思路，数学家用高超的想象力改造了直线的结构，不仅与以往的观念相适应，而且使引入的无穷远点能在坐标观点下得以刻画，应用了齐次化的思想解决了此问题，据此不断扩展，使得点也有方程，线也有坐标，使点与直线在几何中的位置真正处于平等的地位，提升了人们认识问题的深度，把抽象的点、线、面具体化为方程式，使一一对应更加完美。从中也映照出数学本身既是数学思维的结果，又是科学思维的工具。

3. 培养学生数学思维方式也是社会发展的必然诉求

作为一种“思想的体操”的数学，在各行各业都应用广泛，就像识字、阅读一样，数学成为公民必需的文化素养，一个人是否经受过这种文化熏陶，在观察世界、思考问题时产生的差别方面就能够得以检验，有了数学修养的经营者、决策者、劳动者在面临市场多种可能的结果、技术路线中会借助于数学的思想和方法，甚至通过计算来做出判断和决策，以避免或减少失误。在高速发展的社会中，人们之间需要更多的交流、沟通、合作，需要智慧性地参与社会发展建设之中，需要有敏锐的数学思维视野，宽厚的数学知识体系，来丰富与发展社会，数学作为一种有用的理性工具，用他独特的思想与方法去充实与完善人的思想与方法体系，不断地开拓人的认识视野，促进人类社会的发展。社会的发展需要有良好数学思维方式的人，不管是从事科研工作的人，还是普通的社会建设者，数学中的归纳、类比、分析、综合以及数学中的一些核心概念、公式、方程、模型等都对从事的工作有启迪作用。不管他们从事什么工作，那些深深铭刻于头脑中的数学精神、思维方式、研究方法等都会随时随地发生作用，让他们受益终生。也就是说具有良好数学思维方式会在改变学生的行为方式、生活方式等方面发生重要的作用。

（三）基于学生数学思维方式的教学设计

1. 从战略的高度确立学生数学思维方式理念在教学设计中的新地位

由于数学思维方式在人的发展过程中具有独特而又重要的价值，就需要我们在数学教育中树立培养思维方式优先的理念：在数学课程的建构中以数学思维方式的提升为基点、在数学教学中以数学思维活动的展开与丰富为活动点、在教学模式、方法、内容的选取中，时刻思考如何渗透与培养学生的数学思维方式、在考试评价中以数学思维方式的优化为关键点，在数学教育的每一个细节处，向思维方式的优化要效益。

只有在思想上高度认识思维方式培养的重要性和紧迫性，才能全面深刻地理解《课标》中对思维方式培养的要求，才能站在一个新的高度上对习以为常的问题从数学思维方式提升与优化的角度展开深入的探究，才能使每一位参与数学教育的工作者时时刻刻有思维方式培养的意识。尤其是一线的数学教师，才能在备课方面有意识、有目的地体现思维优化的意识、在教学的实施层面，不断地拓展思维空间、在评价层面具有批判反思意识，从而形成一种数学思维方式的探究文化。

理念具有先导性，确立了思维方式优化的理念会使我们在行动上充分面向全体学生的思维及关注个别学生的差异，就能更加注重联系现实生活与社会，关注学生动态思维发展的过程，使之教学模式与思维模式灵巧配合，能及时地开发数学课程资源，针对学生的发展水平及思维特点，创造性地开展教学活动，在开拓思维方式新路径上能够整合挖掘思维因素、优化组合思维成分，灵活应用思维的方法与技巧，做到重点突出，方法得当，行动到位。

2. 从实践的层面探索学生数学思维方式在教学设计中的新体系

数学思维方式的提升主要体现在数学教学过程中，好的理念、想法、精髓都要通过数学教学实践途径来实现。具体的实践过程包含在设计过程、实施过程、评价过程中。

（1）在设计过程中，不论是教学过程的设计、还是作业的设计、考试的设计都要有强烈的动机、开阔的视野去创造性地体现数学思维方式的培养。突出的一点就是要使学生在探究问题时产生不同的思维方式，让学生在做中经历、感受、体验数学思维的力量、提升数学思维的质量。设计时要经常向自己问这样的问题：通过什么途径来优化提升学生的数学思维方式，教师应当做什么，学生应当做什么，教学资源如何合理使用，并尝试着不断地改进、记录、完善这些问题的答案，使设计的活动能够让学生通过自主、合作、探究等学习方式，掌握必备的知识、技能，提炼数学思想，积累数学活动经验，拓展思维空间，夯实思维基础。

（2）在实施过程中，不可预测的事件经常发生。在教学用语、活动引导、情感激励等方面思考的重要问题就是如何切入思维、如何升华思维、如何使思维每天有新的体验，进而形成正确的数学思维观，防止出现思维悬滞、偷懒、封闭以及不认真思考现象的发生，随时要点燃学生思维的火花，使之进入现代思维的视域。在教学过程中，主要是通过问题解决、数学活动来培养和深化学生的数学思维方式。当然作业中的思维优化，日常交流中的思维优化也不可轻视，要从思维的意识、思维的方法、思维的习惯养成入手，在教学中点点滴滴渗透思维优化意识。

（3）在评价过程中，时刻以思维能力的提高为判断教学效果的主线，在平时的教学效果反馈、作业批改与考试改进中要经常地反复地思考思维方式提升的幅度、力度与产生的效果。不管在即时评价中，还是在发展性评价中，每一个实施效果的检测都要为学生搭建思维发展的适宜平台，才能使学生的思维更加具有开放性、发散性、审美性。为学生创设易于他们接受的问题情境。在一个十分友好的界面上进行交流、分析思考，使学生在评价的过程中能找到数学思维方式的着力点。只有从不同的角度引发学生在学习过程中审视数学思维方式问题，才能真正地树立思维优化意识。才能在交流中产生、在反思中升华、在问题解决中提高、在经验与知识积累中发展数学思维能力。

3. 从发展的视角探索学生数学思维方式在教学设计的新路径

社会是不断进步的，人是不断发展的，数学也是如此。作为数学教育工作者，要有挑战思维的策略和意识，不断推出克服思维僵化的策略。用发展的视角培养学生的数学思维方式就是要厘清数学发展的趋势与脉搏，探讨与论证时代发展的特点，找准数学思维培养的切入点，打开思维培养的新路径。纵观20世纪下半叶以来数学的特点，一个最大进展就是它的应用性不断拓展，那么培养学生的数学应用意识和应用能力就是开拓培养学生数学思维方式的新途径，以现实中的实际事例为突破口，帮助学生更直观、更深刻地理解数学的内容、思想和方法，让学生真正懂得数学究竟是什么。其中重要的是发展学生“数学”地思考问题的能力。数学的确为我们提供了一些普遍适用并且强有力的思考方式，包括直观判断、归纳类比、抽象概括、逻辑分析、建立模型、将纷繁的现象系统化（公理化）、运用数据进行推断、最优化等，用这些方式思考现实世界中的问题，可以使学生更好地了解周围的世界；使学生具有科学的精神、理性的思维和创新的本领；使学生充满自信和坚韧。

实践一直是数学发展的丰富源泉，数学脱离了现实就会变成“无源之水”“无本之木”。因此，数学教育就要联系学生的日常生活实际，增加数学问题的趣味性与现实性，把数学呈现为学生容易接受的“教育形态”，在实践中去优化学生的数学思维方式。为此用发展的观点去为学生开拓数学思维方式培养的新路径，就要从心灵建筑的角度设计、实施、评价展开数学教育活动，富有情感地去选择具有时代感的现实事例，在数学教育实践中，渗透数学核心思想，注重对数和符号的理解、应用和表达，削弱烦琐的计算，发挥图形直观的功能，“返璞归真”，适度的“非形式化”，去为学生思维与心灵的发展营造良好的平台，真正使学生的数学思维水平上一个新台阶。

三、基于要素分析建构数学教学设计

一个完善的教学设计，主要包括教材分析、学情分析、教学目标、教学重难点、教学方式、教学流程、板书设计、教学反思等几个要素。

（1）教材分析。基于知识的维度来解析数学教材中本节课内容体系的地位与作用，析理教材中所蕴藏的数学知识，把握数学知识的来龙去脉，梳理清其知识及相关素材之间的关系，因此教材分析是教学设计的第一要务，其主要工作就是阅读与研读数学教材，要在数学观下对数学教材研究，就是从数学的视角解读数学教材中所蕴藏的数学原理、思想和方法，以免误读教材中的概念、命题及例题、习题的数学本质，从中分析所要教授内容在数学体系及数学教材体系中的地位与价值。

（2）学情分析。①分析学生已有的知识水平与学习态度；②分析学生学习的精神状态及非智力因素；③分析相关知识的掌握程度及其学习风格；④分析班级数学文化的样态及其个别差异情况；⑤分析师生关系及其相关学科学习情况，以求全面透析其学情。在教材与学情分析的基础上准确定位教学目标，从师生发展的视角、数学素养形成的观点来建构教学目标。

（3）教学目标的确立。①知识与技能的获取目标；②素养与方法的形成目标；③情感、态度价值观的发展目标。基于目标与教授内容的视角析出本节课的重点和难点，同时为了实现教学目标与突出重点、突破难点，就要选择适切的教学方式。

（4）教学方式的设计。包含教学准备、教学手段、工具、方法等，这些准备工作至关重要，也不能任性和随意，在上面工作细致完成的情况下就是有计划、有目标地制定教学流程。

（5）教学过程的设计。分环节、分板块、依问题、定活动、思效果地确定各个数学教学环节，在问题串与活动链中让数学知识、方法、思想自然地流动与增值，形成学生的智慧，这是数学教学设计最重要也是最关键的环节，关系到整个教学的流程和效率，一般设计要规划到在什么时间段内完成什么任务和要实现的目标，精确化到几分钟以内。

（6）课件与板书的设计。这也是教学设计的重要环节，课件与板书是让数学知识留下痕迹的地方，一般是概要式，特别是课件，要研究所授知识的特点，恰当地做课件或采用信息化的手段，让抽象的数学知识可视化，突破学生理解上的难点，通常的课件内容要简洁明了，板书是对课件的一种有益补充和完善，更重要的是要体现课堂上的生成性。

（7）教学反思的设计。教学反思有两种形态，一种是课前的反思，另一种是课后反思，课前是假设性的反思，而课后是验证与弥补性的反思。这两种不同样态的反思都是为了促进数学教学的进步。

四、基于情境创设建构数学教学设计

数学情境创设是数学教学体系中不可或缺的核心要素，无论是数学教学的课程维度、还是数学教学的教学、评价、反思维度，数学情境创设都扮演着十分重要的角色，推动着数学教学理论体系的建构与数学教学实践的运行。因此，探讨数学情境创设的机制就显得十分重要。下面从数学情境创设的内涵、特征、结构、价值、途径、方法等方面来探析数学情境创设视角下的教学设计机制，以促进数学教育工作者对数学情境创设的认知。

（一）数学情境创设的内涵及特征分析

《现代汉语词典》对情境的定义是“情境；境地”。心理学上认为，情境就是影响个体行为变化（产生行为或改变行为）的各种刺激（包括物理的和心理的）所构成的特殊环境，是客观的、具体的自然环境或社会环境。教育学上的情境通常是指：由特定要素构成的有一定意义的氛围或环境，指一个人处于这种氛围或环境所产生的内心情绪体验，是情境带给人的心灵感染。由上可知，情境是由环境与人所建构的活动场域，是活动进行所必需的。那么数学情境创设就是师生从事数学活动有意识建构而成的活动场域，包括硬情境（即进行数学活动需要的各种资源、设计、环节等）与软情境（语言气氛、情感营造、人际关系等）建设。

通常情况下，数学情境创设有如下三大特征：

（1）先行性。数学情境创设是一种有目的、有组织、有逻辑的建构活动，是一切数学活动有效开展的先行组织者，决定着数学教育活动开展的方向，提供着活动所需的动力源泉，储存着活动所需的各种资源，规划着活动开展的流程，搭建着师生互动的知识框架，激发着人类情感的融入，创设着反思活动的深度进行。

（2）融合性。数学情境创设是融合了多种因素而建构的一种教学机制，如果没有融合数学教育就无法有效地进行。首先是融合了数学要素，围绕着数学问题而创设情境，集知识、技能、过程、方法、情感态度于一体；二是融合了教学要素，设计教学活动，融合师生数学现实、发展目标、课程资源于一体；三是融合关系要素，情境的创设融合师生情感、课堂内外、数学及其他学科等关系，足见数学情境创设就是数学教学设计必须思考的因素。

（3）教育性。数学情境创设本质上是为了数学教育的高效运行，是为了促进学生的数学进步，实现数学教育目的。因此数学情境创设就基于知识、能力、素质于一体，将数学中的概括、抽象、类比、归纳、分析、综合、隐喻、描述及一些重要的数学思想、方法纳入情境中，通过语料、背景、练习题、问题串、变式教学等，搭建一个有利于数学学习的场所，让学生在数学教学过程中思想不断舒展，智慧不断生成，这种搭建的着力点就在于数学教学设计。

（二）数学情境创设的结构及分类

数学情境创设的基本结构取决于数学情境创设的诸要素，通常数学情境创设是由数学要素、背景要素、方法要素、理念要素建构而成的一种数学教学运行体系，而数学教学设计就要在这种运行体系中找到它的存在价值。数学要素主要是通过数学问题，把数学知识与技能、过程与方法、情感态度与价值观融为一体，创设的数学问题源于数学教材，通过加工把成人眼中的数学世界创设成易于学生理解的问题域，让学生在疑问中建构知识体系。背景要素就是要建构适宜于数学活动开展的场景，让探究与活动、问题与作业、表达与沟通能够有效运行。方法要素是指教与学方法的创设，基于精细加工理论、学习环境设计思想、认知弹性理论创设适合学生的教法与学法。理念要素渗透到情境创设的每一个环节中，将学会数学、学会解决数学问题、学会数学沟通与合作等理念嵌入情境之中。

基于以上的认识，数学情境创设一般有如下三种类型：问题型数学情境创设，方法型数学情境创设、命题型数学情境创设，是依据情境创设取向而分类、基于现实情境、科学情境、数学情境、思维情境而形成的。无论何种数学情境创设都是为了学习的高效，便于理解、诠释、反思、探究、创造的深入，都是让师生在一个适切的情境中，通过恰当的活动更好地理解数学概念、掌握数学方法，应用数学原理，同时数学情境创设要有利于数学教师课堂领导，盘活资源，激活思维，有利于学生探究、发现、创新，使数学基本知识、技能、思想、活动经验更加坚实。

（三）数学情境创设的价值与功能

数学情境创设在数学教学过程中发挥着极其重要的功能，正如德国一位学者所比喻的：将 15 克盐放在你的面前，无论如何你难以下咽。但当将 15 克盐放入一碗美味可口的汤中，你就在享用佳肴时，将 15 克盐全部吸收了。情境之于知识，犹如汤之于盐。盐需溶入汤中，才能被吸收；数学知识需溶于数学情境之中，才能显示出活力和美感。

（1）数学情境创设有利于激发学习兴趣及求知欲，提高数学学习的自主性、积极性。数学情境创设是基于学生的现实进行的，基本的要求就是让学生在情境中爱学，好学，乐学，从而充满激情地去探究数学原理，追求数学真理，品味数学奥妙。养成持久学习的数学兴趣与习惯。如在分析实数知识时，可介绍康托研究集合这一艰苦探索的史实背景，他是如何区分有理数和无理数集合元素的多与少的。通过数学史和数学家故事的创设与分享，既活跃数学课堂气氛，又激发了学生兴趣、好奇心、积极性、主动性。

（2）数学情境创设有利于学生问题意识形成，数学思想掌握与数学思维品质提升。数学情境创设也是基于数学学习的特性创设的。数学高度的抽象性、逻辑的严谨性、应用的广泛性使数学学习不是轻而易举的，需要付出艰苦的努力。创设的数学情境既要消除学生对数学产生的恐惧感，把静态文本后面火热的思考激活，又要培植学生良好的数学思维品质，形成良好的数学思维方式。比如小学生在学习数学的时候，对“1，1，2，3，5，8，13，21”这样一列数，要求他们发现数的变化规律，强调数之间的计算，而在这一问题的教学中图文并茂地介绍意大利数学家列昂纳多·斐波那契是如何发现这一列数，并用兔子繁殖问题富有趣味的分析就能显示其蕴藏的人文性，更能接小学生学习数学的“童气”。因此，在数学教学设计融入适切的情境既引发了学生的问题意识，也让学生有急切想解决问题的心态从而主动地探究，形成良好的质疑品质。

(3)数学情境创设有利于增进师生间的合作交流，使学生树立正确的数学价值观。数学情境创设也要基于师生关系和谐与智慧的增长。创设的情境要利于师生合作交流、探讨争辩，增进师生感情，体味数学乐趣，进而树立正确的数学价值观。如在小学数学教学设计中可设计数学游戏如华容道、九连环、鲁班锁、魔方、24 点、抢数、七巧板、扑克魔术等情境。这些内容既符合学生的学习兴趣，又符合学生的思维水平，大多数内容适合学生反复探索，能够使学生在“玩”中学数学。教师和学生一起参与，会使学生感到有趣和放松，主动积极地去探索、学习，课堂变成一个真实的生活情境，充满乐趣与惊奇，这拉近了师生关系，发挥了学生的主体地位，让每一个学生在课堂中保持活力和创新思维。

（四）基于数学情境创设的数学教学设计

1. 利用名人名言、数学口诀等进行数学情境创设

数学家的名人名言具有重要的引领与教化作用。教师利用名人名言、数学口诀创设情境，不仅可以帮助了解哪位数学家对此知识做出了贡献，而且能够巧妙地记住知识的要点，借名人名言联想性的学习，打造了课堂教学的轻松氛围。如大数学家康托尔说过：数学的本质在于它的自由，在课堂上分析其意境，可启发学生对数学本质的理解，为学生学习提供动力，又如用“今有物不知其数，三三数之剩二，五五数之剩三，七七数之剩二，问物几何?”等带有口诀式的“物不知数”问题，就能激发学生的数学学习兴趣。

2. 利用数学史发展中的小故事进行数学情境创设

教师要根据学生的年龄特点，创设有趣味、有寓意的故事情境，让学生体味数学的无限魅力，提高学生参与课堂的积极性。如数列课前，教师给学生讲解“麦粒”故事及斐波那契数列；介绍俄国著名诗人莱蒙托夫梦见纳皮尔的故事以及计算技术中苏格兰数学家纳皮尔的贡献。利用这些小故事，可吸引学生学习的注意力。

3. 利用数学生活事例等进行数学情境创设

要盘活数学知识，须借助于一些利用真实的生活例子创设情境使学生仿佛身临其境，帮助理解新知可激发学生的学习热情，所以要在课堂教学中适当设置一些实验或游戏。如商场中的各种打折、货比三家不吃亏、水表和电表的秘密、生活中有趣的数字，抽签和兑奖活动等。这样，利用生活中的事例等创设数学情境，可充分发挥学生的主体地位，提高他们的合作意识和创新思维。

4. 利用新旧知识类比进行数学情境创设

德国心理学家艾宾浩斯通过研究，发现人们对任何事物都有一个遗忘的过程。因此，利用新旧知识之间的联系创设数学情境，一方面可以帮助学生

巩固旧知，另一方面可以让学生更深入地理解新知。如教师在讲解分式时可类比分数等，这样的情境创设，有利于学生自主探索、发现，进行概念总结和知识归纳，对提高数学思维能力大有益处。

5. 利用实际问题进行数学情境创设

问题情境是数学情境创设中最常用到的，学生带着问题进入新知的学习，不仅可以培养问题意识，还可以让学生成为课堂学习的主人。如教师在讲授三角形中位线时，创设这样的问题情境：一个三角形的周长是 c，以它的三边中点为顶点组成一个新的三角形；以这个新三角形三边中点为顶点又组成一个小三角形……依次画下去，①求最开始所生成的两个小三角形的周长；②求第 n 个小三角形的周长。学生通过这样的情境学习，可充分调动他们的积极性，激发求知欲。

6. 利用多媒体、教具等进行数学情境创设

信息技术与教具是数学情境创设最基本的手段，利用计算机、教具创设数学情境，把关键的、学生想起来有困难的地方进行还原、演示，使数学知识可视化、动态化、连续化，促进学生对问题的理解。如在投影与视图时，学生很难在头脑中建立模型。教师利用多媒体或教具进行演示，加强了学生对抽象知识的理解，让学生茅塞顿开、豁然开朗。

数学教学曾普遍注重知识的传授，易形成灌输式教学，忽略了学生的主体性、积极性和创造性，使学生的学习处于被动和依赖的状态，缺失了主动性、独立思考和创造精神，特别是批判性思维的养成，扭曲了数学学习的价值。为根治这种弊端，教师要在数学教学中，积极主动地进行数学情境创设，形成一种良性的教学系统，使学生主动进入课堂，深入教材，发现问题、钻研问题，在参与建构、合作交流中，获取数学最为本真的知识。数学情境创设是一个常做常新的工作，唯有高度重视，锐意创新，才能诗意般地将数学知识溶于情境之中，形成一种共享过程，不断地使学生理解和表达，认知水平的提升，打造数学教学新未来。

思考时刻：谈谈你对数学教学设计的认知与感想。

策略探寻：把你的设计思路罗列一下，思考其各个环节所采用的策略，你是用什么方法诊断分析应用策略的效果的，写在空白处。

第六章　有效从事数学教学

◎如果把数学教学比喻为施工，就需要精确化的确定目标，有效地组织、分工、活动、检测，以促进工程高质量地完成，数学教学也是如此◎

关键问题

1. 如何审视数学教学过程？
2. 怎样提高数学教学效率？

第一节　数学教学过程

数学教学过程是一个动态发展的过程，是师生在知识的流动过程中生命不断发生变化的过程，这一过程中，有显性的因素互动碰撞发生作用，生成大智慧，有隐性的因素在过程中发挥着潜在的变化，如思想的变化、行为习惯的养成等静悄悄的变革。在数学教学过程中，问题、活动、知识流动、智慧共享、生成开发就是最为显著的明证。

分析和透视数学教学过程中所发生的现象是教师教学的基本功。现阶段数学课堂教学中表现常见的形态是同意模式的普及化，致使争鸣模式日渐消退，尤其是初高中阶段，值得认真地思考。

一、基于课堂现象学分析数学教学过程

课程改革历时近20年，已经取得了丰硕的成果。从课堂现象学的视角审视当下的数学教学，可以更加清晰地了解当前数学教学的现状及未来发展的动向。当前，课程改革正在不断地走向深入，但却存在着一种令人费解的现象，就是过分人为的制造同意与制造争鸣。因此，需要深入细致的分析和思考，以转变思维方式，促进数学教学有效进行。

（一）同意与争鸣模式的表征分析

在复杂的数学教学工作中，数学教学共同体在长期的教学探索、教学观摩、教学分析、教学研究等过程中会形成一定的教学模式。这种模式是数学教学共同体遵循的教学信念、价值取向、思维方式、概念系统和技术手段的综合。基于课堂现象学的视角，在坚持“回归课堂教学事实本身”的原则下分析现行的教学体系，主要有两种教学模式：一种是同意模式，一种是争鸣模式。同意模式教学的主要特点是数学教师在教学中起主导性作用，不仅设计、组织、管理、协调、控制、调动教学流程，而且制造同意环境，学生在一种以听与讲为主的生态环境下接受和理解数学知识，以追求产生正确性答案的聚合性思维以及基本的操作性技能的获得为主。争鸣模式教学的主要特点是师生在一种平等友好的生态环境下，通过数学问题的发现、提出、分析与解决过程让不同的参与者共同分享一些观点，在分析、实验、讨论、辩论、思考、互动等教学活动中生成知识、形成见识、产生感悟，以追求产生多样性答案的发散性思维以及基本的慎思性技能的获得为主。日常的数学教学中，突出显现的是同意模式教学的一些特征。

同意模式教学凸显有客观与主观的原因。①社会文化因素，教学是基于成人控制下的社会而存在的，深受传统文化的影响，对权威的顺从与服从是其基本的表象，推演到数学教学活动中，认为端坐静听是获得数学知识的一种比较理想的形态；②教师理念因素，有部分数学教师坚守学习就是认真听、刻苦练、机械记、反复考的理念，很少主动的创设讨论争鸣的环境，造成学习主动性的缺失；③考试评价因素，惯常的考试倾向于检测学生数学知识理解与掌握的状况，诸如反思意识、数学精神等是无法检测的，致使数学教学中“是什么”知识的传授成为主流，挤占了学生用于思考、用于实践、用于质疑“为什么”知识的学习，更多的精力和时间都集中在机械记忆与强化训练上。这些因素是造成同意模式过分盛行的主要原因。同意模式虽然有利于数学教师大容量的传授知识，但过分或长期的运用，会使学生表面上同意教师对知识的讲解、对学习任务的安排，顺从教师的话语表达，配合教师的教学进程，看似教学进程顺利，实则使很多学生患有“失语症”，质疑批判精神缺失，迎合了师生思维的惰性。

争鸣模式教学是随着课程改革的进行而比较流行的一种教学模式。课程改革理念上，要求学生通过自主探索、动手实践、合作交流等方式来实现教学目标。这样，带有讨论、质疑、批判性质的争鸣教学模式就有了重要的现实依据。①过分的同意教学模式已经严重地影响了学生的创新思维，而基础教育要为学生奠基一生所需的数学基本知识、基本技能、基本思想、基本活动经验，这些需要批判与反思的精神才能获得。②社会的发展需要带有批判反思精神的成员去建设。但现行的数学教学世界中，发现有些教师为了迎合课改的新理念，过分追求争鸣的效果，为争鸣而争鸣，使数学教学中没有形成一种良好的争鸣机制，多数学生在一种简单的语境下进行无价值的争鸣反而使学生的思维随意化。虽然争鸣模式教学有利于培养学生的批判意识与创新精神，但过分的争鸣使数学教学在看似热烈讨论的氛围中进行，貌似开展得风风火火，实则迎合了师生思维的浅性。

细致考察课堂教学，发现常态化的数学教学中两种教学模式会以不同的形态交替出现。但是过分人为地制造同意与制造争鸣也夹杂在其中，使得同意与争鸣失去了应有的教学价值。从而造成了教学话语中教师的权威性、优生的优先性；教学时间中教师的控制性、优生的占有性；教学问题中教师的预设性、优生的先答性；使得数学教学按照大多数学生所谓“懂”的意愿而行事，在貌似多数同意的原则下教学，使教学公平被赋予了同意的面纱而成为教学伦理、教学决策的基本依据。这种依据其实就是“方便性”教学，无形中阻碍了学生边缘声音的表达，一些有意义的对话淹没在“同意”的光环之下，鲜有的发言、讨论、争论往往也不能深度进行，真正有效的争鸣成为课堂教学中的稀缺性资源，听到的或者看到的是偏离主题的过度的议论与分析。这种过分同意与过度争鸣造成了学生知识的生成观与发展观的绝对化与随意化，也易使学生的思维习惯僵硬化与教条化。真正的知识由于人们的认知加工方式不同以及好奇心使然，会呈现丰富的诗意的境界。在教师的引导下，学生之间就自己的理解与见解在讨论、分析、协商中唤醒集体记忆，突破原有知识的束缚，完善认知结构。

（二）同意与争鸣模式的内涵解析

客观的数学教学世界存在着同意与争鸣两种模式，现实的问题是出现了制造同意与争鸣的现象。有必要在厘清两者内涵的基础上，探讨它们之间的辩证关系及运行机制。

1. 同意模式的内涵解析

同意模式教学中的同意是指数学教学过程中学习主体对某种现象的分析、机制的解析、原理的认知等方面的认同与接受。政治学家洛克（John Locke）认为同意一般有四种存在方式：明确同意、假想同意、默认同意和准同意。事实上，日常数学教学中也存在这四种同意方式，但是任何一种都无法证明“同意”可以作为教学可信性与有效性的依据。教学中诉诸“明确同意”不是十分成功，由于学习主体的经验、认知与理解方式的差异，达到统一高度的理解是难以做到的；诉诸“默认同意”似乎有一定的合理性，然而，问题在于，要保证同意的效力，就必须以“自愿性”或者“意图性”为必要条件，可现实的情况却未必都是如此，因为学生主体对数学教学的行为予以默认的理由有时是非常“工具性”的，对同意的内容、方法、结果有时也不是十分清晰；假想同意或准同意在日常的数学教学活动中最为常见，教师经常以问“是不是、对不对、懂不懂”的方式，由学生做出“是或不是、对或不对、懂或不懂”的回答，其中的答案就被教师理解为同意的依据，这种同意反而成为束缚与限制教师有效教学的障碍。好多教师为了追求同意的教学效果，就这样制造同意以及与同意相关的环境、语境，把强制的因素带到数学教学，造成被同意的普遍存在，其本质是造成了虚假学习的现象。

在数学教学中，教师会通过不同的方式对一些数学核心概念、原理设置活动、进行解释，学习者的同意状态也在不停地变化，不乏面子同意、从众同意、权威同意、裹挟同意的出现，而这些同意往往被教师认为是学懂了的信息而被捕捉，用部分学生的言说，或者齐声说掩盖了理解与掌握数学的真相。在数学教学中同意具有强大的力量，迫使教学在看似有秩序与和谐中运行，从而无形中束缚了学生的数学思维时空。为此，在数学教学中要利用同意的有利因素，培养学生拒绝随大流而保持独立思维，摈弃抄袭现有结论而勇于探索真理，蔑视蝇头功利而热爱智慧的学习品质，恰当合理地运用同意模式，在教学内容、教学方式、教学用语中培养学生的创新能力和批判精神。

2. 争鸣模式的内涵解析

争鸣其实源于人类认知的冲突，是人们对某种现象、概念、原理提出不同的想法而发表议论的一种状态，是数学教学中时常出现的一种现象。既然数学教学中达到完全一致的想法是不可能的，唯有通过不同观点、思想的交锋才能透视对数学现象的本真认识，形成比较牢固与又坚实的知识体系。为此，争鸣模式教学的出现就有了重要的基础，争鸣主要的形式是进行争论与辩论，是不同观点与思想的碰撞，是推动数学教学进步的原动力。一方面通过适当的争鸣引发师生从不同的角度进行深思，另一方面通过争鸣可以把内隐的思想与认知外显化，进而在不断深入的争论中突破认识上的误区，澄清知识上的盲点，理清思想上的含糊。争鸣有不同意式的争鸣、辩论式的争鸣、冲突式的争鸣，也有不理智式的争鸣，在教学中要控制与抑制不合理的争鸣，使争鸣成为教学生成的一个着力点，成为点燃参与者思维的火种。数学教学中要为争鸣创设环境，让不同观点与思想有表达的时空，彻底改变教学中“失语症”的现状，给思想更多接触与舒展的机会。

争鸣模式教学具有思辨性、批判性、开放性、深刻性的特点。所谓思辨性是指在数学教学活动中要创设辩论的话题，让学生有挑战“习以为常”观念体系的勇气与信心，勇于公开的发表自己的想法，如欧氏几何与非欧几何就是很好的争论素材；所谓批判性是指争鸣中要不断质疑与反驳，在良好的心态与抗挫折力下进行有效的辨析；所谓开放性是指争鸣要在平等开放的课堂生态环境中展开，挑选适宜学生争鸣的素材，打破话语霸权，开放话语权，让不同的观点与想法能够有效地表达；所谓深刻性是指争鸣不是为了争谁对谁错，而是在争鸣中探析人类认识世界、了解自然、发现规律的过程中所形成的宝贵经验，争鸣一定是以知识、智慧、方法为基础的，是在有准备的条件下有序开展的，是师生共同参与的对一切现象进行深度的思考与反思的智慧反映。

数学教学世界美丽而又多变，需要抓住每一个闪光的地方，引发课堂讨论走向深入。首先要有产生争鸣的动机，实际数学教学中发现好多教师并不希望学生打断自己的教学思路，原因是一旦打断原有思路，讨论生发的问题就完不成教学任务。因此，变革数学教学就得先打破“任务”观，一切以利于学生数学学科核心素养的提升为准绳；其次要创设争鸣现象发生的问题域，以设置适度的问题、议题为抓手，层层递进，基于学生的经验与认知有序推进；再次要畅通争鸣的渠道，课堂是师生共同发展与生发意义的场所，在情感上需要交流与沟通，在解决问题上需要合作与讨论，在解决策略上需要互相贡献智慧，在反思评价上需要批判分析。教学实践证明，过分的争鸣也是不可取的，会把教学引入一条死胡同，而适当的争鸣远比同意留下来的影响更加深远。为此，通过适度的争鸣引导师生主动去表达、去展现自我，在争鸣中寻找观点，形成共识，提高见解。

（三）同意与争鸣模式的运行策略

实践永远是数学教学的主旋律，实践中出现的问题永远是数学教师思考的核心问题。在数学教学实践中有三个不可或缺的要素必须高度关注：问题要素、语言要素、活动要素。问题要素是数学教学有效开展的基础，也是同意与争鸣产生的根源，如何设置问题、分析问题、解决问题就成为数学课堂教学的关键；而问题需要语言表述，因此语言要素就是教学实施的核心要素，也是同意与争鸣展开的核心，不管是同意还是争鸣模式下的数学教学都与语言有关，都是师生在一定的语言环境下进行的，不同的数学语言表达会产生不同的教学效果，而民主式的、参与式的、引导式的话语体系就会使数学教学富有生命活力；当然问题的解决需要一定的活动才能实现，因此，活动要素就是数学教学运行的重心，根据不同的问题、不同的目标设置、不同的活动以完成预设的目标任务。这三种要素都以不同的方式渗透到数学教学实践的整个过程，无论是数学教学的设计阶段、还是数学教学的实施阶段、反思阶段，作为活化数学教学的这些要素就显得十分关键，全面分析这三种要素在两种模式中的运行机制也就显得十分重要。

1. 同意与争鸣模式在数学教学设计中的运行策略

数学教学设计是教学有效运行的前提，确立融同意与争鸣因素为一体的教学设计观是推进数学实施的关键点，要把同意、争鸣的因素恰当地设计在问题创设、语言表达与活动策略中，突破一致性、话语禁锢、狭隘考试对数学教学设计的影响，让问题生发、探究质疑、实践操作成为设计的着力点，制造更多的设计信息寻求和意义协商的机会。设计理念中始终要基于学生最大得益的视角，主线式地把目标串起来，在问题、话语、活动中让不同的学生在同意与争鸣环境中养成一种既能善于倾听、非语言交流，又能合理回应、敢于行动，既能学会认知、学会交流，又能学会反思、学会做题，真正实现数学教学目标。

数学教学设计不能离开教学内容、学生特点、资源环境来进行，也不能忽视教学目标、教学对象、教学内容的深度分析，更不能轻视教学方法选择、教学流程安排、教学效果反思，这些设计要素的思考就是寻求一条适合学生特征的最佳教学路径，从而避免往昔教学中过分“制造同意”与过度“制造争鸣”的现象。教学设计是在实践中不断总结与完善的过程，对前一次教学活动的反思是后续设计活动的基点，灵活运用核查表，检测教学的运行，把人为的、过分的制造同意与争鸣的因素逐渐剔除掉，不断唤醒学生的集体记忆，让每个学生都动起来，养成一种追根究底的设计习惯，在有限的时空中让同意与争鸣的基因真正发挥它的教育功能，使学生经历同意、争鸣的辩证过程，构成他们学校生活中有意义的学习生活，使他们自觉、体验世界和生活。

2. 同意与争鸣模式在数学教学实施中的运行策略

数学教学实施就是对数学教学设计的实现。在由师生、资源所建造的数学教学场域中，围绕着问题及解决，学习共同体一起开展活动，汲取人类数学知识的精华，不断地拓宽视野、分享经验、增进理解、强化情感、思想碰撞。由于人们存在着认知偏见、主观歪曲、情绪倾向等因素，使得数学课堂教学异常复杂多变，加上多种力量与常识共同作用于教学系统，对数学教学现实产生了影响。为此，要智慧性地审视数学教学流程与教学事件，调整教学节奏与教学活动，让同意与争鸣有施展的时空，让不同的声音有表达的机会。而问题梯度化、活动分级化、展示多样化就成为数学教学高效的必然选择。数学教学要围绕着问题进行，有梯度的问题可以让不同水平的学生在不同的问题情境发表自己看法，在不同小组内表达，引发争鸣，辨析正误，达到同意；有分级的活动可以节省教学时间，使教学运行条理科学，既适切又能超越，实现由点到面再到体的提问、讨论、解决，有多样的展示如话语表达、概念图示、思维导图等可以让学习有足够的时间清晰而准确地交流、真诚而有效地分享。这些途径选择在培养问题意识的同时，建构学习的意义与价值，体验讨论交流的力量，感受问题解决的精妙。

数学教学运行其实是作为一种文化、一种思维方式、一种权利、一种利益的运行。追求数学教学效益最大化是其运行的根本目标。因此数学教学过程要唤醒创新思维的火花，使同意与争鸣的价值融入学习个体与共同体的思想行为中，不断超越人的禀赋，打破顺从、服从对数学教学的束缚，使数学教学的社会性、自然性得以舒展，尽快从过分同意的误区中走出来，找到争鸣与同意的立足点、开放点、成功点，使同意模式顺利地转向争鸣模式，也使争鸣模式平稳过渡到同意模式，两种模式协调发展，不断推进，达到教学高质量。

3. 同意与争鸣模式在数学教学评价中的运行策略

数学教学评价在教学运行中具有反映与监督职能，运用动态、系统、全面的观点扫描数学教学现象，不断地调节教学运行中各种要素之间的关系。如果问题不适切，就应变更问题的形态、难度，使同意、争鸣发生得自然顺畅，让同意在讨论、争鸣、反思中达成，让争鸣在可调整、可控制中扩大同意面；如果教学出现单调、平庸、枯燥等现象就要调整语言环境、活动方式，设法激活思维，让学生有足够的话语权，有足够的活动时间，根治思维的停滞休眠状态。作为常态化的教学，要从“为了学生好”的教学误区中走出来，让数学教学以自立状态与本真状态的方式存在，更好地协调同意与争鸣模式的创新特质。

常态化的数学教学世界，人为的、过分地制造同意与争鸣都是不可取的，教学就是要力争使它回到合理的同意与争鸣状态下，消除教学沉默与失语症、话语霸权与教学争吵的现象。建造一个既能体现课堂民主，又能展现思维创新的教学形态，使争鸣成为达到同意的前提，使同意成为蕴藏争鸣的基因，相辅相成，通过提供例证、多问问题、提供反馈和矫正的机会，不断拓展同意面，丰富批判性思维，不断让学生追根究底、拒绝随大流，克服天生的懒惰，推进数学教学发展。首先，要对“同意”实行质疑的策略，设置有困惑的检测问题，让学生辨识，冲破“同意”面纱下的知识误区，从检测的约束和压抑下解放出来，同时要采取学生质疑、教师答疑、师生互疑、达成共识的方式来避免惯例化、世俗化的同意模式，让问题、活动、评价之间产生联动；其次，要对“争鸣”实行分析策略，运用批判性分析工具，对争鸣的问题、观点进行聚焦，汲取共识，形成同意，建构知识；最后，要对同意与争鸣过程中的表征进行知性与理性的分析，在同意的形成中在点燃争鸣的火花，在争鸣中形成更多的共识，使同意与争鸣达到一种和谐的境界，让日常数学教学生活灵动，让教学共同体感悟审美与超越，让数学课堂教学回归到自身之路。

二、基于问答视角分析数学教学过程

在数学教学中，最常见的现象是提问与答问。审视提问与答问机制已成为理解和透视数学教学的核心问题。提问是数学教师常用的教学策略，答问也是学生常用的学习策略与师生检测学习效果的策略。通常在数学教学中是通过提问与答问来检测其教学目标的实现程度。剖析提问与答问的教学机制与运行模式是提高教学质量、促进教学进步的重要举措，关涉到对数学教学意义的认知、数学教学实施的水平和数学教学策略的优化。然而，对提问与答问的含义、价值、策略诸方面的深度思考并非是自明与自觉的，需要站在一个新的视域来审视和分析，以明晰这两者之间的相互关系与内在机制，从而真正实现有效教学。

（一）提问与答问的内涵与特征分析

提问与答问是联动一体的，提问的目的是让学生思考性地答问。提问与答问是数学教学过程中的基本要素和活动，对数学知识、技能、思想和方法的学习就是要通过提问与答问这两种方式来进行，因此提问与答问也是教学、学习与发展的基本工具。

1. 提问与答问的基本含义

提问是在一定的教学场域中进行的，是数学教师对教学过程进行观察、监督、审视、评价、判断、决策的一种活动，通过设计、分析、考量而针对学生数学学习现实的表现有目标、有方向地提出一个问题，旨在让学生通过思考来回答的一种教学行为，提问是调整教学节奏、优化教学环节、提高教学效益的关键要素。答问是学习者根据教师所提的问题依据自己的认知、经验和思考，在一定时间内对所问的问题进行推理分析、思考检索而做出的一种回应，答问是促进数学深度思考、唤醒学习意识、检测学习效果的一种学习行为。这种回应具有个体性、局限性，可以被不断地追问，从而深化知识的理解，并产生新的思想火花。一般情况下教师提问主要是基于所教知识而对学生发起的一种教学活动，可以是数学教材中的某个概念，如学完“正数和负数”，让学生例说正数和负数的意义，也可以让学生思考如果没有负数，数学世界会怎么样，等等。而学生所做出的回应，也是检测教学效果的工具，从中调整教学节奏，并要及时反馈学生回应的质量，通常是教师对学生回应进行反馈，也可以是学生对学生的回应进行完善和评析，形成了一种教学反馈，主体是师生，客体是问与答，通过话语、交流、分享、感悟等形式来探析教学真相，激活教学动因，促进师生发展。

提问与答问形成了一种微型的教学模式。先是教师基于学习进程对学生提出一个问题。如果是一个小问题，学生可以及时问答，要么是个人、要么是大家。教师可以适时追问、做出回应和评析。学生在问答后可以倾听教师或者同学的评论与追问，再补充完善。如果是一个比较大或有深度的问题，需要更多的时间让学生思考或小组讨论等在课堂上完成，可以是小组代表答问，教师或同学追问与评析；这种问答模式就产生了教学对话、形成了知识系统和思想系统的对弈，这种问答模式过程中会需要处理好思考的时间、问答的语言、问答的气氛、问答中的思考与理解以及师生的物理环境、互动模式、情感状态等，其实质是教学信息流动的反应。在微型的问答教学信息流动中，反馈系统是核心，也就是必须对问与答做出反馈，其中反馈时机的把握是反馈实效的关键、反馈术语的适切是反馈高效的保障。

2. 提问与答问的基本特征

在日常的数学教学过程中，数学教师会形成提问的模式，养成了教师自己独特的教学风格，学生在长时期与教师对话交流中，也会形成一定的答问模式，进而共同营造成一种班级的数学教学文化。这种数学教学文化形成对学生的数学学科核心素养的发展影响巨大，因此数学教师要认真分析自己所主导和建造的问答模式，思考这种模式下提问的价值和意义何在，问题出自何处，以何种方式提问才能达到好的教学效果，针对学生的应答，应当采用什么样的方式进行回应并做出价值判断，这种回应的理由是什么、方法是什么、原因是什么等做出教师的回答，从中探寻提问的驱动性、依存性、共享性、开放性、创新性、逻辑性、生成性、嵌入性、互惠性、异质性，分析回答的清晰性、逻辑性、知识性、能力性、素养性。要对回答模式做出道德、情感、逻辑式的回应，以情服人、以理服人，防止浅尝辄止、袖手旁观和不着边际、似是而非的回应。在不断地分析与思考回答模式中，提高教与学的质量与水平，要把回答模式上升到一个新的数学教学高度来认识，研究反思学生对待所提问题的第一反应是什么？是如何收集信息对其做出回答，回答过程的机制是什么，回答后的反应又是什么，教师对学生的回答反思是什么，不断地思考问答模式的有效性，从而在与学生之间真诚友善的对话与协商探讨中，对数学教学过程进行评析、重构教与学的思维。从问答机制分析数学教学过程，发现有如下特征。

（1）理性与感性。数学教学过程的运行不能缺失问答。无论是数学教学设计层面，还是数学教学实施、数学教学评价层面都需要问答来建构和推进，使数学知识、技能、思想、方法在师生间流动，通过问答所得到的有益的反馈信息可以克服数学教学中的感性误区。但感性的对问答做出回应是经常发生的，如简单的对学生数学概念的理解、解题方法的对错做出回应等，这种回应有可能隐藏了没有暴露出的数学理解错误。所以需要理性地去分析数学教学运行中问答的现象，运用理性的工具进行逻辑的诊断分析，以调整数学教学的节奏，特别是运用一些反馈的工具与方法来诊断和评析问答中的表现，这样就需要科学地选定反馈方法、合理地利用反馈结果。理性会告诉我们，反馈不应过多地评头论足，需要明白反馈是对学生在数学学习中的真实表现的回应，使学生做出问答与思维的调整接近所期望的理解，这样学生也就从中获得了有关数学理解的经验。因此要通过理性与感性相结合的方式来评价反馈问答体系。对问答体系中进行及时的、连续的、适宜的反馈。数学教学中的问与答总在一个系统中出现的，有时候信息是不对称的，问与答不一定能够同构，因此要平衡这两种表现样态，改换问答角色，确保问答机制的高效有力。

（2）张力与限度。数学教学中的问答机制也表现为张力与限度的共存。问答中的张力就是问与答的主体都有为自己的做事行为寻找依据或辩护的天性，所以问答中的信息沟通就是问者与答者站在自己的角度认知数学和表达数学，无形中会形成一定的张力，因为每个主体认知都有一定的局限性。真实的问答都是从问者与答者个体开始的，并以返归到个体自身的理解为归宿，这样才是数学教学问答机制的精神意蕴和可能性。教师个体的问是数学教学的基本形式，是教师在数学教学当中感觉到学生的理解程度需要受到检测的言说，有时候是灵感性的、有些是早已预设好的，答者有时是教师随机抽取的，有时是预先想问的，有些需要集体作答、有些需要个体问答，而每个问者与答者都具有自身的独特性、唯一性、不可重复性和不可替代性。因此，问答及反馈总不可避免地带有个体的经验成分，表现出一定的张力和限度，但是无论如何，师生总要受到个人能力、自身机体、时空局限、见解见识等的限制，同样与师生感知的范围，思考的习惯和运用的工具、解决问题的方法，无论在广度、深度还是精度上也都是有限的。

（3）表达与责任。数学教学过程中的问答机制一个最直接的问题就是表达。表达就是问者与答者围绕一个数学问题而展开的思考与交流。作为问者而言，所问的问题一定是清晰的，给人以思考的空间与余地。对于答者而言，表达是围绕对问题的思考把自己理解或解决问题的方法与思路清晰地表达出来，让听者也理解。因此，问答体之间的话语交流方式就是数学课堂中最常见的表现形态，一节好的课就可以显见这样方式所产生的数学教学力量，所引发的数学思考与数学情感，从而把学习共同体带入真实的数学学习状态中。作为学习共同体就承担着数学知识、思想、方法的有效流动与增值。通常由于数学的特征，表达的形式是口头或书面的，是在一定的数学教学情境下进行的，因此，回答共同体共同承担学习的责任，使问答机制更加优化，特别是要有批判的责任和担当的意识，对学习者出现的理解误区与概念的模糊等要进行客观的评析，促进学习者真实反思数学中的核心问题，而不能停留在表面沾沾自喜，克服教师对教学现象日用不知习焉不察的问题。对答者反馈不仅仅是简单的告知或者随意的表扬，或再加一点批评和建议，而是有深度的剖析，是站在学习者立场做出恰当的反馈，事实上，数学教学中遇到的核心概念如数感、几何直观、数据分析观念等也并非几句话就能解释清楚的，需要反馈者储备学习者能够接受的大量的数学素材，才能更有力量地去反馈，并根据目标和标准非常具体、直接地揭示或细微地描述对答者所答问题的反馈。

（二）提问和答问的数学教学意义

怎样提、如何答是数学教学机制中必须思考的关键问题。提问的类型，答问的方式不同会产生不同的数学教学功效。因此要在数学教学中建构一种良好的问答互动模式，形成一种数学学科核心素养发展的新机制。提问与答问运行的过程中其实就是数学知识在师生间不断授受的过程，是教师运用问题驱动、任务使然、沟通合作的教学艺术使用过程，是学生好奇心、兴趣点、意志力、注意力调动而参与数学思考与活动的过程，也是数学思维舒展的过程。良性的问答机制，会使数学课堂教学充满的希望和阳光。

要实现问答机制在数学教学中的意义，就要形成一种积极互动的问答模式，不断地反思提问与答问的有效性和建设性。首先要思考提问的顺序、时空、思维、逻辑和目标。进而使问者形成有效的问题系统、清晰的问题类型、有梯度的问题域，如代数系统问题域、几何系统问题域、统计与概率系统问题域以及交叉学科的问题域等，在提问中都可以恰如其分地调用。对答者就是不断丰富自己的数学知识域、问题解决策略域、反思提高策略域。真正使数学课堂教学中通过提问与答问成为数学学科核心素养提高的平台，使认知操作、心理反应、知识联结、思维启动、感觉、需求、思维得以全方位提升。

问答对数学教学发展有十分重要的意义和价值。透过不同数学教师在课堂上问答机制的分析就能为教师提供数学教学改进的路标，使数学教学向着更好的方向发展，仔细观摩课堂会发现每一位教师所营造的课堂问答模式都不一样，产生的教学效果也不一样，从不同的侧面透视，促使数学教师有勇气面对自己的教学问题，寻找更好适合学生发展的问答模式，就要与学生对话与交流，了解他们的基本教学诉求，从而对自己的数学教学进行批判性反思、心智式反思、创造性反思。问答最直接的功能就是改变课堂教学的结构与方法，使学生最大限度地受益。因此，要经常思考我提得对吗？我在课堂上通过这样的提问传递了什么样的价值观与智慧？对学生表现的回应用这样的语言表达适合学生吗？组织这些问答活动能满足学生的学习需求吗？等等，主动寻求反思问答机制。

（三）提问和答问的数学教学策略与方法

问答的成功取决于科学的方法与策略。这种方法是对数学教学诸多环节的审视。它不同于评价，是一种数学教学反思。

1. 提问与答问对象视角的策略与方法

对学生的提问，要随问题的难度而有选择性地提问，如果太难的问题让待优生作答，难免会出现困难而使学生在班上感觉难堪，这样不利于学生的成长，对学生而言，希望从教师和同学及其他人的眼光或话语中读出自己的数学表现，知晓自己回答行为的成功与失败，如教师一些必要的沉默、点头、微笑等都是重要的应答策略；如果学生表现为茫然、不解等也要正视，采用专注、通俗的语言去化解出现的情况等；通常数学教师提问是针对知识性的追问或方法性的考查，通过让学生板演等过程来进行，目的是促使学生深度理解所学知识，并能知晓所犯错误的类型。当然最好的应答策略是“三明治”法，先肯定其优势，然后指出问题，最后提出改正性方案，给学生以数学理解与发展的动力与方向。当然提问还可以运用搭桥策略，让学生在层层问题递进中建构和形成数学学习机制，因此问答中的对象要明确、要有针对性、全面性、客观性、丰富性，对核心问题要紧扣问题的本质、回答的对象，精确地回应于对象。

2. 提问与答问反馈视角的策略与方法

通过问答产生的机制，形成的智慧，会对数学教学过程产生深远的影响，而最有价值的是反馈，这种反馈在问与答中时时显现而成为数学教学的有机组织部分。为此要关注问答中的反馈策略与方法。①收集信息策略，通过观察、回忆、倾听、追问、记录等捕捉问答中的信息流动，收集真实的问答素材，更进一步提升提问的质量，同时发现答问机制中存在的问题，形成一种良好的问答修正机制；②借助于视频录像反馈问答机制，通过视频录像就可清晰地还原当时当地师生在问与答的表现，如问与答的形式、提示语、手势、语态、停顿、插入语、讨论等真实的表现，从而客观公平地评析，寻找问答机制的改进面；③通过真实性任务的完成、小组合作的开展、随堂纪录观察、订制学习契约、展示评价方案、学生表达机制等来慢思问答机制，分析在问答中数学素养是如何塑造的、教学决策是如何做出的，特别是关注回答中对失误做出的反应，问答冲突时的处理能力，从这些反馈中形成良好的认错机制与纠错机制，对师生而言，在问答中要有诚恳认错、承担责任、及时采取行动的意识与行为，使问—答—问—答的循环过程更加优化。

3. 提问与答问效果视角的策略

问答是数学教学中最为常见的教与学的行为，也是四基、四能、六素养提升的基本方式。因此，问答模式一个极为重要的效果就是促进学生的数学进步、能力提升、素养发展，为此要让数学教学世界更加美好，就要精心设计问答过程、分析问答结果，使所有参与问答者获益最大化。①就是要充分发挥问答中的表扬与批评这种武器。而要用好这种武器，就要知晓问答的核心利益、问答体系中的师生、问题、语言、活动、内容、争鸣等的行为表现，这样才能使表扬与批评发挥最大功能，使表扬起到增润学生数学学习的效果，使批评能够切中实质，使答者触动灵魂，意识到对所学知识在理解、掌握方面的问题之所在，批评要建立在尊重的态度之上，要针对问答行为表现本身，及时对问答信息反馈。②对问答机制权力的有效使用。教师有优先向学生提问、应答与评论的权利，对学生而言，也有向教师和同学提问、应答、质疑的权力，因此在问答系统中，权力就是数学教学系统中一个重要且关键的变量，教师要基于数学教学的现实，运用好自己的教学权力，使之问答在不同的学生身上产生不同的影响，特别是从数学教学效果的角度看问答的作用与价值。③在问答中充分运用说服或示范的方法，在问答中要创造一种自由轻松愉快的氛围，理性地对问答系统进行归因分析，特别是利用好数学教师的说服或示范的方法，以使问答效益最大化，防止在问答系统中偏袒自己和某些同学，既不要使说服或示范变成作秀或专横压迫的工具，也不要剥夺学生的独立判断、思考、反驳的权利，要让师生在一种良好的问答机制中维护课堂民主、发出自己的声音。④对问答进行管理与回应的策略。课堂运行中的问答处处显见，要利用好管理权和回应权，问答中每个人都有习惯性的心理倾向，有些应答稍长、有些应答不切主题，因此通过管理与回应的策略就能使问答节奏感、收放感强化，实现好的教学效果。事实上一个教师在与学生问答互动中会形成稳定的定式，即问答范式，因此要通过管理与问询给予问答机制的建设性思考。

问答已成为数学教学的“日常生活”，通过问答使数学知识不断生发、智慧不断生成、思想不断交流、见识不断扩展，问答是数学教学的催化剂，是师生之间沟通的桥梁，因此要认真研究问答的视域、模式，以科学的态度认真分析问答的内在机制。

思考时刻：回忆一下你的课堂教学现象，同意与争鸣是以何种样态存在的，诊断分析存在的同意与争鸣模式的教学效果如何。

策略探寻：你在数学教学过程中是采用何种方式进行问答的，在问答中是如何处理同意和争鸣的，把值得分享的经验梳理在下面的空白处。

第二节　提高数学教学效率的策略

提高数学教学的有效性是数学教学的追求和向往，人们对有效的探索没有停止过，“什么是真正的有效”没有终极的答案，但无论如何，数学教育工作者都寄希望于教学的有效和高效。一般情况下数学教学的有效性就体现在教学设计、教学互动、教学效果的过程中，这些都借助于数学教师的经验、传统，学生的学习努力、学习潜质的开发、学习需求的满足等多种因素，有效的教学决策是关键，决策在教学中的地位与作用不能低估，产生的效益将是十分重要的。

一、基于提升数学素养的有效教学

（一）坚实的数学专业知识是有效实施数学教学的根基

（1）数学教育对社会的进步、科技的发展起着十分重要的作用。而数学教师的专业发展水平是决定数学教育质量的关键因素，教师的专业发展有三个维度，专业理念与师德、专业知识、专业能力。这三个维度共同建构着教师的专业素质，支撑着教师的教学生活。为了全面了解数学教师的专业发展水平，利用研讨、培训等机会，采用碎片化的方式，用零星的时间从不同的角度对数学教师的数学知识水平进行了测试，以求全面探查数学教师所掌握的数学学科知识，重点从分析问题、解决问题的视角进行调研，其中一次的测试、调研结果并不乐观，出现的问题令人担忧，引人思考。作为一个数学教师不仅需要良好的师德风貌、高超的教学技巧，而且需要坚实的数学知识以及获取数学知识的方法技巧。这样才能有力量、有信心去从事数学教育工作。

（2）数学知识是数学教师专业发展中不容忽视的核心。随着课改进入深水区，需要数学教师具备过硬的实力去应对挑战，专业理念与师德是应对挑战的软实力，而专业知识与专业能力则是应对挑战的硬实力，正如同车之双轮，鸟之双翼，如果没有过硬的数学知识，就根本无法有效的胜任教师工作。数学知识是一个整体的体系，中小学数学知识体系以及大学数学知识体系是紧密相连的，不能用静态的观点去认知这个体系，必须深刻的理解和掌握这个体系所涉及的核心概念、重要思想、关键方法，这样才能有力量分析和解决所教学段碰到的问题。因此，在数学教师专业发展中要强化数学知识系统性的学习，有目标地制订数学知识水平提升计划，每天抽出一小时进行数学专业知识学习，在参阅数学专业书籍、数学教育期刊的过程中强化数学理论修养，以代数主线、几何主线、概率主线、函数主线、应用主线等为突破口，认真钻研，掌握其核心理论体系，使其在一个新的平台上理解与把握所教数学知识的本质与核心。

（3）数学知识是提升数学教学质量的关键。数学教学质量的一个决定要素是数学教师，而数学教师具备过硬的数学知识，准确有效地分析和解决一些数学问题就是关键。为此，数学教师要以高度的责任感整体规划自己的职业生涯，把数学知识的学习与提升置于首要地位。紧扣所教知识内容体系，博览相关专业书籍，以免误解所教内容的一些概念、原理，树立在教学过程中提升数学专业素养的意识。笔者在与一线教师研讨中，好多教师对有理数与无理数之间的辩证关系理解不深，就连自然数与有理数两个集合中的基数谁多谁少也无法正确回答，可见在教学过程中强化数学素养对正确有效的教学多么重要。数学教师必须以正确地理解数学知识作为教学的必要条件，这样才能真正把数学的真谛言传身教给学生。那么通过最近发展原理，就所教代数、几何、统计等方面的内容以主线式或问题式、概念式等进行专业进修就十分必要，从不同的方面拓展理解与掌握的深度，特别是要从观念上剔除自己的知识水平足以应对所教年级数学的想法，从更高层面要求自己，不断地反思自己对所教概念、原理、方法掌握的程度，自我追查、自我分析，在准确掌握和应用所教数学知识的基础上，更加接地气地进行数学案例分析与研讨，有针对性地进行教学变革与创新，从而全面提高数学教学质量。

（4）数学知识是数学教师从教之根。数学教师的根本职责是把人类创造的数学知识传授给学生，因此拥有渊博的数学知识就是从教之本，要把这个信念贯穿从教始终。为此要把学习数学、研究数学、发展数学、应用数学作为提升专业发展的途径。不仅要学习、研究如何有效地把数学知识传递给学生，而且要更加深入地挖掘数学知识体系中所蕴藏的思想与方法，尽可能用通俗易懂的语言、方法去进行分析与挖掘。这就需要广泛地阅读相关数学专业书籍，如赵小平编写的《现代数学大观》、张顺燕主编的《数学的源与流》、张奠宙主编的《数学方法论稿》等，以便深入地分析所教知识的来龙去脉，养成勤于思考、刻苦钻研的习惯，利用一切手段，检索相关知识，挖掘蕴藏思想，拓展认知疆域。同时，还要认真阅读数学教育期刊，如《数学通报》《中国数学教育》《中学数学月刊》《数学教育学报》等，真正担当起从教之责，让数学教学达到一种和谐与完美的状态，不仅能够有效地分析与解决从教中所碰到的一些数学问题，而且能够成为数学的发现者、研究者，在教学中进行方法示范、问题深化、思维拓展，有效实现数学教育目标。

（二）例析数学素养在有效教学中的作用

案例是基于两道小题的测试。第一道是关于代数方面的问题，第二道是关于概率方面的问题。共有 63 名中小学数学教师参加了测试，其中小学数学教师8名、初中数学教师42名、高中数学教师13名。本科学历者60名，专科学历者3名。有32名是正在攻读学位的在职教育硕士。

测试题1：有两个袋子，白袋里装着2000粒白豆，红袋里装着3000粒左右红豆。从白袋里拿出50粒放进红袋里。再把红袋里的豆子搅匀，然后，眼睛不看，随机从红袋里拿出50粒放进白袋，接着重复这个步骤：但这回是从白袋里拿出100粒放进红袋里，搅拌匀后再从红袋里拿出100粒放进白袋。第三遍重复时，每次拿出150粒。问题是这样的：到最后，红袋里的白豆比白袋里的红豆是多还是少？请给出你的理由。

这道题主要是测试一线数学教师分析问题和解决问题的能力，所涉及的数学知识并不多。

测试中出现如下三种结果：

结果1：红袋里的白豆与白袋里的红豆一样多。

得出此结论者有15人，占测试教师的23.8%。

回答理由有两种：

一是：按比例算（10人，3名小学数学教师）。即白豆的比例是 $\frac{2000}{2000+3000}=\frac{2}{5}$，红豆的比例是 $\frac{3000}{2000+3000}=\frac{3}{5}$，那么，白袋里的红豆就有 $2000\times\frac{3}{5}=1200$，红袋里的白豆就有 $3000\times\frac{2}{5}=1200$，所以红袋里的白豆与白袋里的红豆一样多。

二是：用概率算（5人，其中4名高中数学教师），根据题意，分三次算两个袋里的不同颜色豆子的概率，越算越乱，算来算去，回答是感觉一样多。

结果2：白袋里的红豆比红袋里的白豆多。

得出此结果者有32人，占测试教师的50.8%。

回答理由也有两种：

一是：红袋里的红豆基数大，所以最后放进白袋里的红豆多（有28名教师表达了这种意思，其中初中数学教师24名）。

二是：红袋中的红豆从量上看多，概率大，那么放进白袋里的概率一定大（有4名数学教师这样认为）。

结果3：红袋里的白豆比白袋里的红豆多。

得出此结论者有16人，占测试教师的25.4%。

回答理由大多是凭感觉，先从白袋里取白豆放进红袋里，而红袋里中的粒数多，基数大，所以红袋里的白豆要比白袋里的红豆多。

仔细阅读测试卷及测试后的教师说法，发现许多数学教师基本上没有解决这个问题明晰的思路，大多数靠直觉给出了答案，缺少推证过程。一看到“搅匀”“多少”就想到是关于概率或比例方面的试题，受比例、概率固有思路的束缚，用这种模式一做却混乱不清，得不出答案。问题出在教师受固有思维的束缚，缺乏仔细审题的意识，就想套用已有的解题模式，结果碰上了困难，不敢创新思维，理不清头绪。

测试题 1 的分析与思考：

思路 1：把复杂的问题简单化，即特殊值法。

题目中问的是经过三次放进拿出后的结果如何，可先分析经过一次操作后，并且只拿一粒白豆的结果的情况，这样问题就简单了。从白袋里拿一粒白豆，放进红袋里，把红袋里的豆子搅拌均匀以后，再从红袋里拿出一粒豆子放进白袋里中去，无非出现两种情况：红的或白的，如果这粒豆子是红的，显然，那粒白豆仍在红袋里，这时，白袋里有一粒红豆，而红袋里就有一粒白豆，与白袋里的红豆一样多；如果这粒豆子是白的，红袋里就没有白豆，白袋里也没有红豆，量上也相等。这样，红袋里的白豆与白袋里的红豆是一样多的。

这种特例法给予方法论的启示。先要弄清题意，把问题做些修改，从简单、特殊的情况入手，探寻问题解决的思路。这种方法也是数学上分析问题、解决问题的主要方法之一。

思路 2：一般化分析。

设在第一次操作中，从白袋里拿出 m 粒白豆子放进红袋里，然后搅拌均匀后再从红袋里拿出同样多的 m 粒豆子放回白袋里，这时可做这样的分析：

由于第一次操作中从白袋里拿出的是全白的 m 粒豆子，而从红袋里拿出的 m 粒豆子放进白袋里的豆子既有白豆又有红豆，不妨设白豆为 b_1 粒，红豆为 h_1 粒，且 $b_1+h_1=m$，这时白袋里就有 h_1 粒红豆，而红袋里的白豆就有 $m-b_1$，显然差为 h_1，这样第一次操作结束后，红袋里的白豆与白袋里的红豆都是 h_1，红袋里的白豆与白袋里的红豆一样多。将 m 换成 50 就是测试题中的问题。

对第二次操作，可做类似的分析：由于第一次结束后，红袋里的白豆与白袋里的红豆是一样多的，不妨设同为 y。这时从白袋里拿出 m_2 粒豆子放进红袋里，这时 m_2 粒豆子中即有白豆也有红豆，不妨设 $b_2+h_2=m_2$（其中 b_2 为白豆、h_2 为红豆），然后在搅拌均匀后再从红袋里拿出同样多的 m_2 粒豆子放回白袋里，设放回中的 m_2 粒豆子中有白豆 b_2，红豆 h_2，那么 $b_2+h_2=m_2$，这时白袋里的红豆为：$y-h_2+h_2$，而红袋里的白豆为：$y+b_2-b_2$。由于 $b_2+h_2=b_2+h_2$，所以，$y-h_2+h_2=y+b_2-b_2$。因此，红袋里的白豆与白袋里的红豆还是一样多的。

现在很清楚了，不论再进行多少次的操作，也不论取多少数量，在上述条件下，结论总是相同的。

这道测试题的解决所用的知识并不多，关键是有没有灵活的思维方式，在用少量的数学知识可以解决一个问题的时候，为什么好多一线教师束手无策，不得不让我们深思，数学教师尚且不能灵活、开放的去解决问题，受其影响培养的学生也就不可避免带有思维僵化的痕迹。因此，在数学教师的专业发展中，决不能忽视对数学知识的学习与应用，把创新精神的培植作为教师专业发展启动点，点点滴滴强化数学素养，开放数学思维。

测试题 2：1991 年 1 月 21，美国《游行》杂志的 M. 塞望小姐主持的专栏中刊登了如下的题目：

有三扇门（编号为 1、2、3），其中有一扇门的后面是一辆汽车，另两扇门的后面则各有一只羊。你可以猜一次。猜中羊可以牵走羊，猜中汽车则开走汽车。当然，大家都希望能开走汽车。

现在假如你猜了某扇门的后面是车（例如 1 号门），然后主持人把无车的一扇门打开（例如 3 号门）。此时，请问：你是否要换 2 号门？

你选择的是换还是不换，为什么？

这道测试题是考察数学教师对概率试题的分析和思考。

测试结果也出现了三种答案。

答案 1：不换。

给出此答案的数学教师有 35 人。占测试教师的 55.6%。

回答的理由有两种。

一是（有 18 名，15 名初中数学教师）：之所以不换是因为刚开始时，三扇门后有羊的概率是 2/3，有车的概率是 1/3，猜中后，主持人打开了无车的一扇门，这时有车与羊的概率就都成为 1/2，机会均等，所以不换。

二是（有 17 名，15 名初中数学教师）：因为刚开始每扇门后有羊、有车的概率都是 1/3，打开门后有羊、有车的概率都是 1/2，是相等的，选择定了以后，它们的可能性大小是不变的。所以不用换。

答案 2：换。

给出此答案的有 12 人（高中数学教师 4 名、小学数学教师 2 名、初中数学教师 6 名）。占测试教师的 19.05%。

回答的理由有三种。

一是：如果不换猜中车的概率是 1/3，而换了猜中车的概率是 2/3，并用图表法分析，所以选择换。

二是：如果换了，那么 $P_{换} = 2/3$，$P_{不换} = 1/2$，换了以后的概率大，所以换。

三是：原来车在 1 号门后的概率是 1/3，而打开门后，车在 2 号门的概率是 1/2，1/2 比 1/3 大，所以应当换。

答案3：换与不换都可以。

回答此结论的有16人（其中小学数学教师居多）。占测试教师的25.4%。

理由是：刚开始时每扇门后有羊、有车的概率是1/3、打开一扇门后每扇门后有羊、有车的概率是1/2，前后概率都是一样的，无所谓换与不换。

测试题2的分析与思考：

正确思考的第一步要对题意进行分析，本游戏的关键是主持人知道车在哪扇门的后面而且他总是会打开一个藏匿羊的那扇门。

现在假定参赛者起初选择了1号门。其实三扇门后面放车与羊（设C代表车、Y代表羊）的可能结果有如下三种情况：

门			概率
1号门	2号门	3号门	
C	Y	Y	1/3
Y	C	Y	1/3
Y	Y	C	1/3

首先，我们假定参赛者决定不换门。如果车和羊如第一行所示，那么他会赢得车。然而，如果车和羊如另外两种情况所示，他得到的将是羊，他获胜的可能性就是1/3。

其次，我们假定他总是决定换猜另一扇门，如果车和羊如第一行所示，那么无论主持人打开含有羊的哪扇门，参赛者总是获得一只羊，所以换门使他输了游戏，但是如果如第二行所示，那么主持人将打开3号门，更换门将使他获得车，同样，如果车和羊如最后一行所示，主持人打开2号门，他换选3号门，同样获得车，对于三种情况中的两种，参赛者将获胜，所以他获胜的概率是2/3，恰好是他选择不换门的2倍。

最后，因为所有的门是等价的，所以我们选定的门是1、2、3都无所谓，得到的结果与参赛者最初选择的是哪扇门没有关系。

测试的结果如此，必须引起数学教育工作者的高度重视，数学教师在解决问题的过程中出现如此之多的问题，关键是数学素养的欠缺。如何强化数学教师对数学本体知识的掌握、理解、深化，特别是问题解决能力的提升就至关重要。从测试中反映出数学知识及其分析与解决问题方面的欠缺，那么在日常学习中、教研活动中、培训中必须树立数学知识是教师从教之本的理念，利用一切时间来提升自己的数学素养。

二、基于提升设计素养的有效教学

要有效地应用数学教学设计，就得提高数学教师设计素养，充分发挥数学教学设计的功能，富有创新地运用教学设计于教学实践，全方位地促进数学教学进步。

（一）明晰数学教师教学设计素养

1. 概念析理

素养与素质有一定的关联，素质有遗传特质，原意是指人基于生理特点完成某种活动所必需的基本条件，这种素质是人的能力发展的自然前提和基础；而素养是指一个人在从事某项工作时应具备的素质与修养，是指一个人在品德、知识、才能和体格等先天的条件和后天的学习与锻炼中所形成的综合性表现，通常理解为先赋性条件与后致性因素相互作用并通过训练和实践而获得的思维品格和能力。

教学设计素养是教师教学工作的基本素养，是教师在系统学习与教学反思的基础上所形成的关于特定情境脉络中运用互动与协作的方式规划和解决教学结构不良问题的教学品格和关键能力。教学设计素养凝聚着教师对教育事业的理解、热情、努力、执着及钻研，反映教师对教材与学情的分析能力，目标与重难点的确定能力，问题与活动的时序安排能力，情境与环境的把控能力，人际情绪的调控与掌控能力，教学改进、反思与修正能力，表征着教师对教学的管理能力、沟通能力、整合能力、研究能力等。

教学设计素养是教师在长期的教学过程中形成的对教学做出预先安排的一种素养，这种素养不同于教师的学科素养、教学素养、研究素养等，表现出的特质就是设计特色，要求教师具备了解学生学习需求、理解和掌握学科知识与学科教学知识、精妙设计教学环节的艺术、创设教学情境、优化教学过程、实现教学价值的技能。拥有教学设计素养才能应对时代与现实的挑战，化解教学中的困境，实现高质量的教学生活，教学设计素养需要设计知识与技术、需要严谨的思维品质、卓越的设计品格，并在教学设计中将教学系统不断结构化、流程化、教育化、目标化和管理化。

2. 特征分析

教学设计素养是教师职业生涯中最基本的素养之一，这种素养最基本的特性是独立性、合作性、研究性、递进性。独立性指教师的设计是在自我教学认知的基础上融合教学资源、风暴式联想和个体劳动的结果；合作性指教师的设计是以不同形式或隐或显的合作而完成的；研究性指教师的设计是在一定理论指导、经验提炼、策划组织中深钻细研完成的；递进性指教师的设计是分层次、分类型不断优化组合、盘活资源、统筹要素、反思关系、逻辑处理形成的。深层分析教学设计素养还表现为如下特征：

（1）整合性。教学设计素养是基于教学文化的基奠，行于设计智慧的荟萃，思于设计经验的反思。其中关键的特征就是对教学设计类型、设计资源、设计方法的整合析取。①对人类所创造的知识及相关的素材进行教学化的整理加工，这种加工是在通盘思考知识、能力、素养基础之上的教学设计类型、资源、方法的整体构思；②对课堂内外学生学习与发展的契机、机理、变革的分析之上的对教学目标、问题、活动、流程的统整性思考；③在学情、材情、环境分析诊断基础上的对教学细节的精心安排，需要明晰既知与未知、内化与外化、自我与他者的辩证关系，寻求教学设计的整合点。教学设计整合的过程就是教师与教材、与学生、与同伴、与自己、与理论对话的过程，是在不断对话、碰撞、反思中整合各种资源，形成教学设计思想，拥有教学设计技巧，增润教学设计模式。

因此整合力就成为教师教学设计素养的首要特质，要求教师有教学设计的全局意识与目标、问题意识，就教学的各种现象、因素、活动、关系、主题及资源进行系统思考，准确定位教学设计理念，科学设计各种活动，全面规划活动流程，细致反思设计过程，因此整合特征就要求教师在设计中能够析理各种矛盾和冲突，处理好各种关系，协调好各种利益。

（2）沟通性。教学设计素养不仅要有广博的人文底蕴，深厚的人文情怀，还需要在整合的基础上进行协商沟通，做出准确、恰当的教学设计。教学设计之所以需要沟通是因为设计首先要与所教知识的文本进行沟通、与所学知识的共同体沟通、与所学环境资源进行沟通等，这种沟通不仅体现在文本内外、师生之间及学校内外，而且体现在沟通教学中的各种关系、利益和元素，在沟通中协调学生对学习效果良好的向往与学习发展不平衡、不充分之间矛盾，以便在沟通中建设良好的教学生态，创建良好的教学设计机制。

因此沟通力就成为教学设计素养的主体成分，要求教师在沟通中不断追问教学设计本真，直面教学设计问题，化解教学设计矛盾，通过沟通与协调，形成教学设计要素之间的对接与共鸣、思想之间的互动与影响、目标之间的和谐与共振，真正把知识、思想、方法转化为学生火热的思考。教学设计素养中缺乏沟通素养就像无源之水，会使教学设计中的目标、问题、活动、反思缺乏方向感与力量感。因此沟通特质已成为教师设计素养须臾不离的成分，会伴随着教学设计的深度强化，通过个体、团队等沟通不断完善教学设计。

（3）影响性。教学设计素养中的充分条件是需要具备设计素材、知识、技术，最有用的素材就是故事，通过故事把知识、技能、情感、态度和价值观等教学要素串联起来，发挥教学的影响力。而这些素材需要教师的精心设计才能发挥它的影响性。因此影响性就成为教学设计素养的一个基本特征，需要在故事中渗透文化韵致、展现知识内涵、分享经验魅力、建构能力体系。教学故事的演化本身就是知识流动、能力形成的表现，是生命影响生命的过程，所以教学设计素养中不能缺失影响特质，而选择、优化故事就是教学设计素养的关键。

因此影响力也就成为教学设计素养中的一个基本部分，储备故事就成为教师设计的基本功之一，通过故事影响什么也就成为教学设计思考的关键问题，基于影响师生的思想与行为、习惯养成与思维方式的转变来选择、编排故事就会产生正向影响，因此教师要刻意选择、刻意设计故事于教学设计中，让故事成为师生产生感悟、汲取智慧、唤醒灵魂的利器。

（4）创造性。教学设计是一种创造性活动，在教学设计素养中就必须有创造的因子，富有创造的教学设计是教学设计有意义的根本动因。教师设计素养中具备创造的基因，才能使教学设计的育人功能、导向机制、能力发展融入教学系统之中。这种创造特质源于教师对所教知识的好奇、惊叹、热爱与执着，行于对所教知识的对话、挖掘与钻研，要求教师必须查阅大量的资料，整合各种资源，分析各种现象，打磨各种活动，把创新意识、创新火花纳入到教学设计中，不使知识教条化、技能僵硬化、情感单调化，所以教师的创造素养就是设计素养中关键素养。

因此创造力就成为设计素养的一个重要表征，教师必须不断地完善自己的知识结构、能力体系、创新素养，形成扎实的知识结构与良好的心智模式。由于创造力是与人关联的、并与问题解决者的能力和倾向相融合，必须不断修炼完善，唯有如此，才能克服教学设计中的经验自信症、转化障碍症、教材依赖症和评价简单症等问题。

（5）发展性。教学设计素养是一个不断深化、可持续发展的过程，是随着教学经验、教学阶段、教学对象、教学环境等诸多因素变化而不断进步。教学设计素养的发展特征是教学进步与时代发展的基本诉求，这种发展特质需要教学设计有前瞻性、思想性与教学性，需要教师在广泛吸收先进教学设计思想的基础上，进行个性化设计，更适切的关注学生尊严、学习需求、能力发展、素养形成，所以要求教师角色定位准确，真正成为学习的协助者、协作者、促进者，有益的参与者、合作者、发现者，将学生学习的时间、空间及权利还给学生。

因此发展力就是教学设计素养的一个关键能力，要求教师首先成为一个优秀的学习者，不仅向同行学习、向学生学习、向自然学习，而且要向实践学习，在现实的教学场域中锤炼基本功，把教学设计发展纳入专业学习、教学研讨与培训提升中，通过各种途径生成发展力，在基于反馈、调研、重组、互动、换位思考、逆向思考中有针对性地纠正设计偏差，在学习、求异、比较中寻求较好的设计思路与方法来发展教学设计力。

（6）反思性。教学设计素养不能缺失反思元素，没有一劳永逸的教学设计，也就没有十全十美的设计素养，通过反思，才能公正地反思教学设计，提高教学设计素养。反思素养不仅要求教师向内求真、向外求善，突破依赖于以往经验进行教学设计的误区，重新审视课堂得失，在反思中提升教学设计品质、重建教学公正与教学美德，不断反思知识的获取、分配、使用过程，强化教学自信、克服教学焦虑、规范教学伦理，形成教学道德，优化教学行为，这种教学设计中的反思素养不仅是维系教学生命、价值取向、教学责任的重要因素，而且是教学设计素养根深叶茂、温润心灵、启迪心智的重要养料。

因此，反思力就成为教学设计素养不可缺失的要素，表现在反思设计的意图、过程、结果等方面，使教师有勇气追究教学设计的得失，剖析设计素养的根基问题。在细微处反思设计的方法、知识、能力，从深层次追究学生实际、课程标准、教学内容理解的程度，剖析教学进程、教学资源配置，从而不断触及教学设计的本质。

（二）发展数学教师教学设计素养

教学设计素养的发展基于设计素养的实践路径，探析教学设计素养的发展实践路径具有重要的理论价值与现实意义。以基于问题的导向性思维与抽象性思维相结合的思维方式，是探索教学设计素养发展路径的基本思维方式，其主要有设计素养的理念创新路径、技能拓展路径、方法反思路径和要素优化路径。

1. 教学设计素养的理念创新路径

进行教学设计首先需要先进的设计理念，教学设计通常需要积极的学生观、进步的教育观和正确的活动观，这些理念是在学习、实践中不断完善和形成的。在教学设计中一个固化的思维方式影响理念的提升，就是自我中心主义的束缚，它有意无意地遮蔽设计真相、隐藏设计事实，因此需要克服这种认知偏向的束缚，树立问题导向与整体思维统筹兼顾的理念，在教学设计中不断用整体性思维协调抽象性思维与问题导向性思维，通过调适、耦合基于整体视角把教学视成一个边界清晰、要素多元、层次复杂的系统，把课程内容、教学理念、学习方式纳入教学设计系统。

教学设计理念是在教学设计的实践中不断提升与优化的，无论是宏设计、中设计还是微设计，都要把以学生为中心的理念作为教学设计的基本立场，以学习者为中心，通达学习者核心素养并以此为教学设计的立足点；在设计素养提升中还要以批判性思维为利器，不断地对教学设计进行自我评估、自我诊断和自我完善，在理念提升中培植以事实为依据、让案例说话的意识，不断地在设计中嵌入参与、引导、发现、探索的基因；理念的提升与创新基于阅读与思考，要对与教学相关的经典名著、优秀期刊认真阅读，站在巨人的肩膀之上，在统整性、创新性、协同性、开放性之间寻求理念之根。

2. 教学设计素养的技能拓展路径

教学设计是教师对教学活动的一种预先安排，包括教材分析、学生分析、教学目标、教学重难点、教学准备、教学方法、教学过程及练习设计、板书设计、教学反思等。需要一定的技能素养才能有效完成，一般情况下，许多教师的教学设计依靠的是以往的设计经验，长此以往，这些固化的经验可能影响设计的创新，僵化设计的思路，养成惯性的思维方式。因此要高度重视技能拓展，如整体设计的技能、环节设计的技能、板书与课件协调的技能、语言表达的技能、故事嵌入的技能、教学决策与反馈的技能等。

教学设计展现教师个体对教学的学术追求，渗透着对所教课程的教学态度、教学认知，反映着对所教课程的知识理解及教学化处理的策略；体现着教师的教学技能，诸如目标层面上可检测性的技能、教材分析层面本土化与外来化的整合与利用的技能、教学环节上的逻辑性与实证性相一致的技能等，这些技能素养就体现在要素性分析、过程性建构等方面，因此提升技能素养需要在教学设计的运作过程、运行机制中完成。

3. 教学设计素养的方法反思路径

对教学设计进行方法维度的反思十分关键，有效的教学设计离不开有效的设计方法，设计方法教条与经验化已制约设计素养的提升，造成的结果就是全然不顾学生现实与需求的固化设计，以学生少有问题来证明自己设计的成功。审视当下的教学设计，无论是教材、学情分析，还是目标确定、重难点析出，教学方式、教学手段选择，以及教学过程中的问题、活动、情境、反思等要素的设计，都带有浓厚的以教为中心的痕迹，这种设计方法源于教师潜在的假设：讲的是学生需要的、是能够听懂的，是听了能用的，这种假设可能存在一定的思维误区。因此，要跳出这种设计方法误区，就需要发挥反思的力量，全方位诊断和分析教学设计中的种种误区。

提高教学设计方法素养需要探究、挑战、交流、思考、负责的精神，把方法素养的提升变成自己的教学责任与担当，形成个性化的见解与方法体系，在实践与互动中开放设计视域，克服设计中的同质化、考试评价中的标准性、利益群体中的变通性、共同发展中的动力性困境，大胆创新，在方法技能素养提升中互动与润泽、诊断与改进。

4. 教学设计素养的要素优化路径

教学设计需要明晰谁去设计、为谁设计、设计什么、有何资源及如何实施等问题，对这些设计要素要从差异、系统和过程的视角进行优化处理，并在实践反思中摒弃形式主义、去教学化与去知识化的做法，形成教学责任共同体，纠正教学设计中的并发症与后遗症、功利主义与方便主义，在教学设计的实践探索中分析教学设计中要素的有序关联性和教学伦理性，使个体自主、同伴协作、团队规划能够在设计系统的运行过程中落到实处，形成基于要素优化的设计品质，让自治性、批判性、反复性、凝练性和基础性成为教学设计的基本品性。

提高教学设计素养的要素维度十分关键，教师就要在设计系统工程中与人和事接触、反映、决策，并不断寻求丰富与优化的策略。具体而言，首先要对学生要素的最近发展区、素养建构区进行差异性分析，以确定教学设计的逻辑起点；其次要对教学系统中的知识主题、目标确定、资源优劣、问题设置、活动组织、流程规划、反思评价进行科学诊断与分析，梳理教学系统中的育人主线、文化特质，不断修正对教学的理解方式、解释方式，在教学系统中探索主体意识、问题意识和情境意识，复原主体与客体、古与今、中与西、文本与读者的对话，使思想互动与通达，解释模式与表达方式更好地进入教学生活；最后，是对教学过程的优化处理，使教学过程中知、情、意、行上协调一致。情上，投入情感去设计，深入到字里行间，用词用语挖掘其真切、感人、深刻之处，将个人情怀、集体记忆融入情感因素，在与作者、学生的思维碰撞中触摸灵魂，让知识互相之间在求知者的幽微通道处穿行，更好地渗透学科思想；知上，把知识的动态发展观、形成观、发生观展示在教学分析、建构过程中，更多地揭示与理解知识本质，使设计带有思想性、灵魂性、活动性、应用性，成为精、准、全的设计，使设计要素的存在体、发展体、统一体联动发展；意上，意识到教学设计中的活动是人的活动，不断将先进的教育理念汇集、融合到教学要素的细微处；行上，更加注重可操作性、体验式的课堂教学，合理安排课堂学习、合作互动、智慧探索的时空，使提出问题、使用信息、运用概念、得出推论、做出假设、产生结果、知晓意义，流动在路径性分析、过程性思考、结果性反思上，真正最优化地处理设计要素。

唯有高设计素养，才能产生高效的教学效果，因此，有效教学的一个先决条件就要提高教学设计素养。

三、基于教学改进行动研究的有效教学

数学教学是一个复杂的系统，由于时代的变化、环境的多样、学生的变动，需要每一位数学教师针对现存的数学教学问题进行有意识的教学改进，以确保数学教学质量的提升，那么数学教师的教学改进行动研究就是最重要的教学行为，它是深化数学教学改革、促进教师教学素养、提高教学质量的具体方式。通过数学教学改进行动研究计划的制订、实施、反馈才能使数学

教师的专业化水平不断提升，以促进有效教学真正实现。

通常情况下，数学教学改进行动研究从以下几个步骤展开。

（一）确定拟解决或改进的问题

这是数学教学改进行动研究的第一步。要对自己所从事数学的教学情况做以全面的诊断分析，找准改进的问题与切入点。一般有教学设计方面的改进，有宏观与微观方面的改进，如如何优化教学设计过程的宏观改进、如何恰当确定教学目标的微观改进等；有教学实施的改进，如有教学实施环节的整体优化改进，教学回顾环节的效率提升改进、新课导入的情境创设改进、新课讲解的活动与活动之关系优化改进、复习巩固环节的话语表达方式改进、小结及作业布置的方式方法改进等；有教学反思的改进，如如何有效地对整节课的过程性反思、对问题提出与发现、分析与解决实效性反思的改进、对教学过程中话语方式的反思改进、对教学过程中活动方式的反思改进、对板书与课件之间关系的反思改进等；有教学评价方面的改进，如有效进行过程性评价策略探寻的改进、评价资源开发策略的改进、作业批语优化的改进、课堂测试方式方法的改进等；有课程资源开发改进，如语言资源、情感资源、技术资源等改进。

总之，要有效地展开教学就要有有效的改进，因为没有一节十全十美的教学，在数学教学中只要留心，总可以找到改进的点、促进的面。而找准改进的问题就是行动研究首先要做的工作。

（二）确定的问题进行分析

可以从几个方面进行：数学教学中存在这样的问题，其具体表现是什么？出现的原因是什么？自己对这个问题做过哪些探索和尝试，有哪些具体措施？效果怎样？别人或文献中对解决该问题做过哪些研究？提出过什么措施？这些措施是否能够解决自己在教学中遇到的问题或摆脱困境？对确定问题进行深入仔细的分析是行动研究取得成效的关键步骤。一个极其重要的工作就是查阅前人们对自己所遇到问题的思考及其解决思路。需要查阅大量的文献，进行艰苦的梳理工作，从问题的形态、出现的原因、解决的对策等方位进行科学合理的梳理。只要弄清清问题的来龙去脉，针对自己所遇到的特殊情况，就能找到行动的方案。

（三）行动策略与目标确定

这一步就是阐述解决问题的策略以及拟达到的预期目标。针对自己要改进的具体问题制订行动方案。进而有目标有计划有方向地进行对策探寻。通常情况下，一个数学教学改进行动计划中，一是确定改进的起点，即要解决的问题，二是明确改进的对象，三是确定改进目的，四是制订改进的方案，五是实施改进方案，六是总结反思改进过程，七是析出改进结果，八是形成有效的反馈机制。

在这个过程中，要基于问题导向、目标导向、行动导向、任务导向、评估导向来规划和设计，整个设计思路要清晰，目标要精确，方案要具体可操作，如教学改进行动的路径与方法是什么要清晰，计划运用的方法是什么要明确、采用何种手段来检测实施的效果要科学、计划的详细与周密状态如何要反思，从而全面做好改进方案的准备工作，做出应对策略的准备，着力于改进的领域、问题、目标、方法等因素。

（四）实施过程规划的运行

在策略与目标确定的基础上，就要形成一份详细的数学教学改进行动方案，即落实解决问题策略的方案，这个方案有具体时间、地点、参与者、改进步骤等安排，要求所做出的安排是具体、详尽的，同时应具有可操作性、可检测性与可评估性。因此对行动研究过程的全面规划与系统思考是数学教学改进的关键节点，同时要对改进过程进行实录，以分析改进中方法是否恰当、过程是否完善、结果是否有效，要紧紧围绕提高数学教学质量这一核心要义进行，着力于学生数学学科核心素养的提升。

（五）对改进行动效果进行评估

这是数学教学改进行动研究的最后一步，也是最重要的一步。需要设计好采用措施、方法（工具）评估实施过程及其效果，并根据评估的结果及时做出改进进程、方法、策略的调整，对发现改进中的问题要做进一步的分析与思考，确保不影响教学效果，除了必要的监测工具、问卷调查、测试等要及进动态的把握改进过程中的效果，与学习共同体一起进行及时性、过程性、结果性的诊断分析，以免不必要的改进问题出现。那么准确收集改进信息、分析这些信息，观察、记录改进实践进程是否与目标、意图相一致，对改进过程进行反思，以保证改进目标的实现。

数学教学行动研究能够增教师权能，促教学自由，使数学教师在教学的天地里寻找自己的研究兴趣，找到教学进步的支点，可能会遇到挑战，但应对这些挑战才能实现数学教学的自主权，在改进中使数学教学更加有效、公平，真正实现数学教学的高效性。

思考时刻：在教学实施过程中你最困难的地方在哪里？

策略探寻：当你在教学中碰到困难，通常采用的解决策略是什么？列举在空白处，尝试着不断改进，看看效果如何。

第四部分　数学教学评价与反思

——如何提高数学教学评价与反思能力

〇评价与反思向来是促进人类进步的重要工具和方式，也是促进数学教学进步的利器。这就需要用好这两种工具来完善和变革数学教学思维方式，而数学教学思维方式决定着教学的行为、感受和需求〇

这一部分的主要内容对数学教学评价与数学教学反思这两大问题展开思考。要从理念与行为上高度重视数学教学评价与反思对数学教学体系产生的影响与功能，树立正确的评价观与反思意识，不断提高评价水平与反思能力，更好地塑造学生的数学学科核心素养。

第七章 数学教学评价

◎评价总是直指教学问题的核心，是对教学系统的诊断分析和评估，可以达到以评促教、以评促改及以评促进的效果。因此，需要秉持公正、合理的评价理念和思维方式，认真研究和分析数学教学评价特别是高利害的评价◎

关键问题

1. 如何认知数学教学评价?
2. 怎样开展数学教学评价?

第一节 数学教学评价概述

数学教学过程中，需要不断地进行评估和诊断，以不断修正教学过程中出现的问题，进而采用更加有效的手段来促进数学教学进步。首先，需要知晓数学教学评价的含义；然后，明晰数学教学评价的意义与价值、方式和方法。

一、数学教学评价的含义

评价是对所观察到的现象或事物所做出的一种价值判断，直接或间接影响事物或事件发展与运行的状态。因此，评价需要在先进的理念指导之下，客观公平地进行评析，以使事物或事件朝着良好的方向发展。数学教学评价也是一样的，是对数学教学事件或过程进行系统性诊断分析并做出价值判断的过程，无论是过程性评价、结果性评价还是发展性评价。首先要做的就是全面客观地认知数学教学评价的内涵与特征，掌握科学的评价工具和手段，对数学教学过程性中的要素性、关系性、阶段性、结果性、素养性等进行分析，使数学教学的目标得以实现。

（一）认知数学教学评价先认知数学教学评论

数学教学评价是奠基于数学教学评论的，评论是人们对事物或现象的基本认知与分析，数学教学评论是对数学教学现象的看法与认知。现阶段数学教学研究成果迭出，人们的阅读兴趣、观察视野在不断转移与拓展，求知视域也在迅速扩大，急需科学的方法对其不断涌现的成果进行评述和梳理。进行数学教学评论就是举措之一，在评论基础上的评价才显得更有依据和更加科学。

1. 明晰数学教学评论的概念

数学教学评论是依据时代发展的需要，按照一定评价标准，对数学教学研究活动和成果进行分析和评价，对数学教学研究和数学教学学术发展起着直接指导和规范作用。数学教学评论的评论标准一般基于社会和学术两方面，评论的社会意义就是要防止思想上的贫瘠化，为数学教学学术研究提供良好的思想生态环境，促进数学教学事业大发展。

数学教学评论的对象主要指数学教学研究成果，即对数学教学研究成果的再研究。数学教学研究成果一般有两种表现形式：①著作与学术论文；②实践成果如图片、资料、教案、教学实录等，都是被评论的对象，都需要进行梳理与评析，以挖掘思想性、学术性和艺术性。具体评论方式有两种：对他人的数学教学研究和学术成果的评论；数学教学研究者自我评论与批评反省。数学教学评论作为学术评论更多的表现形式是一种群体性活动，需要更多学者对一些重要的数学教学问题展开学术对话，进行信息交流与思想沟通，共享评论研究成果，进而引发数学教学共同体的重视，达到学术进步与繁荣，扼制学术腐败。

2. 知晓数学教学评论对象范围

数学教学评论是数学教学理论体系的一个重要分支。数学教学评论所涵盖的内容范围主要是书评、文评与例评，即对所评书籍、文章、案例的一切探索和所取得的成果做出相应反应和合理评价，并给出定位，同时对数学教学中表现样态进行评论或者发表看法，数学教育评论要突出三个字：新——数学教学新领域、新思想、新材料的挖掘；实——数学教学中实在、实际、实用的彰显；精——数学教学研究的精髓、精当、精练的透视。由于数学教学成果都会形成一定的文档，形成数学教学资源，对这些资源的评论就显得十分珍贵。通常最有价值的评论之一就是书评，是指对数学教学工作者所撰写的一些数学教学类学术专著进行评论，数学教学学术专著大多是作者在多年实践基础上精心总结、提炼形成的，是思想与智慧的结晶，需要人们去评说，从不同角度进行挖掘。一般书评都是围绕书作话题、书前书后、书里书外、书人书事，万变不离其旨，即对与书有关的问题都可以进行评论，从简短的介绍到博大精深的专题研究，从序跋到校补、编目、封面、扉页直到每个章节等，都需要聚集一批为之繁荣和发展殚精竭虑、不断探索的书评人。书评反映着数学教学文化的时尚，是数学教学文化的一种选择，对数学教学事业起着推波助澜的作用。文评指对数学教育工作者撰写的教学学术论文进行评论。主要评论论文结构特点，一些重要思想的挖掘，包括对选题意义、文章布局谋篇、写作思路、写作风格、研究对象、研究方法等方方面面的剖析，给读者以导引和明示，也从一定程度上可以析取一些重要的论文范式供学习者参考与模仿。例评，是对数学教学中所产生的案例，如教案、实录、教学片段等进行会诊与评论，对改进当教学具有十分重要的价值。

3．了解数学教学评论的四个基本特征

（1）学术性。所谓学术性，是指从学术立场出发，根据学术标准对数学教学研究成果进行评论，学术评论赖以成立的基础是人类迄今为止所建立起来的各种学术规范和这规范背后的学术道德、学术良知以及永无止境的探索精神，学术评论的价值在于它的责任感和对真理的追求，它的存在表明数学教学工作者把提升自身素质、高尚的精神性行为永远放在首位。

（2）多样性。数学教学评论是对数学教学成果进行多角度、多层次、多方位地进行解剖。评论的形式和内容多种多样，如此才能挖掘出数学教学成果中所蕴藏的深意。数学教学评论是融评论、批评为一炉的奇妙结晶，无论做学问、当向导都是以一种让人们心领神会的形式表现出来的，都是以独到的见解、丰富可靠的内容以及精练和丰富多彩的语言吸引读者、赢得读者、引领读者。

（3）开放性。开放性就是要提倡百花齐放、百家争鸣的学术态度与精神进行评论，采取开放的心态进行评论以防止学术霸权。数学教学评论，当然要承认别人的劳动和贡献，同时也要诚恳提出批评，各抒己见，一部著作、一篇论文、一项成果，不可能已经达到了终极真理，这就需要给数学教学评论以足够的空间和时间，从历史的角度对数学教学研究成果进行比较研究。

（4）探索性。数学教学评论既是当代人接纳、评判、检讨数学教学新思想新知识的快捷方式，也是促使数学教学理论和实践保持鲜活状态的工具，是引导数学教学事业走向更高境地的助推器。因此，评论者不仅要用自己的立场、观点、方法和良好的数学教学理论修养去探索数学教学研究成果的实质，还要熟悉数学教学评论的对象，对数学教学过程也要有真切地体会和认识，这样才能在更高层次挖掘数学教学研究成果的内涵。

4．知晓数学教学评论的研究方法

数学教学评论要讲究科学的评论方法，重视文献研究、重视材料分析，用科学的理论与方法去解剖数学教学成果。特别是要用数学工具去研究数学教学书籍、文章、案例的特点，对优点要评足、缺点要挖透。数学教学评论要在重材料、重考证、重分清问题本身的基础上，用发展、全面、客观的眼光看问题，形成宏观与微观并重、理论与材料并重的学术风格进行评论。

（二）数学教学评价的内涵与外延

数学教学不能缺失数学教学评价，数学教学评价简单地说就是对数学教学活动及其现象的评价。因此，数学教学评价的本质就是对数学教学活动以及数学教学现象所做出的价值判断。这种价值判断就是建立在数学教学评论的基础之上，数学教学评价是一个重要的研究领域。它与评论略有不同，是直面数学教学事实，但随后的评价的理论基础却来源于评论。

（1）认知数学教学评价是一种价值判断。这种判断是对数学教学过程中的要素、关系、结构、行为等方面做系统全面、客观分析的基础上给出一种判断，做出这种判断的是专业人士，是熟悉数学教学原理，具有丰富数学教学经验，掌握数学教学评价方法的数学教学工作者，而被评价的对象可以是教学事实、教学效果、教学文本或教学案例，也可以是与数学教学相关联的诸如教材、教学资源、教学环境、教学关系、教学过程等，对此做出判断就要求准确、客观和公正，能对数学教学改进起促进作用，维护教学正常进行和改进，从而使数学教学不断地为学生数学学科核心素养的提升做出贡献。

（2）明晰数学教学评价的原则。①强调数学教学评价全过程的原则，主要有目的性与发展性原则、科学性与教育性原则、客观性与实践性原则、标准化与可比性原则、分析与综合相结合的原则、定性评价与定量评价相结合的原则、反馈与调节的原则等。在这些原则的引领下，对数学教学过程中的现象或事实进行客观评价。②数学教学评价的方式与方法的原则，主要有客观性与目的性相结合的原则、整体性与部分性相结合的原则、定性分析与定量分析相结合的原则、静态分析与动态分析相结合的原则等。在这些方法原则下才能科学评价数学教学活动。③强调数学教学评价的目的与功能的原则，主要有要求的统一性原则、过程的教育性原则、科学的全面性原则、实施的可行性原则。

（3）确定数学教学评价的对象和范围。数学教学评价的对象主要是数学教学活动过程，是对数学教学设计、实施、反思等诸多方面的评价，重心可以是老师、学生以及与数学教学相关的一切资源或者相关的现象，所涵盖的范围是教学前、教学中与教学后的评价，侧重于对四基、四能和素养的评价等。在数学教学评价对象中体现评价主体的多元化和评价方式的多样化，要恰当地呈现和利用数学教学评价结果。

（4）知晓数学教学评价的程序。一般情况下把数学教学评价置于数学教学活动之中，过程为：计划—过程—成果三个阶段；也可以理解为：准备—实施—分析三个阶段。具体可分为五个阶段：选定被评价对象、建立评价指标或指标体系、收集评价资料、分析整理资料、评价结果的利用。

数学教学是数学学习共同体参与的过程，身在其中的每一个个体都会对参与的数学活动有自己的看法和观点，因此需要共同体之间就数学教学中的问题与现象进行诊断与分析，从中析出具有启示性和规律性的事实，也可以从中发现数学教学中无论是教学设计、教学实施还是考试评价中存在的问题，以便与共同体一起，探索其改进的对策。

二、数学教学评价的目的与意义

数学教学评价是基于数学教学评论，因此数学教学评论使数学教学评价有了一定基础，具备数学教学评价的先赋性条件，为数学教学评价的实践经验提供了良好的基础，通过数学教学评价可有效地展开对数学教学现象进行检验、反思，也会对有效地开展数学教学活动和改进数学教学活动给予方向、角度、方法等诸多层面的启示。

建立数学教学评价的目的是反映、监督、规范数学教学现象或过程，促进数学教学发展，提升数学教学理论水平和实践能力。数学教学评价要从多个视角对数学教学中的一些问题、现象进行分析，用价值观、认识论、本体论的立场与方法去探索数学教学中所蕴藏的精神实质，树立一种批判反思精神，挖掘数学教学中所蕴藏的知识性、思想性，进而建立规范的评价产生机制，找到教学进一步发展的生长点并完善数学教学评价机制。通过评价分析教学中的得失、总结经验、指向未来，有益的数学教学评价不仅有助于认清自我，据以改进和完善自己的教学，而且有利于数学教育事业的发展。

数学教学评价的意义，具体说有三个方面：①数学教学评价是对数学教学理论与实践的深度认识，是深化数学教学研究与实践的广度与深度的重要工具；②数学教学评价是数学教学发展的一支重要力量；③数学教学评价是联系数学学习共同体的一条重要桥梁，是学习共同体间思想交流与沟通的有效路径，成为彼此的受益者，从而使数学教学理论与实践的建构者注重教学效率。当然数学教学评价最根本的意义在于提高学生的数学学科核心素养。在数学教学评价谱系中最重要的评价方式就是考试，正确认知考试，特别是高利害关系的考试就十分重要和关键。

三、数学考试评价

在学生数学学习的过程中，必然会遇到很多考试，这是诊断学生数学学习成效最快捷最经济的方式之一，通过考试可以检测学生对数学四基的掌握程度，可以了解学生数学四能的发展现实，可以知晓学生数学素养的整体状态，通过考试不仅可以了解个体的学习状态，而且可以了解群体的学习现实。

（一）由试题反思数学教学

考试是最基本也是最有效评价数学教学的一种方式，而其中最关键和重要的就是命题的质量。考试命题对数学教学具有重要的引导作用，是健全立德树人落实机制、扭转不科学评价导向的关键环节，对于全面贯彻党的教育方针和发展素质教育具有重要意义。首先要提升考试试题的科学化水平。考试主要是衡量学生达到课程标准规定学习要求的程度，有些重大考试还兼顾学生毕业和升学的需要。因此，命题要结合实际，对考试时长、容量、难度等要认真分析和研判。特别是平时的诊断性命题，既要注重考查基础知识、基本技能、基本思想和基本活动经验，又要注重考查思维过程、创新意识和分析问题、解决问题的能力，合理设置试题结构，减少一些机械记忆试题和客观性试题比例，提高探究性、开放性、综合性试题比例。还要加大跨学科的命题，拓宽试题材料选择范围，丰富材料类型，确保数学命题材料的权威性，杜绝一些科学性错误，增强试题的情境创设，使其置于真实性、典型性和适切性的情境之中，防止出现表述错误和歧义。在测试或重要的考试中加入一些跨学科试题已是数学课程改革的必然趋势，而试题的一个重要功能是导引数学教学，引领素质教育，这就意味着通过考试评价这一视角，导引数学教学的改革和检测教学的质量。为此，无论是作为评价者的老师还是作为被评价者的学生都要通过探析试题的特点，判断其教学与学习行为。作为数学老师要了解试题结构特征，掌握试题类型，洞悉命题走向，从而在教学中才能有力的解剖数学试题中的本质，应对数学问题的挑战。如基于分析数学考试成绩优劣，能促使教师数学教学由“接受”向“输出”转变，情境创设从“单一”向“多元”转化，以注重“核心”知识和“细节”把握并举等措施以克服教学中存在的一些问题，也从中启示教师在教学中需要研究课标、教材等文本，以拓展数学教材功能、开放教学时空、关注数学应用、构建数学模型。也可以从学习指导的角度分析各地数学检测题，明晰学生需要通过夯实数学基础知识，积累数学活动经验，锻炼以简驭繁的运算能力，掌握并灵活运用数学思想等策略方能取得优异成绩。

（二）由透析试卷表征到领悟试题实质

数学试卷是由不同类型的试题组建而成的，是考查学生掌握、理解、应用数学程度的手段。不同题型的诊断功能不同，反映出学生思考特点不同。透析试卷不仅要从整体上分析数学试题所涵盖的数学知识、考查的重点内容，还要深度透析每一道数学考试题中所蕴含的数学思想、原理、方法及其教育教学价值。如研究中考数学试题变化、命题的能力立意、关注的学科本质，以及研究课程标准、试题设计、测评方式等之间的关系，为教师教学和学生学习指明方向，也可从信息技术视角分析近几年中考数学试题，探析重点考的主干、能力、素养以及基本层面是如何重思维、重应用、重创新的，是如何在试题中体现理论联系实际，突出创新意识和关键能力。因此，解析试题要深度解析诸如试题的分类、试题和试卷的命制方法及其技巧、试题和试卷的难度估计与预测等，以领悟数学试题的实质。

（三）由研究试题特点到关注复习策略

凡事预则立，不预则废。只有充分全面透析试题的特征与考查要义，才能把握数学命题核心，一方面采取有效方法去提升学生的数学学科核心素养，另一方面强化应对数学考试的挑战，只有这样才能在复习备考中立足基础，步步为营，稳扎稳打，积极应对。如从深度学习的视角研究数学复习课中要关注概念理解，强化运算推理，呈现思维过程，特别是要从数学思想与方法的高度总结复习内容，以此明晰复习课的教学真谛；根据解题教学的现状与问题，在复习教学中要回归内容本质、方法本质与过程本质的复习教学思想，这样就要基于深度学习和高阶思维培养来建构数学复习课，其要点是理念上认知复习课的单元性、统整性、发展性；设计上强化复习课的情境性、活动性、深度性；行为上发力复习课的学习性、综合性、批判性；关系上着力复习课的互动性、参与性、获得性；反思上体现复习课的差异性、高阶性、素养性。

（四）由精准解析到析出教学问题

考试为反馈教学中的问题提供了一扇窗户，透过试卷的评析才能发现数学教学中存在的问题。如中考，是初中数学教学无法回避的现实，是数学教学的一个关键节点。而如今，大多数教师、学生和家长将学习数学的目的定位在“中考”，这一极具功利性的教育目的致使数学教学过度重视分数而淡化过程，不利于发展学生的数学学科核心素养。在分析教学案例的过程中，我们发现复习中的试卷讲评存在的主要问题是模式识别不力，无的放矢；漠视问题特性，事倍功半；系统构建脱节，无力为继；深度学习缺乏，浮于表象；文化底蕴淡薄，流于形式等，严重影响了复习质量；从而造成学生数学阅读能力的缺失，其实数学阅读能力是解决数学问题的关键，数学阅读拥有其他阅读方式不可替代的作用，提高数学阅读能力对学生抽象概括素养、数学建模素养和综合能力的发展至关重要。

（五）由解析试题特质到促进教学变革

在众多的考试中，中考、高考是一种高利害的考试，考察范围较广，概括水平较强，影响力大，因此要透过中考、高考数学试题的研究以促进数学教学变革。需要开展专题研究，通过中考或者高考解析、备考指导等方面展现其数学教学“评价”在考试方面的要义，着力于数学学业质量水平的提升。实质上通过数学中考、高考这一重要的学业质量水平检测途径，就能知晓数学教学发展状态，真正检测学生数学学科核心素养水平的达成度，在检测、评析、反思中探寻数学教学变革的突破口，方可在日常的数学教育过程中把重心置于情境与问题的创设上、知识与技能的提高上、思维与表达的训练上、交流与反思的深化上，同时在新授、复习、练习等环节中能够坦然面对存在的问题，寻找有效的教学对策以化解教学中出现的问题，从而在教学设计、实施、评价、反思中不断地进行改进，为实现教学目标和促进学生发展增添正能量。

四、数学教学评价的思考

数学教学评价的理论和实践虽然取得了较大的进展，但仍然存在着重结果轻过程、重甄别轻发展、重知识轻素养等问题，存在着评价手段单一，工具、方法科学性不强等具体问题，为此要在如下几个方面着力。

（一）丰富评价主体，关注评价结果

往昔数学教学评价的主体局限于管理者和教师，已经影响到数学教学的健康运行，过分关注考试成绩的评价已经制约了学生潜力开发与素养形成。基于课程改革与教学进步的新需要，就要拓展评价主体，视学生、家长、社会各方力量为评价主体，建立更加开放的数学教学评价体制与机制，冲破数学难学、难教、抽象、枯燥的传统观念，打破数学分数对学生核心素养形成的禁锢，充分发挥评价的正向功能，在明确评价目的、坚守评价原则、规范评价方式、用足评价结果中丰富评价主体，关注评价过程，真正使数学教学评价，特别是中考、高考数学回归到学生数学学科核心素养发展的过程中，回到关注学生数学学习中的关键能力、思维品质和情感态度的增量上。在诊断、评估、分析、改进中发挥评价结果的最大功能，尽量避免“标签效应”，让学生在评价中发现数学学习的进步与不足，教师在评价中诊断教学行为的优势与问题，透过不同主体间的评价，促进学习行为、教学行为的改进和数学核心素养的达成。

（二）注重评价方法，精确评价内容

要检测数学学业质量就需有科学合理的评价方法。因此，需研制评价工具和方法，在定量分析中，使用测试题、问卷、访谈更加科学合理，数据分析更加清晰明了，排除一切干扰因素，客观公正地评价；在定性分析上语言描述更加精确，典型案例、现象分析深入浅出，观念意识分析深入本质，信

息汇总与规律发现有据可依。要对评价内容进行全面审视，从关注中考、高考数学试卷的评析到整体中考、高考运行的评析，不仅要着力于中考、高考数学命题规律性探索，从试题中的内容主题、认知水平维度进行立体化、全面化解析，而且还要强化研究试卷与课程标准的一致性问题，要深度研究试题的情境设计、问题提出、解决方法、功能价值等意蕴，不断拓展评价内容的空间，诸如学生学习习惯与素养之间的关系、教师教研活动与学生数学学习之间的关系、作业量的认知负荷与素养发展之间的关系等，真正实现数学教学评价之目标。

（三）聚焦高利害考试，拓展备考指导

评价一般分为诊断性评价、形成性评价和总结性评价。中考与高考无疑是教育领域最重要的评价方式，既有甄别和选拔功能，又有激励和调控功能，兼具诊断性、形成性与总结性，因此聚焦中考与高考数学解析也就在情理之中。如何让中考与高考数学在促进学生核心素养、提升教师专业能力、改进教学实践方面更好地发挥作用，是当下评价研究的重要课题。要认真研究中考与高考数学命题的原则，探讨中考与高考数学命题的路径，总结中考与高考数学的经验，析理中考与高考数学与学业水平考试、其他各种类型考试之间的关系。在此基础上，科学地拓展备考指导策略，真正地促使数学学科核心素养落地见效。

思考时刻：说说你对考试评价的认知。

策略探寻：你是如何处理日常考试与一些重大考试之间的关系，如中考、高考等，有什么好的办法处理与重大考试相关的活动的，诸如复习、训练等活动。将你的做法写在书中的空白处。

第二节　数学教学评价的开展

在教育日趋竞争激烈的现实状态下，有效地开展数学教学评价，无疑会有助于数学教学活动的有效开展。随着信息技术、学校均衡化发展，人才多元化的需求，对数学教学评价的认识也会不断地发生变化。为此，要在理念和方法层面做好有效数学教学评价。

一、确立数学教学评价理念

（1）数学教学评价理念就是对数学教学评价的基本想法和态度，是用于指导数学教学评价。理念决定行为，为此要在数学教学评价理念上树立公正的数学教学评价观。①要充分认识到数学教学评价不是对数学教学的简单回顾与总结，而是对数学教学进行系统的诊断与分析，是寻求数学教学进步的利器，要求评价者树立崭新的教育观、学生观、教师观、课堂观和教学价值观，就是为数学教学评价观奠基基本的思想观念。②要基于解放的视角来分析和批判数学教学，要解放学生、发展学生，不唯师、只唯生，不唯教、只唯学，最终实现师生共同发展；在评价中提倡学生是数学教学的主体，不放弃任何一个学生，从最后一名学生抓起，让每个学生都能成为最好的自我；要充分认识数学教师是学生数学学习激情的点燃者，是学生学会数学学习的传授者，是学生攀登知识高峰的引导者，是学生破解知识难题和人生困惑的点拨者，是数学课堂教学资源的整合者；也是学生数学学习的服务者；对数学课堂，要认识到数学学习必须变成学生自己的事情、必须发生在学生身上、必须按照学生的方式进行；对数学教学要秉持这样的评价思维，以学定教、以学评教、以学助教，这样的评价观才能带来数学教学方法和教学行为的革命。我们对数学教学良好的愿望和先进理念只有落实到教学上，才能真正实现数学教学理想和教学目标。才能在遵循学生人性发展需要、遵循学生身心发展规律、遵循数学知识发展逻辑规律中探索有效的数学教学模式。

（2）在数学教学评价中尊重学生的数学学习权。在进入信息社会的今天，学习是每个学生的基本权利和义务，承认和尊重学生的学习权在当今比什么都重要。所谓学生的学习权，就是读写的权利、质疑分析的权利、想象创造的权利、认识把握自身世界的权利、编撰历史的权利、得到教育的权利、使个人与集体力量得到发展的权利，它是人们对教育活动的一种全新解释，归根到底是对人的一项基本权利的重要界定。那么在数学教学评价中要承认、尊重学生在数学学习过程中的基本权利，即要在数学学习中让其深刻体会数学在现实生活中的作用以及它所展现出的价值（工具性、理性、美学等价值），理解数学本质与特点，让学生感知掌握数学知识对正确认识客观世界及自身所起到的不可估量的作用，而使数学学习权得以落实的数学课程理应作为课程改革的核心问题。为此，在数学教学评价中着眼点就是承认和尊重学生的数学学习权，也就是要给学生更多的自我发展机会、更大的思维空间，意味着数学教学要真正体现以人为本，把数学的精髓和灵魂融进学生学习过程，使学生能真切地体验数学发生发展的过程以及它应有的文化价值；这就意味着在当前的数学教学中要尊重学生人格，一切改革的理念、教学目标的制定、内容的选取和呈现都要充分体现出学生的数学学习权，从这种意义上讲，承认和尊重学生的数学学习权就具有很重要的现实意义。这也就意味着数学教学理论研究要在更广阔的视野内关注学生的学习权利，从理论的深层次阐述学生在数学学习过程中到底拥有什么权利，这种权利在学生的发展过程中有什么重要价值，进而从一个崭新的角度探讨数学教学评价的基本内涵、数学教学活动过程中的基本矛盾以及规律，重新思考数学教学方法、手段在数学教学过程中的地位和作用，以便全方位地检讨和重构数学教学的理论体系。审视现实数学学习权就会发现在数学教学过程中很多方面有意无意地剥夺或限制了学生的数学学习权，在教学设计就缺乏对学习主体的考虑，过多依赖经验与直观的表象进行教学设计，在课堂教学过程中，就突出地表现为教条化、模式化、单一化、静态化的施教样态。因此，要在数学教学评价中全方位审视学生的数学学习权，盘活数学教学资源，诊断分析学生在课堂内外活动的自由度（一定的发言权、思考权、表现权、交流权），数学活动离不开计算和证明，同样也离不开观察、实验、类比、归纳、演绎，以及直觉、想象、灵感等，这就要求教学不能模式化，评价不能刻板化，需更多地开放教学空间与评价时空，更多地与学生一起探讨为何要学和学后的益处，使用的学习方法，以及学习效果的检测，从根本上为学生学习权提供支撑。学生在学习过程中，出现错误和问题都是正常的，问题是我们教师以怎样的态度和方法去评析出现的问题，如何引导学生从错误中学习，以提升学生的基本品质，更进一步在数学教学中提供广阔的视角，让学生去看、去听、去悟、去写、去说、去感受数学。

二、数学教学评价方法

在数学教学评价实践中，最常用的方法主要有如下几种。

（一）观察法

由于评价主体的多元化和评价方式的多样化。课堂观察是数学教学评价最为基本的方法之一。通过观察对课堂的运行状况进行记录、分析和研究，并在基础上谋求学生课堂学习的改善、促进教师发展的专业活动。其中最为权威的就是崔允漷建构的课堂观察 LICC 范式。其课堂观察的基本框架是：

1. 学生数学学习维度的观察

数学学习准备—课前准备了什么？有多少学生做了准备？怎样准备的？学优生、学困生的准备习惯怎样？任务完成得怎样？（含完成的数量/深度/正确率）？对这些准备的评价就是力促学生养成良好的准备习惯。

（1）数学学习中的倾听。有多少学生倾听老师的讲课？倾听了多长时间？有多少学生倾听他人发言？学生能复述或用自己的话表述他人的发言吗？倾听时，学生有哪些辅助性的行为？（记笔记/查阅/回应）？有多少人有这些行为？对倾听的观察就是深入学生的学习行为，观察学生最基本的学习活动的表现。

（2）数学学习中的互动。有哪些互动/合作的行为？有哪些行为直接针对目标达成？参与提问/回答的情况（人数、时间、对象、过程、结果）怎样？参与小组讨论的情况又怎样？参与课堂活动（小组/全班）的情况是怎样的？互动/合作习惯如何？出现了怎样的情感行为？这些观察是从动态的视角来评析学生的数学学习行为表现。

（3）数学学习中的自主性。自主学习的时间有多长？有多少人参与？学困生与学优生的参与情况怎样？自主学习的形式（探究/阅读/记笔记/阅读/思考/练习）有哪些？各有多少人？自主学习有序吗？学习是个性化的过程，而数学学习的成效就在于学生自主性的发挥，唯有主动积极地投入学习过程才能取得数学学习的实效。

（4）数学学习中的达成。学生清楚这节课的学习目标吗？多少人清楚？课中有哪些证据（观点/作业/表情/板演/演示/评价）证明目标的达成？课后抽查多少人达成目标？发现了哪些问题？因目标有一定的生成性，所以要用动态发展的观念观察学生数学学习目标的达成情况，从而更加精确地调整课堂教学节奏。

上述是课堂观察中学生维度的主要观测点，其实学生在课堂中的表现十分复杂，要用很敏锐的视角动态去观察学生在数学学习过程中的行为表现，捕捉其内心的变化，特别是数学学习的情感态度及问答模式。

2. 教师教学维度的观察

（1）教师安排的教学环节。教学环节构成情况如何（依据/逻辑关系/时间分配）？教学环节是如何围绕教学目标展开的？是怎样促进学生学习的？有哪些证据（活动/衔接/步骤/创意）证明该教学设计的特色？教学环节主要由一些相互关联的数学活动建构，每一个数学教学都应对应一个教学目标，因此观察活动与目标的一致性就十分关键。

（2）教师教学呈现的情况。教师讲解的效度（清晰/结构/契合主题/简洁/语速/音量/节奏）怎样？有哪些辅助性教学行为？板书呈现了什么？板书是怎样促进学生学习的？媒体呈现了什么？怎样呈现的？是否适切？动作（实验/制作/示范动作/形体语言）呈现了什么？怎样呈现的？体现了哪些规范？教师教学是教师一系列教学行为展现的过程，最为关键的核心行为是语言表达和组织、点拨、启发、互动等，这些行为直接影响教学效果。

（3）师生间的对话。提问的时机、对象、次数和问题的类型、结构、认知难度怎样？候答时间多少？理答方式、内容怎样？有哪些辅助方式？有哪些话题？话题与学习目标的关系怎样？在数学教学评价中问答模式很重要，由于一个教师长时间和班上同学一起学习数学，会养成一种固有的问答模式，需仔细观察与分析，助推形成良好的师生对话机制。

（4）教师指导。教师是怎样指导学生自主学习的（读图/读文/作业/活动）？效果怎样？怎样指导学生合作学习（分工/讨论/活动/作业）？效果怎样？怎样指导学生探究学习（实验/研讨/作业/）？效果怎样？数学教学离不开教师的点拨与启发，而灵巧高效的指导十分重要和关键，不同的教师有不同的指导方式和风格，要在教学评价中精确分析教师的这种风格，使数学教师的指导更有力量。

（5）教师教学中表现的教学机智。教学设计有哪些调整？结果怎样？如何处理来自学生或情境的突发事件？效果怎样？呈现哪些非言语行为（表情/移动/体态语/沉默）？效果怎样？数学教学机智是指面对复杂多变的教学情境下教师富有智慧性处理问题的能力，包括幽默的语言、灵巧的运作、灵动的活动等，使课堂充满着学习的乐趣。

3. 数学课程性质维度的观察

（1）教学目标。预设的学习目标是怎样呈现的？目标陈述体现了哪些规范？目标的根据是什么（课程标准/学生/教材）？适合该班学生的水平吗？课堂有无生成新的学习目标？怎样处理新生成的目标？目标是希望教学所达成的愿望，教师会以或隐或显的方式将其融入数学教学活动中，而目标的实现就是数学教学活动的主要努力方向，恰当适切的目标设计极为重要，因此，要在课堂教学中仔细审视目标达成度，特别要关注生成性目标的功能和价值。

（2）教学内容。教师是怎样处理教材的？采用了哪些策略（增/删/换/合/立）？怎样凸显数学学科的特点、思想、核心技能以及逻辑关系？容量适合该班学生吗？如何满足不同学生的需求？课堂中生成了哪些内容？怎样处理的？因数学知识的抽象性、逻辑性和应用性，使数学内容的呈现、表征、处理与别的学科有质的不同，要透过课堂观察品味教师处理数学教学内容的方式方法。

（3）教学实施。预设哪些方法（讲授/讨论/活动/探究/互动）？与学习目标适合度如何？怎样体现数学学科特点？是否关注对学习方法的指导？创设了什么样的情境？效果怎样？数学教学实施中离不开运算、推理、猜测、交流、作图、合作等，既要有与数学强关联的活动，也要有与文化相关联的活动，要从中析理出精华，分析其实施的意境。

（4）教学评价。检测学习目标所采用的主要评价方式有哪些？如何获取教/学过程中的评价信息（回答/作业/表情）？如何利用所获得的评价信息（解释/反馈/改进建议）？良好的教学评价用语是学习数学的润滑剂，要详细记录教师是如何增进或鼓励学生数学学习的。

（5）教学资源。预设哪些资源（师生/文本/实物与模型/实验/多媒体），怎样利用？生成哪些资源（错误/回答/作业/作品）？怎样利用？向学生推荐哪些课程资源？可得到程度怎样？数学教学资源是帮助学习化抽象为直观的武器，好的教师会利用一切资源帮助学生理解数学原理和方法。

4. 数学课堂文化维度的观察

（1）师生思考。学习目标怎样体现高级认知技能（解释/解决/迁移/综合/评价），怎样以问题驱动数学教学？怎样指导学生独立思考？怎样对待学生思考中的错误？学生思考的习惯（时间/回答/提问/作业/笔记/人数）怎样？数学课堂/班级规则中有哪些条目体现或支持学生的思考行为？学会思考是数学教学的主要目的之一，数学思考是有别于其他学科的思维，注重提升思维品质，不断训练学习的思维敏捷性、批判性、系统性和创新性。

（2）课堂民主。数学课堂话语（数量/时间/对象/措辞/插话）怎样？怎样处理不同意见？学生课堂参与情况（人数/时间/结构/程度/感受）怎样？师生行为（情境设置/回答机会/座位安排）怎样？师生/学生之间的关系怎样？课堂/班级规则中哪些条目体现或支持学生的民主行为？观察课堂文化中教师是如何营建民主和谐的数学课堂教学生态是十分关键的观测点，特别是教学用语，一般习惯性用语会影响教学效果，开放热情的语言会激发学生学习的意志力。

（3）课堂创新。教学设计、情境创设与资源利用怎样体现创新？课堂有哪些奇思妙想？学生如何对待和表达？教师如何激发和保护？课堂环境布置（空间安排/座位安排/板报/功能区）怎样体现创新？课堂/班级规则中哪些条目体现或支持学生的创新行为？创新永远是课堂教学的追求，一定要认真理析。

（4）课堂关爱。学习目标怎样面向全体学生？怎样关注不同学生的需求？怎样关注特殊（学习困难/残障/疾病）学生学习需求？课堂话语（数量/时间/对象/措辞/插话）、行为（问答机会/座位安排）怎样？课堂中所表现出的特质从哪些方面（环节安排/教材处理/导入/教学策略/学习指导/对话）体现特色？教师体现了哪些优势（语言/学识/技能/思维/敏感性/幽默/机智/情感/表演）？师生/学生关系（对话/话语/行为/结构）体现了哪些特征（平等/和谐/民主）？学生是存在差异化的学习体，因此要用不同的方式关爱每一个同学，让其在数学课堂中感受到爱与眷顾，体会到集体学习的力量。

（5）数学课堂评价。发现问题、提出问题、分析问题、解决问题的过程，信息理解、信息转换、信息编辑、信息选择的情况如何？数学问题解决过程的流畅性、变通性、复杂性等如何？一句温暖的话可以让学生享受长时间的乐趣，评价的力量莫过于此。

上述四个维度对我们科学进行数学教学评价中的课堂观察提供了一个有效模型。在开展课堂观察与评价中还要明确评价目的，掌握评价方法，知晓评价内容，从而科学管理评价。

（二）调查法

调查也是数学教学评价的主要工具，是通过问卷、访谈、测试等方法来对数学教学活动质量进行评价的主要手段。可以对学生、老师、家长、管理者等数学教学共同体中的一些成员进行问卷，以诊断对数学教学问题的看法。这些方法需专业知识学习才能开展评价活动，其实最简单的一个方法就是模仿，在学习别人评价方式的过程中会激发创造性热情，也会创新性的开展自己的调查研究。

（三）其他

除此以外，对数学教学还要进行定性与定量相结合的评价，如对学生记忆及理解数学知识情况分析、学情背景知识调查（学情分析）、教材知识点分析、学习效果调查、学生作业作品分析（学生错题本、作业本、日常检测试卷等）、课堂小结知识树分析、数学思维能力评价、数学变式练习分析、数学课堂笔记分析、数学交流与表达效果分析、学生应用与表现技能分析，以及学生情感态度与价值观变化分析、学生数学成长记录袋分析等都是数学教学评价的视角。

1. 纸笔测验

在现实数学教学中使用最多的还是纸笔测验，为何这种评价是如此关键和重要？是因为可以省时省力的快速测验学生学习状态与效果，但如何编制一份具有高信度的测试题目才能达到测试目标是我们需要认真思考的重大问题。通常情况下老师遵循方便原则，使用现成的测试题，如此虽然能快速地检测学生数学学习，但往往会被虚假信息所迷糊，产生误判和不良的评价效果，因此需要特别谨慎对待考试命题。如依据测验或评价双向细目表作为指引“教学目标为横轴、教材内容为纵轴”来进行考试，就能保证检测的科学性和准确性，建议教师通过查阅多类型的资料，编制成试题库，每道题应有清晰的检测目标，且具体指出欲测量的学习结果，测验题目要顾及学生阅读水平，应答水平及能力，每个测验题目应避免提供作答线索，测验题目的正确答案唯一、评分标准明确具体，且须经过专家审核（尤其是开放、探究题目），测验题目须经过再检查、校订过程，试题分布依据双向细目表，且题目内容依据有代表性等。具体的检测与测试方法、分析方法一般我国数学教育权威期刊《数学教育学报》有相似案例。

2. 数学作业设计

数学作业设计的评价也是不能忽视的评价维度。学生学习行为表现反映在课后作业的完成中，但许多老师缺乏对作业的研究与科学的评价。作业能体现出学生对数学学习的真实表现，因此要高度重视作业。要把数学作业的布置与批改作为一个工程建设来抓。作业中，可以清晰地看出学生对数学知识真实的理解程度、对数学问题的思考与解决方法，展现出学生分析和解决问题的策略，也可以反映学生对数学学习的态度，如按时完成、完成质量、作业整洁度，以及出错后的处理方式等。因此，要高度重视数学作业，不能仅仅停留在完成批改作业，而要作为一个课题来研究学生数学思维展现样态。也不能停留在课本作业的布置上，而要透过作业这一数学学习活动形式，拓展性地让学生思考和完成数学任务。如，可以布置一些通过操作、观察、比较、归纳等手段与不断深度建立数学模型类型的作业，使作业成为促进学生数学进步的工具。又如让学生测量一石块的体积？请你想办法测量它的体积，你有哪些好方法？用两条互相垂直的直线把一个正方形分成面积相等的四部分，有多少种分法？目前，我国的淡水资源非常紧张，因此到处都在积极倡导节约用水：假如全中国每个人一天都能节约1滴水，每天可以节约多少水？这些水可以用来干什么？布置这些开放性问题，可以有效地训练和强化学生的数学思维品质，还可以布置一些情境性数学问题，以及一些思辨性问题，如单位圆的方程是 $x^2+y^2=1$，是否存在虚的圆？因为初中学过正与负、高中学过实与虚等此类问题，吸引学生在作业时探究问题，激发学数学的兴趣；也可以让学生用数学的知识和方法去解决类似作文的数学作文题（也可以叫数学日记），用写作的方式表达自己对数学的理解，如写对黄金分割比的思索，可以与自然、美学、历史等联系起来，融数学思考与分析在众多学科中的碰撞，既充分反映学生的数学思考过程和体验，又能展开自己的联想、想象与其他学科知识的连接；还可以让学生在作业上对所学知识的总结与提炼，学习体会和经验分享，解题策略和方法的收获与感悟、完成阅读中的困惑等，不断拓展数学作业的功能和价值。

三、影响数学教学评价效果的因素

评价主体自身的影响、被评价者释放的信息模糊及周围环境成为判断数学教学评价结果准确度的影响因素。如在数学教学中经常听到教师问“懂了吗”“是不是”“对不对”等，而学生时常会下意识地予以肯定回应，其实未知其是否真会、真懂、真明白。还有作业、考试、上课、回答等中学生的行为变化复杂多样，给评价者带来许多判断困境，加上评价者本身存在的认知偏见或思维狭隘，加之经验的固着，往往影响评价者不能全面客观公正地对数学教学现象诊断分析，也就不能更加精确地分析学生的学习动机、态度、行为表现等；再如数学教师在评价学生和自己教学时也会犯一些主观或客观的错误，影响教学评价的价值判断。总的来说，评价者面临价值判断时，思维狭隘会限制判断的客观公正；分析并做出一个价值判断时，证实会倾向搜集利于个人经验的素材影响数学教学评价；做出判断时，短期情绪也常使判断存有错误而影响数学教学评价；接受结果时，对未来走势过于自信而出现的不必要失误影响数学教学评价。

为了克服数学教学评价中的一些问题，需要利用一切机会来探寻教与学的真相，随时随地进行调研，把即时性评价融入日常教学。同时要采用多样化的评价方式以弥补评价中的失误，包括书面测验、口头测验、开放式问题、活动报告、课堂观察、课后访谈、课内外作业及成长记录等，在信息技术快速发展的今天，也可采用网上交流的方式进行评价。每种评价方式都具有各自的特点，教师应结合学习内容及学生学习的特点，选择适当的评价方式。

四、科学运用数学教学评价信息

恰当地呈现和利用评价结果。评价结果的呈现应采用定性与定量相结合的方式。对小学生而言，评价应当以描述性评价为主，再加一些等级评价相结合的方式，而对初中生而言采用描述性评价和等级（或百分制）评价相结合的方式。评价结果的呈现和利用要有利于增强学生学习数学的自信心，提高学生学习数学的兴趣，使学生养成良好的学习习惯，促进学生的发展。评价结果的呈现，应该更多地关注学生的进步，关注学生已经掌握了什么，获得了哪些提高，具备了什么能力，还有何潜能，在哪些方面不足，等等。

特别是合理使用数学中考、高考中的信息。随着数学课程改革的深入推进，中考、高考命题的思路正在向“全面考查学生的数学素养，科学衡量学习能力与知识水平”转变，这些转变导引教学变革，所以充分利用数学中高考信息至关重要。近年来数学中高考试题质量不断提高，考查全面且新颖。就数学中高考试题为背景，中高考试题注重数学思想方法与逻辑推理能力的考查；还在不断加大联系实际，突出应用意识；试题对基础知识的考查更加全面，且切合课标考查知识点；近几年全国各地的中高考数学试卷，绝大多数对建模及探究过程加大了考查力度，且方式灵活多样，不仅关注试题的效度、信度、区分度，还在自洽性方面做了尝试。相应地，这些信息就要运用到中高考数学复习中，就要着力于培养学生的独立思考能力，并提升解题思维水平，对此教师要成为研究者，吃透试题才能有效地进行复习教学。这样才能抓住数学本质和重点，找准给学生提供帮助的时机，并且通过研究中高考命题趋势，帮助思考：在教学中最关注的学生思维品质应该是什么？怎样培养学生思考能力？怎样组织恰当复习活动，才能在恰当的时间点给学生数学思维发展机会？而不是单纯猜测中考与高考命题，为此，才能找到中考与高考方向与现实教学的平衡点，真正做到“抓基础落实，促思维发展”。中考与高考数学涉及有问题众多庞杂，但仔细梳理，一个问题是备考问题，二是应考策略问题，三是考后的反思与深化认识问题。对于中考与高考数学的备考，最关键的通过认真精确的复习准备以应对挑战，将概念图、思维导图贯穿到中考与高考数学教学中，学生在繁杂的知识点中学会建立起知识系统，将偶得的学习方法积累成数学思维网络；在辨析错误概念过程中，将初高中的易错点一一列出；在漫无边际的题海中，可以自己编制试题与分析诊断。对此要以数学教材为依据，以课标为基准来备考与探寻应对策略。需要教师把中高考作为一个重大研究课题，从三个维度备考、应对、反思来深入系统研究，怀揣科学严谨的态度，对每一个维度进行更加深入细致和精确的研究，汲取智慧，摄取精华。

思考时刻：说说你对数学教学评价的认知与看法。

策略探寻：把你在数学教学中常用的评价方法罗列在书中的空白处，并说说你是如何利用教学评价为教学服务的。

第八章　数学教学反思

◎未经反省的人生是不值得过的，数学教学亦是如此，未经反思的数学教学是不值得去进行的。要提高数学教学质量，就必须进行数学教学反思◎

关键问题

1. 如何认知数学教学反思?
2. 怎样有效进行教学反思?

第一节　数学教学反思概述

数学教师是数学教学高质量的决定因素，数学教师的成长与发展是教学事业有效运行的根本保证。因此，必须从战略高度、国家利益、民族兴旺来审视数学教师的成长问题。教师的基本天职是教书育人，而有效的教书育人则取决于教师的天性：反思。唯有在反思观下的教书育人才是高效的、可持续的和有生命力的。因此，数学教学反思首先要认知数学教师反思的价值与意义，唯有如此，才能在教学中使数学教师形成反思意识、掌握反思方法、形成反思技巧，从而建构优秀的数学教师文化，才能不断地优化教学思维，建造成长空间，使教师的专业化水平迈上新台阶。

审视当下教育现实，发现许多数学教师非常敬业，拥有一颗执着的事业心，勤恳认真地从事着教书育人的工作，可数学教学效果却不尽如人意。深入探究发现许多数学教师缺失反思的天性。表现为不愿反思、不想反思、不会反思。这种反思天性的缺失已成为制约教师专业成长的顽疾，成为课程有效运行、学生能动发展的瓶颈，最终制约着教育事业的发展。

数学教师缺失反思特质的根本原因是数学教师没有意识到反思性分析在教师职业生涯中的重要价值，没有从教育思想的深处重视反思意识的养成，出现了缺乏必要的反思意识、反思经验、反思技巧以及必需的反思工具、反思方法和反思机制。

数学教师的反思性分析是教师教学活动的逻辑起点，是从深层次体会、认同教师教学生命意义的基本表征，是培植教师教学权力、维护教学利益、促进教学发展、催生教学智慧的动力源泉，是用一种放大镜和显微镜的方式去透视数学教学现实，洞察数学教学本真的基本途径。

一、反思、数学反思的含义及特征

（一）反思的含义及特征

反思是思考、反省、探索和解决数学教育教学过程中存在的问题，具有研究性质。数学反思是在数学活动过程中表现出的一种稳定的个性心理特征，是对数学教学与学习进行回顾与诊断并析出问题、解决问题的过程。我国古代就有“扪心自问”“吾日三省吾身”等经典说法；西方哲学史上从第一位哲学家泰勒斯，到苏格拉底、柏拉图、亚里士多德，再到笛卡儿、康德，都随时在自己的思想园地里检讨种种思想问题，在进行反思。在现实的教育研究与学术讨论中，反思也是一个高频词，但是人们对反思的含义却仁者见仁，智者见智，通常有以下几种见解。

1. 反思是一种心理活动

洛克在《人类理解论》中谈到“反省”就是对获得观念的心灵的反观自照。在这种反观自照中，心灵获得不同于感觉得来的观念的观念。洛克所说的反省（即我们所说的反思）是人们自觉地把心理活动作为活动对象的一种认识活动，是对思维的思维。反思的结果是得到不同于感觉得来的观念的观念，他强调的是观念来源。这里把反思看成了一种“内省”的心理活动。

2. 反思是一种认识论方法

斯宾诺莎把自己的认识论方法称作“反思的知识”，而“反思的知识”，即“观念的观念”是认识所得的结果，它本身又是理智认识的对象。对于认识结果的观念的再认识和对这种再认识之观念的再认识—这种理智向着认识深度不断推进，即“反思”。他以既得观念为对象，通过不断反思抽象使既得观念不断升华形成新认识。因而思维的结果是他“反思”对象，获得新观念是其反思的目的。杜威的反思是“对任何信念或假定的知识形式，根据支持它的基础和它趋于达到的进一步结论而进行的坚持不懈和仔细的考虑”，它包括“这样的一种有意识和自愿的努力”，即在证据、理性和坚实基础上建立信念。杜威所说的“考虑”即是一种反思思维活动。

3. 反思是一个过程与能力

博伊德与费勒斯认为反思是“一个变化的理性观念的自我（与自我联系

的自我和与世界联系的自我）澄清经验的意义的过程”。博伊德和费勒斯的反思突出了“自我价值”，明确了反思对象是“自我”，反思目的是“澄清经验的意义”构建“自我”连续体，突出了反思完整过程。伯莱克认为“反思是立足于自我之外的批判性地考察自己行动及情境的能力，它与思维的批判性是一致的”。

4. 反思是元认知

熊川武教授用“元认知”这个术语来代替反思这个概念。他指出，从元认知理论的角度来看，反思就是主体对自己的认知活动过程以及活动过程中涉及的有关的事物（材料、信息、思维、结果等）特征的反向思考，通过调节、控制自身认知过程以达到认知目的。尽管在不同时期和不同场合人们理解和应用反思的含义不同，但对反思所思考问题的角度以及反思对象和反思目的的认识是共同的。反思对象是思维本身，而反思目的是指导未来的思维活动。

（二）数学反思的含义及特征

通过分析数学反思过程我们可知，数学反思的知识技能与内容是数学反思的核心要素。这些要素是在数学反思体验的基础上形成与发展的。

1. 数学反思及数学反思能力的含义

数学反思就是认知者对自身数学思维活动过程和结果的自我觉察、自我评价、自我探究、自我监控、自我调节；而数学反思能力就是在数学反思活动过程中反映出来的一种稳定的个性心理特征，是元认知在数学思维中发挥作用的基本形式。因此数学反思能力就是认知者在数学思维活动中对自己数学认知过程的自我意识、自我评价、自我探究、自我监控、自我调节的能力。它是以反思的体验、反思的知识和反思的技能为基础，并在对数学认知过程的评价、控制和调节中显示出来的高层次思维活动，它对数学认知活动起指导、支配、决定、监控的作用。因此，数学反思能力中的核心就是进行数学反思。数学反思的陈述性知识是指掌握有关数学反思过程中通常有哪些策略和技能可以应用，并了解这些技能和策略的“长处”和“短处”以及在何情况下应用较合适的知识；数学反思的程序性知识是指有关如何使用各种策略、技能进行数学反思的知识，即掌握各种策略和技能的操作方法；数学反思的情境性知识：它告诉人们应该在什么情境之中运用什么知识和技能，即时间、地点、环境（包括社会文化、人际关系等）以及为何要采用这些知识和技能知识。这三种知识就是数学反思的关键知识域，要进行有效的数学反思必须要掌握。

2. 数学反思的特征

（1）强烈的问题意识。数学反思使认知者在数学思维过程中有了心理上的一道“警戒线”，使主体对“问题”出现有一种敏感性，能主动地去监视数学思维过程，有效地收集有关信息，一旦出现可疑或疑惑即进入数学反思状态，这是主动关心思维的目的与结果以及解题技能技巧的有效性而形成的直觉的自我觉察意识。

（2）高度的责任心。数学反思表现为反思者对自己学习和教学高度负责的精神，因而能够意识到问题的存在，能够以更高标准检查自己教学思维活动过程中的得与失，能够纵横比较分析与思考教学思维过程中一些现象，正确地评估数学教学思维中出现的一些问题，主动地调节认知过程，支配数学思维发展方向。

（3）执着的探索精神。数学知识的高度抽象性和数学问题的复杂性使得在数学思维过程中更易产生困难，并且更深层次的反思在某种程度上也是一种自我否定与发展的过程，是一种自身诱发痛苦的行为，有时会动摇其信念、改变其态度、削弱其意志以及影响其价值观，因而较高水平的数学反思者要有忍受挫折、克服困难、长时间反思的执着精神和坚强毅力，能够为进行反思的思维活动提供不竭动力与探索精神。

（4）更大的开放性和灵活性。思维的开放性和灵活性主要表现在：更易接纳新信息，对思维过程产生信息敏感并能及时吸收，在制定改进措施时能听取别人建议；对现成的结论如课本知识及别人的建议持有一种“健康”的怀疑，不机械地接受、盲从或拒绝，而会根据主观经验与客观标准进行分析比较，有选择性地吸收；能够恰当地评价自己和别人的教学成果，对自己的缺点能够正确地估计并采取积极有效的措施。

（5）深刻的探究性。多方面多角度对数学教学问题探索和研究，对收集的各种改进方案评估，按反思结果去行动，有选择地进行最优处理，而不满足于一般性地解决。良好的数学教学思维品质和认知结构会对数学教学思维过程有很强的觉察、调节、控制能力，就能表现出数学思维品质的批判性、深刻性、广阔性，从而对数学教学产生更高的期望、更高的坚持性和更多投入，最终成为一个自律性终身学习与教学者。

二、数学反思的技能与内容

明晰了数学反思的含义，还要知晓数学反思的技能与内容。

（一）数学反思的技能

数学反思的技能一般有经验、理论、分析、评价、策略等技能。经验技能是指认知主体借助于经验对认知过程、结果及相关事物的直觉的反思能力。理论技能是指认知主体以特定的理论为根据进行相对理性的反思能力。分析技能是指认知主体能理解、解释、描述认知过程、结果，能够选择最优策略，能够对数学思维活动进行科学分析的能力。评价技能是指认知主体根据不同认知目的对认知过程及结果以及所采用的策略等进行价值判断的能力，即能够对分析结果进行效能判断并正确归因的能力。策略技能是指能够恰当地应用各种策略进行反思的能力，即对反思中找出的问题寻求改进的途径和方法的能力。实践技能是指能将反思得到的结果付诸实践以达到调控目的的能力。其实，数学反思的知识与技能还需动机兴趣、毅力等因素的维持与推进。认知主体能在数学反思过程中长期坚持不懈地保持充沛精力，并能坚韧顽强、不屈不挠地去克服困难、排除干扰、形成并完善自己的数学知识体系，是与这些因素息息相关的。

（二）数学反思及教学反思的内容

从数学反思活动发生的时间来看，数学反思的主要作用是对数学思维活动的监察、评价、调控，因此可以发生在数学思维活动的前、中、后阶段。作为数学教师的数学反思主要是指数学教学反思，在数学教学思维活动之前，反思教学计划的合理性和有效性；在数学教学思维活动中反思教学思维的严密性、准确性、开放性等；在数学教学思维活动后，反思整个教学思维计划的执行结果，对得与失进行总结。其实，数学教学思维过程中随时都有诱发反思的因素，而数学教学思维过程中的反思是一种内隐的过程，无法从外表觉察，故只有采用口语报告法或事后回忆法方能体会到。因此，数学教学思维活动前和中的反思一般很难引起注意，而对数学教学思维活动结束后的反思都较重视，研究也较多，这是因为数学教学思维活动结束后，结果已经很明显，问题也很容易暴露，而且事后回忆往往比较好操作。从数学教学思维活动的过程来看数学教学思维活动有三个要素：对象、过程、结果，因此，数学教学反思也可相应分为对数学教学思维活动对象、过程和结果的反思。对数学教学思维活动对象的反思包括：对数学教学问题的问题特征进行反思，对数学教学问题所涉及的数学知识、思想方法教学的反思，对数学命题、数学语言以及与数学思维活动有联系的教学问题的反思。对数学教学思维活动过程的反思包括：对数学教学的思考过程、理解过程、运行过程的反思。对数学教学思维活动结果的反思包括对解题思路的反思、对语言表述的反思以及对数学结论进行的教学反思。从数学教学反思问题的性质来看，大致有如下几种反思：一是经验性反思，旨在总结解决问题的教学经验，着重反思教学问题涉及了哪些知识、哪些能力。二是概括性反思，旨在对同一类数学问题的解法进行筛选、概括，形成一种解题思路，进而上升为一种数学思想的教学反思。三是创造性反思，是对数学问题的重新认识，包括推广、引申和发展性的教学反思。四是错误性反思，注重对解答问题失误的纠正、辨析，从而找到产生问题根源的教学反思。

三、数学教学反思能力及影响因素的认知

（一）数学教学反思能力

数学教学反思能力是指数学教师对数学教学过程的归因性反思，是基于对数学教学中存在的问题进行自我觉察、自我诊断、自我诊疗、自我改进、自我提高的过程，是有意识地调节、支配、检查和分析自己的教学思维过程，在学习和教学上为自己树立的一面镜子，从刚开始反思自己的数学教学理念、数学教学方法到反思自己的教学经验、教学过程、教学思路和教学态度、情感及其教学思维和教学价值观，不断递进式进行创造性的工作，在持续的教学反思过程中提高教学反思的技能、方法。通常情况下，数学教学反思能力经历日常反思阶段、被动反思阶段、主动反思阶段和自觉反思阶段。①日常反思阶段：是指数学教师对数学教学活动进行无意识地监控与调节，是处于反思目的性极弱的阶段。②被动反思阶段：是指数学教师对数学教学活动中出现的困惑问题被迫进行反思的阶段，如在评课、议课的过程中被其他同行提出的一些教学改进建议而引发的反思。③主动反思阶段：是指认知主体对认知活动主动地有意识地监控、调节的阶段。④自觉反思阶段：是指数学教师对数学教学活动过程的监控达到了不假思索、油然而生、自觉自为的反思境界，即达到了“自我意识”的阶段。但是，由于每个数学教师教学反思能力的发展不平衡，一方面是由于反思能力的发展受到其他能力的限制，另一方面是反思能力是一种较高层次的认知活动，其发展本身也比较迟，还与教师的认知风格、反思的知识和技巧的掌握情况以及教师的综合素养等有关。

（二）影响数学教学反思能力发展的因素

影响数学教学反思能力发展的因素众多，有其内在与外在因素之分，内在因素主要指数学教师的认知结构、智能结构、心理特征等；外在因素主要指教学环境、学习环境、人际交往等。无论何种因素的影响都会消减数学教学反思能力的提高，因此，数学教师要不断优化自己的认知结构、丰富自己的智能结构、提升个体的心理素质，利用一切有利的外在环境，全方面地对自己的数学教学境况进行系统、全面地分析与检测，提高对数学教学反思的认知，端正数学教学反思的态度，掌握数学教学反思的方法，提高自己的数学教学反思能力。

四、反思性分析的价值

数学教师的反思是教师专业成长的必经之路，这种反思不仅是教学智慧生成的重要历程，而且是教师天职的基本要求，是对学生、家庭、社会负责的基本表现，定位于自我成长的反思性分析，不仅使教师的数学教学生活生

动且富有创意，而且随时修正自己的教学系统，维护自己的教学尊严，营造良好的教学生态环境。

(1) 反思性分析是教育动力机制的核心源泉。这种反思性分析对数学教学文化起维持、检测、推动的作用，这种源泉提供的动力源后劲十足，使教师能够从深层次理解数学教学的意义、感受数学教学的价值，品味数学教学的甘甜，修正数学教学设计，维护数学教学权利，推动师生有效互动，使数学教学天地生发出应有的阳光和朝气。

(2) 反思性分析是数学教师职业生涯中持续的活动过程，是形成数学教学活力凸显数学教学生命力量的源泉。在持续反思的过程中使数学教育理论与数学教学实践真正的走向融合、产生共鸣力，使升华的理论能够直面数学教学实践，解决教学实践中的问题，同时在反思中通过对问题的思考与解决不断充实与完善理论、挑战理论、更新理论，为理论的建构与创新搭建适宜的平台。反思性分析的参与使数学教学活动中最为活跃的成分如运算、推理、直觉、分析、感知、记忆、思维、经验、期待等不断激活变革的火花，使同质经验、异质经验有效整合，逐渐消除数学教学中的急躁心理，不论是即时性反思、回忆性反思、期望性反思都是在连续的数学教学统一体中进行，把数学教学中的时间关系与因果关系链接起来，使之效率最大化。

(3) 反思性分析中的问题识别与分析是数学教学进步的一种象征。教师必须持认真的态度，虚心和反省的精神，树立通盘考究的思想，用科学的思维方式去提炼教学反思分析的内容，确立教学反思分析的方法，追寻教学反思分析的意义。虽然反思性分析的过程是艰难与苦涩的，面对的问题是触及我们内心、震撼我们灵魂的，也可能使教师体验到一种失落感、挫败感，可能对数学教学的意义产生一些怀疑，对从教的能力产生怀疑，对出现的一些数学教学失误感到愧疚，但这种痛苦的思考是作为一名优秀教师的必经历程，只有经过这种痛苦的思索与艰苦锤炼，才能形成正确的自我认知观，形成一种教学反思文化、养成一种教学反思精神、营造一种对话机制，从根本上对自己的浅见、偏见进行修正，在凸显个性化、特色化的基础上，打开主观性理解的视域，拓展性地去理解与实践数学教学的本原性问题。

(4) 反思性分析会使数学教学用语、数学教学行为更加有利于学生成长，使学生成为最大受益者。反思性分析是教师对自己数学教学中言与行进行彻查的过程，那么良好的反思语言、反思态度、反思行为就十分重要，这种反思性分析过程就可以使教师养成一种良好的反思文化，形成一种和谐的交流模式与分享机制，使每个教师内隐的缄默性知识得以显化，使日用不知的现象得以改观，使数学教学能从基于问题的、基于过程的、基于结果的、基于管理的教学反思维度不断走向深入，进而从根本上透视数学教学现象，改进数学教学过程，深化数学教学认识，使数学教学在教师营造的适宜环境中实现学生利益最大化。

（5）反思性分析的真谛在于明晰教育意义以及对数学教师素养本源性问题的思考。这种带有自主性的反思性分析促进教师从教学的内部机制中审查和整理教学问题：如我理解教学的意义吗？我在教学中的行为对吗？我在数学教学中传递了怎样的价值观与智慧？我是以怎样的态度从事数学教学的？同行、家长、我的学生是怎样评价我的数学教学的？我设计的案例、流程是否适合学生的学习需求？我的数学教学是否符合新课程所倡导的基本理念？这样深度追查以及对数学教学事件做出的反应就是数学教学进步的表现。这种反思性分析可以确保回忆与联想发挥数学教学功能，真正执行反映与监督、评价与决策的职能，从而使教学反思的道德力量不断显现，教师的生活目标更加明确，解释特定行为的理由更加富有理性；更进一步为教师进行数学教学研究与设计增加催化剂，每一位教师的反思性分析就成为教师智慧库的珍贵材料。

（6）反思性分析的实践性、批判性是教师职业的基本特征，也是教师成为反思型教师的关键。反思型教师能够在数学教学实践中有意识的考察课堂中存在的问题与矛盾，形成问题框架，并努力加以解决；能够意识到自己带到数学课堂中的前提假设与价值偏好，并进行质疑，能够注意自己数学教学的制度与文化背景，积极参与数学课程发展与学校变革，同时对自己的专业发展负责。在反思性分析的结构属性中，要从数学教学的整体有机性、相关同步性、相对稳定性、自动调节性、动态开放性、管理可控性入手，在保持活力和拥有一颗自我宽恕的心的基础上去主动反省、深层反思。在教学反思中不断认识自我、变革自我，在改造数学教学现实的追求中，不断生成教学力量，汲取理论营养，形成一种良好的反思性分析场域，积聚教学智慧，创新教学行为，在可理解性的基础上超越常识之域，展现数学教学世界的新图景。

思考时刻：说说你心目中数学反思及数学教学反思的含义？

策略探寻：你对数学教学反思能力是如何认知的，在数学教学工作中采取了哪些有效的反思策略？请罗列到本书的空白处。

第二节　数学教学反思的方法

要进行有效的教学反思，突破数学教学反思的困境，首先就要从反思性分析的意识与方法入手，然后采用更加有效的方法与策略进行数学教学反思。

一、反思性分析

（一）反思性分析的基本内涵

反思性分析是在动态地数学教学反思进程中反思主体与反思客体之间所形成的互动式关联。这种关联所涉及的关键因素有反思主体、反思过程、反思客体、反思方法、反思决策、反思结果。这些因素是在一种分析思维的状态下关联进行的，所谓分析思维是指数学教师更加理性、审慎的做互动式关联分析，不仅指对数学教学的某一时段点后反思，而且包含数学教学进行中反思，这种反思性分析是数学教师教学文化的基本品质。它可以使数学教师更加客观地审视自己数学教学中深层次的问题，使数学教师的心灵从眼睛的束缚下解放出来，进而通晓数学教师之为教学的本真含义。

教师文化视野中的反思性分析是一种教学使然，是教学理想和教学追求的体现，也是数学教师的一种教育责任和教育策略，是反身向内的心性涵养和思辨体验。这种反思性分析是基于学生、基于时代、基于社会、基于自我的反思之境。这种反思性分析所秉持的基本理念是指学生数学利益至上的批判与反思，是在自己的教学面前置一面镜子，随时检测自己在数学教学生活中的一言一行，从源上查究出现的问题、总结成功的经验、提炼教学的智慧。

反思性分析作为一种监督和反映教师教学文化系统的工具，不仅可以透视数学教学过程中的一切现象，而且帮助教师达到对数学教学本质的深度认知，是教师的数学教学从表层走向深层的体现，从某种角度上讲就是教师教育文化的一种表征。

反思性分析不是一般的反思。它是反思文化的一种凝练。教师成长中的反思性分析更是教师教学文化本质的探微，是教师成长过程中极为重要的动力源和助推器，不断提升数学教师的反思品质，促进数学教师的立场与经验（直接经验、间接经验、回忆性与期待性经验），促使数学教师对处在因果性与时间性的教学流中的所有因素进行批判性思考，从而提升教师数学教学生命的质量。

（二）反思性分析的基本特征

从学理的角度分析，发现数学教师成长中的反思性分析具有如下几个特征：

1．实践性

数学教师的反思性分析是在教学实践当中发生的反思思维过程，是对发生的数学教学情境进行及时洞察、检测、分析、评判，也是数学教学活动的一种践行，促使数学教学目标向预期的方向发展。这种基于实践、用于实践、行于实践的属性使反思成为教师数学教学的一种方式，有助于数学教学实践更加符合数学教学发展的基本规律。数学教师反思的核心是教学问题，因此要对教学理念反思、对教学内容反思、对教学行为反思。特别要结合教学设计、教学过程、教学评价等对教学理念、教学成果、教学作品、教学资源、教学过程、教学流程、教学节点、教学关键点进行反思，把反思性分析的着力点、提升点、注意点都融入教学实践当中，从而发现问题，进行科学的数学教学决策。

2．批判性

苏格拉底指出：未经反省的生活是不值得过的。折射到数学教师从事的教学事业，就是“我们该怎样数学教学?”，引领教师把数学教学存在或教学生活作为反思的中心，用批判性的眼光来考量自己的数学教学世界。这种批判性的反思分析是在认知、评判、叙述、情感等因素相互作用下进行的，主要对与教师职业有关联因素的多层次反思，触及教师数学教学生命的核心，具有深刻的穿透力，如对教师职业意义的反思、对数学教学问题的探源，对数学教学现象的剖析、对数学教学内容方式的审视、对数学教学对象多角度认知等，这种有意识的记录、回忆、批判、反思就能从本质上考究数学教学决定与教学行为，从而不断释放数学教学能量，显现数学教学真谛。

3．内在性

反思性分析是在感知、回忆、理解、期待中进行的，具有鲜活的生命力。因为数学教师的反思性分析主要是针对数学教学生命的追问，是一种以教师的生命来对证思量别的生命的过程，不仅是从内心深处对自己赖以存在的“数学教学生活”反思，而且要从数学教学生活中寻找知识、真理、语言世界的意义，通过多个视角对自己潜在的前提性假设进行反思。如，数学教学是为了学生的进步，我们每天的工作真的是为了学生的进步吗？数学教学在传播知识的同时，也在传播数学思想与方法吗？这种通过切身的数学教学生命体悟，来把握数学教学的真谛，彰显数学教学生命的活力。反思性分析总是与反思主体的情绪、信念、信仰有关，教师的行动总是态度意向于结果、操作意向于过程的，总是连接感觉（即时）与心境的（持续），并与焦虑、悲观、欢喜等众多因素相伴随，因此这种内在性的反思分析过程就更加弥足珍贵，使教师能够真正享受到反思的乐趣，感受到数学教学的尊严和自由，就会有海德格尔所说的那样，有一种“泰然处之”和“虚怀若谷”的神态。

4. 持续性

教师的反思性分析是把当下反思片段不间断的连接起来而成为一种连续反思的过程，使反思在数学教学过程中具有持续的生命力和鲜活的力量，推动着数学教学不断优质化。通过挖掘、整理、理解把当下点点滴滴的反思汇成一股反思之流，虽然有时很苦涩、有时很心痛、有时很兴奋，但教师的这种经历是数学教学成熟、智慧生成的必经之路，是教师自我认同、职业认同、唤醒数学教学自觉、彰显数学教学本真的必经之路。

（三）反思性分析的方法

数学教师进行反思性分析的价值在什么情况下都不能低估，问题的关键就是必须掌握科学有效的反思性分析方法才能更好地去开掘其价值。反思性分析是反思主体主动建构反思模式的过程，作为反思主体的教师，怎样使自己对数学教学生活有个清晰的认知和判断，这本身就是反思的核心内容。教师的反思态度、反思行为、反思方法决定着教师反思的质量，映射着教师的特质、文化认同、修正系统。作为教师的反思性分析，态度、意向、动机、本质是关键因素，态度对于社会来说是传统，对于个人来说是习惯性的，如听到看到不良学生表现时易形成负面性态度，倾向于回避或远离他，有一种预防性意愿。当一种态度改变或被另一种态度所取代其主要动因是动机发挥作用，然后寻找正当性理由，而驱动这种改变的因素是信念，是对本真状态的回归。因此教师的反思性分析的类型有：意向性分析、动机分析、本质分析。在相应的类型下就生发出具体的分析方法。

1. 意向性分析

意向性分析方法是基于反思模式而生发的。是经验、前认知、前瞻性或预期性等因素成分较多的反思，主要体现在教师数学教学行为前，也就是说是在数学教学设计等层面的反思方法，具有心智式反思的特点。意向性是这种反思性分析方法的一种关键因素，是产生深度反思分析的基础，这种带有反思性质的分析触动了反思的机制，开启了反思的视域，在内心深处才有意愿对已有的一切进行审视和批判，才能更加理智地回应和纠正威廉詹姆斯说的“有太多这样的人，在他们自认为思考的时候，只不过是在重复自己的偏见”的现象。从而使教师的数学教学回归理性的道路上来。

意向性分析是包括感知、回忆、希望、经验活动参与其中的反思过程，调查的方法、观察的方法、猜测的方法是意向性分析的主要方法。如在进行数学教学设计时对学生学习现状的诊断、对教学内容的深度剖析、对教学方法的选择、对教学过程的周密思考等都是通过调查方法而得出真实的数学教学信息。还有授课中观察学生的学习行为表现、倾听同学的言说、静心观察数学教学事件的进行等。这些都是通过观察的方法得出数学教学判断。这种分析在不断地审视着教师的教学意向，可能发现教师最初对学生的期待是盲目的，靠以往经验建筑的期待有可能落空或不现实，因此通过观察、调查、猜测的视角就可以纠偏以往的认知偏差，使期望值回归到理性的轨道上来。特别在内容设计时。这种反思分析的方法尤为重要，因为数学教学内容本身可能盲目的存在我们那个经验之中，但通过意向性分析就能形成确认、修正和拓展知识的路径。

2. 动机分析

动机分析方法是基于反思过程生发的分析方法。是从内心深处查究数学教学历程，真正地去审视内心所潜在、深藏的影响因素，激活沉默因素，唤醒对数学教学的热爱，这种动机分析带有创造性反思的特质，是对现象原因的解释，是寻找解决困难、矛盾、困惑的入口点。教师的动机分析可以使教师深刻地审视自己数学教学中采用行为的正当理由，可以使数学教学从无序的模糊状态变成一种有意义的分析过程，进而从质上认识数学教学的生命意义，才能对数学教学模式、教学行为的反思成为一种教师自觉自为的行为范式。教师所进行的动机分析更多的是对被关注的对象与过程、自我与他人、情绪与价值、意志、评估与信念、经验、态度等问题进行的深入思考，是对自己赖以存在的数学教学价值的起因给予解释，是数学教学进步的最明显的标识。

动机分析的主要方法有反思日记法、事件描述法、因果解释法等。教师的数学教学世界是一个丰富多彩的世界，在教学历程中会生发出许多感人并值得记述的事件。那么，运用批判性反思日记法就会让宝贵的教学智慧得以留存。这种带有批判性的反思日记绝不是数学教学的流水账，通过书面、口语、缄口的行为纪实或成像，使数学教学故事真实展现，在静听与深想、记述与分析中深究内在动机机理，从源上找出原因的原因，做出一种合理解释。每一个数学教学片段都存在着教学智慧。在数学教学长河中一个重要的具有转折点的教学事件需要描述，这种描述不是简单的现象复原，而是在复原中追忆，在追忆中反思，最终通过因果解释法提炼出值得分享的教学智慧。动机分析往往可以揭示习以为常的教学假设中存在的问题，使教师对数学教学永远保持一种警醒状态。因为好多时候教师有时不知道数学教学问题到底出在哪里。如在调研中我们问及课堂教学中是否有知识理解方面的问题，几乎所有的教师回答没有，这种过分的自信其实蕴藏着反思能力的弱下，反思技巧与方法的缺失，显露出的是教师没有真正明晰“理解”的含义，也说明数学教学中存在着不能正确自我认知的现象，在问及如何进行数学教学诊断时大多数是基于以往经验而做出说明，深层思考较少，这可能是造成有些教师数学教学效益低下的重要原因，因为好多教师为自己的教学“解释”开脱。为此我们倡导基于教师职业天分、职业发展、人格定位的动机分析方法以构筑教师第二天性：反思性分析机制的形成。

3. 本质分析

本质分析方法是把“特殊的事实”与“普遍的本质”区分开的分析方法，是运用辩证思维的方法论去深层次对数学教学现象的事实与本质进行深刻反思的分析。这种反思真正带有原动力，是教学进步、提升的根本性力量。依维特根斯坦的观点，一切问题都可以归结为“语言问题”，那么数学教学世界确实可以归结为语言问题，不管是文本语言的解读、还是行为语言的表达，都是传达教学的真谛。剖开语言的外衣，可以直达教师文化的本质，虽然每个教师都在心中存有对数学教学文化的认识，都有一种分析框架与理念基础，但要清晰的进行本质分析却要有很大的勇气与意志力，因为这样的分析是对自我深刻的解剖，是直面心灵，坦然客观的、公正公平的对自我营造的教学空间、实施的教学行为、产生的教学效果进行逐一审视，进而对自己已有的教学信念、教学态度、意愿行动进行深度解剖，从源上追究自己的教学责任，自我进行教学问责，真正做到“改变学生的世界”的教学目标。

本质分析的主要方法有追忆式反思法、过程式反思法、求证式反思法、重点式反思法。这些方法是基于回忆、联想、深思等思维活动进行的，同时借助于同事、学生、家长、管理者等的视角来帮助进行本质分析。这种全方位、立体式、多角度的本质反思就是对教学价值观、教学本体观的深度思考。只有这样才能对习以为常的强化训练、讲解讲授等做出中肯的分析与判断，才能对以教师为中心与以学生为中心的数学教学模式进行本质反思，才能使反思的经验、信念、意愿通过有效的手段如听、看、说、想、做等行为进行验证、分析，使数学教学按自己预设的方向发展，并使路径得以拓宽，从而在不同的情境下，把数学教学中的许多内在因素激活，使环境、知识、思考、目标、智慧、认知融入数学教学过程之中，生发出道德力量。

二、教学日记

（一）教学日记是一种对话艺术

作为记录、整理、反思、强化、分析所发生事件的工具——日记，在人类的生活、发展中起着十分重要的作用。在数学教师的职业生涯中教学日记对于剖析教学现象，丰富教学疆域，提升教学水平起着至关重要的作用。商务印书馆《四角号码新词典》中解释“为天天记录生活经历的笔记”为日记，而《现代汉语词典》解释日记为：“每天所遇到的和所做的事情的记录”。《现代牛津双解词典》则把日记解释为记下每天发生的事件和思考。日记即每天对所遇到的和所做的事情的记录，有的兼记对这些事情的感受。因此，我们把日记理解为个人在活动、思考、回忆或感觉中对所发生的事、处理的事务或观察后通过记忆重塑机制建构的记录。

数学教学日记是积极地重新合成数学教学场景，并且将新要素诸如反思、修正、谋略等整合在一起，建构数学教学文化系统，其内容来源于教师对数学教学生活的观察、认知、解释。因此，可以记教学故事，可以记教学活动中的内心变化，可以刻画教学情境，可以记录教学变革历程，也可以“重现”当下教学活动，凡是在数学教学生活中所做过或看到、听到、想到的，都可以成为日记的内容。

作为数学教学对话的“教学日记”，教学日记首先是一种分析性的记录。这种分析性的记录有两种活动参与其中，一种是记忆活动，指向过去；另一种是理性活动，指向分析与判断。因此，作为分析性记录的教学日记是一种自我反思与教学境界提升的过程，它不是流水账的记录，而是在数学教学事件记录过程的追忆、在追忆中的总结与分析、在分析中的对策寻找与探求的过程。这种分析是基于对真实信息的记录与当时场域的回忆，参与了记忆、思维，是建构主义、程序主义记忆观相互作用的结果，是教师运用不同的记忆加工方式和记忆内容来完成的分析性记录。在数学教学中不做教学日记就很难使自己的教学感受留下痕迹，很难内化自己的教学经验，也就很难摆脱教学经验主义的束缚。为此作为教学对话的“教学日记”就成为分析、发展自己教学观点的重要技术，就成为研究、分析、表达自己教学问题的重要途径。

数学教学日记是一种对话系统，具有对话性和系统性。所谓对话性，是指记录者通过回忆、识别、建构、叙述以与自己心灵形成真诚对话系统，参与对话的主体不仅指数学教学事件中的教师本人，且囊括数学教学事件的所有因素，除作者本人对其数学教学思想的深度挖掘外，还把参与对话的环境、条件等因素都涉略其内，主动从自我视角挖掘各种数学教学因素在教学场域中的角色和功能，展现其鲜活的生命历程及其对话方式，这种对话是基于对教学过程深层次思考，是数学教学生命力的对话。如一位美国小学数学老师在他撰写的教学日记中是这样展现它的对话性的：

我不知道从哪里开始。我犯了太多的错误。事实上，我不知道做了这么多是否正确。

在学生解决数学问题的能力和数学进步方面，我没有做出真正的贡献，如果有，也仅仅在阅读方面。我通过阅读的方式与学生分享我的工作，希望能帮助我的小组里的 4 名学生。我尽量使我的小组成员品质各异，让不同水平的学生待在一个小组里。贝兹和兰德尔是非常聪明和讨人喜欢的孩子。他们都很擅长阅读，与其他学生的关系都很好。我认为，他们可以领导整个小组。迈格当娜则很安静，很害羞，她阅读很吃力，也不善于表达自己的观点，我希望小组成员能帮她解决这一问题。萨尔维诺不爱讲话，他学习吃力并且很少阅读，我认为他很可能在数学上会遇到困难，我希望这个小组能帮助他。

上述的对话是充满着真诚、执着、坦率，从日记中不仅分享了教学故事，从中复原课堂教学生活的情境，感知作者所秉持的教学态度、体会作者的教学信念，而且表达了作者对自我反思、对数学教学本真含义的理解，以及作者对学生的了解和教学责任的定位。这种真诚的文本对话方式，使自己能够坦诚地面对学生、教学现状，能够直面现实，挑战、反省自我。

教学日记的系统性源于日记中的记忆与理性活动，记忆事实上是以系统的形式出现的，一些记忆让另一些记忆得以重建，理性事实上需要表达哲理，这就要求日记不能是零散与无逻辑结构的，而是需要真实的符合逻辑的呈现一些教学事件，特别是一些关键性事件。因为关键事件中的关键事与人所产生的影响力，使写与读日记的人都能从中品味数学教学真谛，反思数学教学历程，寻找解决问题突破口，启迪数学教学新思路。如上述日记的作者在另一天日记中这样写道：

我这节课的目的是让孩子们一起来学习，最终使他们能够解释自己的思考过程。我决定利用“更多和更少”问题来达到这一目的。我问了小组这两个词的含义。然后开始讨论我前面的两堆方块。其中一堆明显比另外一堆要多些。他们几乎数都不数就告诉了我这一点，他们可以准确地描述哪一堆更多，哪一堆更少。接着，我让他们分成两个小组（由于两个女孩坐在了一起，所以就成了男生一组，女生一组）。我分给他们一些方块，让他们数出自己有几块，谁的更多一些。……，我知道他们已经学过用排列的方法来比较多少，所以以为他们会采用这一方法，但结果却出人意料，他们的方法让我很吃惊。

这样的日记清楚又完整，充分体现了系统性，使数学教学日记构成的主要要素：环境、人物、主题、情节、风格，语言、语境的刻画由表层进入反思的深层阶段。深化了对数学教学过程中所遇到的人和事，及前因后果的整体性认知，达到了日记写作的总结、梳理、保真、析理的目的。

作为教学对话的“教学日记”是自我心路的日记，不仅仅是写给自己看的，而且要给别人提供经验、策略和一些教学思想，要使教学日记成为展现自己对教学思想、方法思考的营地，成为舒展自己教学生命张力的场所。这种日记是以反思个人的教学经历的事件为基础，以书面的形式描绘课堂中的经历，不断地寻找惩治教学问题的方式，展现教学过程中点点滴滴的闪光点；

这种日记也是后期进行修改教学计划，反思、提升教学水平，理论与实践整合的有效工具，是帮助自己教学成长的履历表。

作为教学对话的教学日记是心路历程与实际经历的适度切合。教学日记的目标就是通过这种自我反省的方式突破教学障碍，凝聚教学思想，发挥教学优势，整合教学功能。这种教学日记兼具叙述的特征，心理学家唐纳德·波尔金霍恩分析了这种叙述的三个特征：归纳短暂经历和个人行为的意义；将日常行为和事件合成单元；回顾过去，规划未来。据此，作为教学对话的数学教学日记可以用来审视过去、现在、将来，超越时空，发出教师真正的声音，将思想和行为连接起来，真实地记录数学教学生活、价值观和信仰，呈现数学教学实践的真切感受。这种教学日记从某种角度讲是一种教学核查表，为自己的教学找到了一面镜子，寻找教师教学生活的关联性，为教学发现、教学创造提供一个机会，不断地发掘实践层面、理论层面的问题。这种文本叙述可以使个人从寂静的文化中解放出来，慢慢品味析取教师知识的重要性、传递性、发展性，真正的搭建起行为中反思与行为后反思的平台。

（二）撰写教学日记是一种教育责任

教师的职责和任务就是要用自己的热情、意志力和吸引力去为学生的美好世界作奠基性的工作，这是一个教师不容回避的责任，教师们应当对这样的社会角色充满信心。数学教学日记传达了一种态度、信念和责任感，展现出对工作的热情及满足度。认真的审视数学教学日记的功能，就会发现它是对数学教学旅途的一种解释，具有叙述和反思的力量，也是数学教师重建教学生活、钻研教学问题的一种投射。

既然数学教学日记是展现数学教师真正生命历程的一种方式，是教师职业生涯中，重新评估自己工作的意义，审视其价值，探寻其方法，关照生命样态的真实写照。那么撰写数学教学日记就成为一名数学教师必须担当的责任，通过撰写教学日记，就为自我袒露、表征教学愿望、想法，尽情展现教学中的冲突，积极进行身心调适，不断积累经验，修正自我目标提供了阵地，也就为自己营造了一种良好的教学环境。

撰写数学教学日记作为一种教育责任，就必须高度重视，不仅要追求日记的真实性、深刻性、批判性，而且要坚持不懈地还原数学教学事件的来龙去脉、持续的核查数学教学发展的路径，不能浅尝辄止。要变成一种习惯、一种教学态度，使之成为一种有益于自我身心健康，净化内心世界的活动，使撰写数学教学日记成为数学教学生涯中不可或缺的部分，成为数学教学生活的有机组织部分；不断积极地进行自我调节、谨慎地进行自我开放、用适当的行为做榜样、保持健康的幽默感、积极寻求帮助、做自我榜样。

作为一种教育责任的教学日记撰写是基于教学神圣使命的使然。数学教师要有一颗美好的心灵，要对自己心灵健康高度重视，要有内省式的反省，充分关注数学教学生活中的点滴，才能有助于自己充满信心与激情的工作与生活，不断感染学生、优化教学环境，充分发挥自身教育影响力和辐射力。有责任感的数学教学日记促使数学教师切身思考和审视教学方方面面的问题，让教师不断勾画和改进数学教学图景，不断地丰富教学信念，不断补充教学生涯中所需的动力，使教学日记成为数学教师教学行进过程中的一种自觉行为，为数学教师追求职业进步提供支持性的、鼓励性的和援助性的环境。教学日记能够唤起理想，提供改进路径，凝聚教学智慧。它本身是一种宝贵的教育财富，让数学教师静下心来思考当下教学状态、学生本真状况、教师教学行为，它给数学教学以生息的机会，给深层理解提供一个平台，给教师换位思考及认知行为创造了天地。

作为一种教育责任的教学日记，其实包括认知（处理信息和决策）、评判（检验经验经历、信仰、目标、价值观）、叙述（对教学事件的解释），分析、对策等基本要件，因此数学教学日记的结构与形式、内容与实质更是以批判式、自醒式、记录式的方式展现，形成独特的心智模式、实证意识、反省机制。它主要是从数学教学对话的意境上阐述教学生命的意象、比喻、对话，诠释作者对数学教学的理解、承担的责任，并用朴实、真切的笔调感染与导引教育行为，使参与者能够分享到其中的力量，成为优质的教学资源。

（三）教学日记应当是一种教育制度性的对话艺术

作为教育制度的教学日记，当放在数学教育的场域中思考时理应当成为一种数学教育制度。这种制度有益于数学教育事业的进步与发展，有利于数学教师个体健康的成长，更有利于学生的进步。倡导用日记的方式来表达对数学教学的深思，这种制度就真正为教师面前树立了一面镜子，用这面镜子就可以不断地反观映照教师的教学样态。制度性的教学日记的确给数学教师提供了一个空间，可以释放一些内在的焦虑和外在的压力，为其心灵洗个澡。制度性的日记起一个规范作用，让数学教师有意识地去反省自己的教学行为，随时其实的揭示教学的本真状态，汇聚教学的热点与难点问题、普适性与特殊性问题。由于日记具有内隐性的特点，是对大脑中看似混乱、无形的数学教学事件进行组织化处理而成的一个富有含义的连续整体的过程，具有原创原思的意蕴，是极为珍贵的原始教学资源，加以整理、提炼、总结可为数学教学理论的发展提供动力资源。

作为制度性的教学日记具有当下性，也具有长期的后效性。它是一种超越时空界限的对话艺术，既是自己心灵的自我对话，又是对数学教学事件的自我还原与反思，整合了自己的教学经验、教学观察、教学感悟，更重要的是把数学教学的主体学生作为事件的核心要素表征在事件的过程中，从中可以窥视出如何寻找学生发展的切入点。虽然教学日记在解释与分析的过程中，带有个人经验、认识与思想，也有可能掩盖或放大一些事实，但作为制度的教学日记所秉持的基本品性：还原真实、反思和谈论、被解释和重新解释，是教师撰写教学日记时必须坚守的，是教学日记具有生命力的体现。

作为教育制度的教学日记是数学教育信息表达的一种方式。它的力量部分还在展现许多有趣的自相矛盾的说法，可以真实地审视教师信仰、行为变迁以及过去、现在和将来的样态。因此，必须在实践指向与理论指向的表达上下功夫，逐渐消除一些肤浅或轻视数学教学真相的记录，鼓励更多反思式实践的记录，让更多的课堂事件剖析、师生观点、教学碰撞发挥出生命的活力，使表达更加富有价值。

作为一种教育制度性对话艺术的教学日记，应当在数学教师成长中倡导并形成高级别对话意识。与课程对话，即把数学教学中对标准的研读、教材的分析、教学策略对比思考的感受想法真实表达出来；与同行对话，即把与同行合作交流时所产生的感悟，尤其是集体备课产生的好的想法，虚心学习为我所用的经验，参考别人教学策略的得与失分享；与名师对话、与网友对话、与学生对话，这种多角度的对话是汲取数学教学智慧的过程。这种对话性具有强烈的教学针对性，课程资源的开发性，为学生成长发展的服务性，提高自我水平的迫切性。这种多维对话的教学日记其实是教学文化的纪实，是可以在课堂上与课堂外都能用得上的实录，是对自己教学经历厚重的剖析。

作为制度教学日记，首先要写出特色，无论是描述式、分析式，还是批判式、探究式，都是数学教师亲身经历的，并想拿出来和大家分享的日记，是对数学教师生活的真切接触，是寻求数学教学和学习意义的途径。也可以是对他人教学实录的评析日记，其中更多的是感悟、思索，是感直觉与智直觉的整合体，是外显与内在张力的平衡，是潜在教学理念、教学价值观、教学态度的张显，教学日记中要不断地显露为何要做一个数学教师？怎么才能成为一名数学教学名师？如何让数学教学效果更好？如何克服遇到的障碍？什么事值得自豪、羞愧、失望和绝望等，内容丰富而多样，真正把心灵从眼睛的束缚下解放出来。

作业制度的教学日记必须是对平常日记的一种提升，是对数学教学生涯全方位的透视。一定要勤于观察、善于分辨、及时记载。同时要持之于恒，既然是日记，最好每天必写，留下教学的痕迹，教学日记形式要活泼一些，写法也不要拘于一种形式，开始先写短一些，时间长了养成习惯，你就会觉得越写越有意思。特别是现流行的网络日记，也可以成为抒写自己数学教学心情，记录数学教学生活的方式，它的传播力度更加有效快捷，它的数学教学价值就更大。

三、核查表

教师是在一个复杂的教育世界里不断追求着进步与发展，有效、高效的教育智慧是成就教育事业的关键，而智慧的生成需要工具作为手段来实现，除了数学教学日记，还有一种极为重要的工具就是核查表，这种工具不仅是提升专业阅读、数学教学、数学教育研究水平的有效途径，还是提升数学教学经验、丰富数学教育智慧的有力武器，里面蕴藏着大量生成性因素，为此需要从不同的角度来进行认真的分析与析理以挖掘内在的深层次的数学教学智慧。

核查表是一种记录观点、扫描现象、梳理经验、拓宽视野、更新观念、自我监督、自我调整的工具，是以表格的形式把自我数学教育历程中的信息进行多方位整理，形成极具数学教育价值的资源集成品，承载着数学教学经历与价值，审视着数学教育理想、教育效果，展现着数学教育现实与事件，梳理着数学教育问题、数学教育过程与环节，丰富着数学教育资源与智慧。核查表能够明晰问题、析理结论、建构体系，使数学教学结构规范化、数学教学活动秩序化、数学教学过程精致化。

基于此，全面梳理核查表的形式、内容、结构及其特征，剖析所蕴藏的数学教育价值，就显得十分必要。教师掌握和应用核查表，重要的意图之一就是树立一种核查意识，对自身数学教学行为进行审视、评判、调整，防止自我欺骗，进而有效进行数学教学反思。通过核查表可以把数学教育中最为紧迫的核心事件展现在数学教师视域中，成为沟通教师与生活、教师与学生、教师与文本的桥梁。为此建立的核查表必须是有用的（促进专业发展）、可信的（获取真实资源）、发展的（拓展智慧空间）。

（一）学习维度核查表的形式与结构

数学教师的学习是一种终身性、责任性、职业性的学习。这种学习目的、内容、方法、视域、效果是造就数学教师教育理念、掌握数学教学方式、形成数学教学技能的基础。数学教师学习的目的就是为了更好的数学教学，是为了使自己数学教学更加富有生命力。因此，数学教师的学习就不同于一般的学习，是积累学习经验，拓展学习方式，寻找学习工具的学习，把核查表作为诊断、评价学习质量的工具，可以更进一步精通学习内容，夯实学科知识，提升知识修养，利己利生。

作为一名对学生学习行为具有重要影响的学习者，数学教师学习的主要的方式是独立批判阅读，是发自内心的、精神力量的渴望，而绝不只是外在压力使然，这种独立的专业阅读方式能够让数学教师通过专家学者的视野识别自己的数学教学实践、冲破熟悉的束缚，是数学教师精神觉醒的表现，在独立学习、批判反思中避免形成集体共识，反思和挑战数学教学关键事件，也就是说数学教师最为正当学习理由就是为了孩子们美好的明天。

数学教师的学习是如此之重要，那么采用何种手段才能保证学习具有实效性就是研究的核心问题之一。一般而言，数学教师学习的主要方法有独立阅读、听取讲座、参与讨论、深入观察等，参与这种学习机制的核心要素有认知目标、认知身份、认知对象、认知实践等，主要是基于数学教学场域下以数学课程变革为背景的学习，具有复杂的思维导向，其主要特点是精细化与拓展性。经常使用核查表来审视教师学习，可以不断审计数学教师教学实践、检验数学教师教学风险，积累教学智慧。作为数学教师成长过程中最为重要的学习方式：专业阅读，主要是参阅与专业发展有关的经典著作与期刊，从这些文献的字里行间里中进行对比、分析、思考来解读自我，探析著者对教学职责与义务的认知，理解著者作品中蕴含的教学理念、方法、策略，更进一步发现自己声音、创造民主课堂。

学习维度的核查可分学习前的核查、学习中的核查、学习后的核查三种形式，其基本的形式结构及意境剖析如下。

1. 学习前的核查

学习前核查是为了更好的学习，也是为了更清楚地了解自己。一般情况下，学习前核查有两项：①对自己学习特点的核查；②对学习目标的核查。根据罗宾逊教授在其《独立学习者指南》一书中的论述，建构如下核查表，以对数学教师学习的独立性及学习目标进行核查，从而对学习活动的开展进行反思，提高学习效率（表8－1）。

表8－1 学习特点核查表

回答下面的问题，从右边的方框内选出答案	是	有时如此	不是
1. 我对每天或每周的学习时间做出具体的计划，并按照计划时间学习			
2. 我会根据可利用的时间确定可行的学习目标			
3. 每当学习新内容时充满活力，不需要别人帮助			
4. 我学习时能集中注意力，克服困扰			
5. 我采用自己喜欢的阅读、记忆、思维等方式有效学习			
6. 学习时我采用的阅读方法不止一种，并喜欢做笔记			
7. 我经常复习以前、几天前或几周前所学的内容			
8. 我选择帮助记忆所学内容的学习方法			
9. 我不时进行自我测试以检查自己是否理解			
10. 我试图将所学的内容应用于自己的工作和日常工作			

如果给上述回答赋值，比方说答“是”赋3，答“有时如此”赋2，答“不是”赋1，那么分值越近30，意味着学习意识、方法、策略、效果越佳，而分值越近10，可能意味着要提高技能，改善方式。虽然以上核查赋值的方法不一定很科学，但能够对数学教师的学习特点给出大致的描述，从一个视角使数学教师了解自己的学习，有利于查究学习效率等方面问题，为最优化的学习提供一些关键信息，促使改变学习理念（表8－2）。

表8－2　学习目标核查表

核查项目	我的目标	时　间
我目前的总体学习目标	总目标是：	完成日期：
为达到总体目标而确定的子目标	总体目标细化后的子目标或可操作的单位目标是： 子目标1. …… 子目标2. …… ……	子目标1完成日期： 子目标2完成日期：
达到目标可能出现的问题或障碍	问题1 问题2 …… 障碍1 障碍2	解决问题1的时间： 解决问题1的时间： …… 克服障碍1的时间： 克服障碍2的时间：
达到目标可利用的有效资源（包括有形的和无形的）	资源1 资源2 ……	资源1利用的时间： 资源2利用的时间： ……

清晰的学习目标是有效学习的基本保障，不断对总体目标进行分解、细化并转化成在某时间段内现实的学习任务十分重要，在学习中达到目标并非轻而易举，要利用多种学习资源克服困难努力实现，对此相关的核查就显得十分重要。

2. 学习中的核查

学习中的核查是对数学学习进程中一些状况进行核查。包括学习方法、学习任务的执行情况、学习时间的利用情况等。这些核查可有效地维护学习活动的运转。因为良好的数学学习态度与良好的学习程序就体现在学习过程中，通过如做索引卡片、画概念图、制作心里地图、记忆检查表等工具就能不断地核查数学学习过程中的效率。下面给出一个学习任务完成情况核查表（可与目标核查表对照使用），因数学教师学习内容与任务较多，所以细化到不同学习领域进行学习任务核查，以确保学习的高效（表8－3）。

表8－3　学习任务情况核查表

项　　目	任　　务	日期（完成任务情况，与目标对照）
学习的任务	主要内容 主要工具	
任务的指导性问题	问题1 问题2	
按任务写出几个主要的学习阶段	阶段1 阶段2	
列举出用到的材料和信息资源	信息1 信息2	
学习中产生的新想法	想法1 想法2	

任务驱动是学习中经常使用的策略，结合任务完成情况核查可使学习的责任意识强化。数学教师的学习一般是指数学专业知识提升的学习、扩展知识面的学习、数学教学知识与学科知识相互整合的学习等。在课改不断深入推进的新形势下，数学教师学习的理念、内容、方法及学习管理都发生质的变革，在学习过程中运用核查工具对学习进行目标管理、任务管理、效率管理相当重要，唯其如此，才能在核查中不断品味数学学习真谛，感受获取知识、增长智慧的乐趣。

3．学习后的核查

学习是一个相继进行的过程，这里所说的学习后是指某一学习任务完成后的核查，其实也是新的学习任务开始的核查。这种核查可以检查学习效果，防止出现“左耳进右耳出”“过眼烟云”“不能学以致用”等情况出现。可用如下的核查表进行核查（表8－4）。

表8－4　学习任务实效性核查表

制一图表概括本学习任务的要点或核心：完成在笔记本上 设计一个图表，将关键词梳理在你的笔记本上，并反思在实际教学中的应用情况： 添加个人的观点和必要的想法，完善笔记或者数学教学日记：

数学教师的学习阅读、专业成长是在一个极其复杂的教育场景中进行的，要把专业阅读、专业写作与数学教育教学结合起来，寻求有效的核查表去检测学习质量、促进数学教师的专业发展，设计核查表的重要性不亚于数学教学设计，设计的表格要把教育性、反馈性整合在一起，使其更加开放、优化，

成为重要的教育资源，为更好地数学教学与研究提供丰富的资料源泉。

（二）教学维度核查表的形式与结构

数学教学是教师智慧生成的主要阵地，一个数学教师最富有创造性的活动场所就是数学课堂。合理利用核查表是提升数学教学智慧的有力武器。一般情况下，数学教师教学工作是由三个主要环节构成。①进行有效教学设计；②科学实施教学活动；③及时开展教学评价。为此核查也要从三个环节：设计、实施、评价中进行。通过这三个方面的核查，及时发现教学中存在的问题，寻找解决对策，使教学更优，更符合学生认知规律与数学教学发展规律，进而从深层次开展数学教学规律的探究。

1. 设计环节的核查

数学教学的设计环节是数学教师职业生涯中极为重要的一项工作，设计质量的高低直接影响数学教学效果，如何诊断其质量的高低，一种有效的方法就是寻求核查工具，进行自我评判，可从学生、教师的视角来进行。因为设计的所有环节都是围绕着学生数学素质提升而进行的，那么学生视角就是评判教学设计质量最重要的维度。同样数学教学设计是教师依赖于教材而进行的，是基于教材、学生实际情况、教师个体经验、环境等因素整合而设计的，因此对其进行核查也是重中之重。

（1）学生学情维度的核查。学生维度的核查要在建构主义教育观下进行，通过核查为更好地进行数学教学设计奠基一定的基础（表8－5）。

表8－5　学生学习状况核查表

项　　目	内　　容
对要学习的主题	
你已经知道什么	
你想知道什么	
你认为你应当知道什么	
你是否还有别的问题	
你对学习有什么期望	

通过这种调研式核查，可清楚地知道，学生对此主题理解的程度，析取出学生真实的想法和建议，养成聆听学生的意识，使数学教学设计工作在常态下发挥更大的教育影响力、促进力，确保为高质量数学教学设计打下基础。

（2）教师教学思维维度的核查。数学教师进行教学设计是在汲取更多资源基础上的个体劳动，整合了许多先进的设计理念、方法、内容于自己的教学设计之中，为确保设计的实效性，需要核查（表8－6）。

表8－6　教师设计核查表

项　　目	内　　容
对要教学的主题，其流程图是：	
对教学的内容，其要点是：	
对与教学相关的问题，可能还涉及：	
对教学过程的整体思路是：	
对教学环节，可能还有一些问题：	
对教学的期望：	

通过这样的核查，可保证数学教学设计更周密，确保数学教学过程、环节更流畅顺达。

2．实施过程的核查

数学教学是师生互动的过程，是知识生成、思维进步、信念养成的过程。确保数学教学实效、高效的锐利武器就是持续地进行核查，可从学生与教师维度来进行。

（1）学生对教学情况的反馈。学生是数学学习的主体，也是数学教学服务的对象，学生在教学过程中的真实感受及其想法就是核查教学真实情况的依据，因此，要选择恰当时机从学生维度对教学进行核查（表8－7）。

表8－7　学生在教学过程中对教学情况的反馈表

读完以下问题后，从右边的五个栏中选出其中一栏，表达你对课堂教学所涉及的有关问题的赞同程度	很好	较好	一般	较差	很差
1. 在课堂上，我感到受重视的程度					
2. 在课堂上，我感到受舒服的程度					
3. 在课堂上，被学习内容吸引的程度					
4. 在课堂上，自我感觉良好的程度					
5. 在课堂上，教师教学准备、全身心投入的程度					
6. 在课堂上，教师知识渊博、讲解的清晰程度					
7. 在课堂上，教师能够使难点变得易于理解且生动有趣的程度					

续表

读完以下问题后，从右边的五个栏中选出其中一栏，表达你对课堂教学所涉及的有关问题的赞同程度	很好	较好	一般	较差	很差
8. 在课堂上，同学们思维活跃的程度					
9. 在课堂上，能有效促进我们学习的程度					
10. 在课堂上，同学们感到太快、太抽象的程度					
11. 在课堂上，同学们感到太简单、太少的程度					

经常这样核查，对如何改善学生数学学习，增加数学学习兴趣，有效进行数学学习管理都会产生十分重要的影响。

（2）教师课后对教学情况的反馈。课堂教学是教师生命力展现的主阵地，数学教师借助于一定的核查工具，可以帮助数学教师更好地理解自己的教学行为，了解学生对教学的感受。如对一节课后核查可以反思的形式来进行（表8－8）。

表8－8 课后自我反思表

项　　目	内　　容
1. 这节课，我感到最成功的设计环节是：	
2. 这节课，对我的教学造成最大障碍的是：	
3. 这节课，最让我惊奇的事件的也是促进我对自己的教学负责任的最有益的事情是：	
4. 这节课，最使我感到焦虑的事也是妨碍我对自己的教学负责任的最坏事情是：	
5. 这节课，我和学生配合的最成功与不成功的环节是：	
6. 这节课，在教学中做的所有事情中，如果给我重试的机会，哪些活动我会做得更好：	
7. 这节课后，我最需要努力的地方是：	

由于数学教学过程的复杂性和动态性，作为数学教师，还要听同事的课，并与自己的教学对比分析，可从另一视角来审视自己教学的真相。下面表8－9是听同事课进行的核查表。

表 8－9　同事教学核查表

（认真思考，把选项的代号填在括号内，并将真实想法写在空白处）

在这门课中，我发现任课教师：
A. 用到了许多不同的教法；B. 用到了一些不同的教法；C. 只使用了极少的教法（　　） 我对教法使用的感想：
在这门课中，我发现任课教师：
A. 总是对学生的关注做出反应；B. 有时对学生的关注做出反应；C. 很少对学生的关注做出反应（　　） 我对教师负责任的水平的感想：
在这门课中，我发现任课教师：
A. 一直努力坚持让学生参与；B. 有时努力让学生参与；C. 很少让学生参与（　　） 对学生们在课堂中的参与情况的感想与新思考：
在这门课中，我发现任课教师：
A. 学科知识丰富；B. 能够很好地传授知识；C. 清楚课程组织的原因（　　） 我对数学教学的有效性或无效性最想说的是：
在这门课中，我发现平等、包容和商讨等这些民主习惯得到了实践：
A. 经常　B. 有时　C. 罕见（　　） 我对数学教学中的民主水平或缺少民主的感想是：
通过观课，我感到最有吸引力、最兴奋和最投入的活动设计是： 因此我需要完善的活动设计是： 为了帮助我在未来改进数学课的教学，我最想提出的改进策略是：

数学教师作为数学教学活动的组织者、管理者，对数学教学活动的有序进行起着十分关键的作用。为了解数学教学的有效性，可询问学生或请一位同事观摩教学过程，让他提出意见。通过多方位的思考与征询意见，可以更清楚明了自己真实的数学教学状况，为进一步改善数学教学过程做好准备。

3. 评价环节的核查

评价是教学过程的有机组成成分。不管是长期评价还是及时评价，在数学教育活动中都是十分重要的工作。那么核查表从某种程度上讲也是一种评价表，是对数学教学的一种问责。这种问责的真实含义是指数学教师对其工作负责以及对其工作效果（有时是非意图的结果）做出反应。它的核心理念是自我调整，是基于反馈得出信息的价值判断，是对自己行为做出的反应。这种问责重要的一面就是建立一种反馈机制，从中可体验反馈的力量，真正的数学教学问责是一种教师义务，是采用多种手段获取数学教学信息，如录像、日记、表格等，从这种核查中，才能体现出教师最基本的特质：用一种更加冷酷和充满怀疑的态度来看待自己的影响，从反馈恐惧中走出来，否则可能阻碍我们的职业生涯。

虽然从不同角度可以评价数学教学的各个环节，有时也是很残酷，但从学生、家长、同行的角度来评价可能更能深入剖析数学教学。

（1）学生维度的核查。学生作业批改得如何？教师上课准备得如何？考试的作用价值如何等，都有其重要的问责功能（表 8－10）。

表 8－10　学生维度评价核查表

（在相应的分值划圈。最低分 1 分，最高分 4 分）

项目	内　容	分　值
作业	在我的数学作业中，教师始终认真批改，并能及时用评语指出问题所在，使作业成为师生交流的一个平台	1 2 3 4
备课	在数学教学过程中，我的教师备课十分认真，设定了目标，并努力实现这些目标，为我的学习进步做出了很好的设计工作	1 2 3 4
责任	教师对我们的学习十分负责，严格从事数学教学活动工作，使我们感到数学学习的重要性与参与数学学习的意义	1 2 3 4
活动	数学教学活动设计的相当好，而且实施得也好，达到了活动的目标	1 2 3 4
考试	我们的数学考试次数、难易程度相当，考试完的分析很到位，达到了考试的目的	1 2 3 4
分享	在数学学习活动中，我能够与同学一起分享资源材料、观点任务与责任、尽量完成任务，并完成我所承担的那部分	1 2 3 4
倾听	我是一个好的听众．并认识到每个组员都会有价值的东西提供。我倾听能够概括说出每个人的贡献	1 2 3 4
合计		

（2）家长维度的核查表。家长对孩子数学学习的关切程度是不言而喻的，通过家长这一视角可以从一个新的侧面来了解教师的数学教学情况，教师要有意识地去征询家长对数学教学的建议与想法（表 8－11）。

表 8－11　家长维度评价核查表

项　　目	结　　果				
	通常	有时	很少	不知道	不适用
1. 在数学课堂上，教师能讲清期望孩子学会的内容					
2. 数学教师关心我孩子数学学习上或行为上的表现，并及时与我联系					
3. 必要时，数学教师与我一起协商制定一份学习策略来帮助我的孩子					
4. 我孩子的数学教师布置清晰且有意义的家庭作业					
5. 在孩子的数学学习及行为上，数学教师与我一样有着较高的期望					

（3）同行维度的核查表。通过数学同行可以审视和了解自己的数学教学行为的优与劣，因此通过同行视角来审核数学教师的教学情况不仅能帮助完善数学教学过程，还能有效地进行班级管理、优化数学学习环境（表 8－12）。

表 8－12　同行维度评价审核表

审阅下面的问题，从右边的方框内选出答案	是	有时如此	不是
1. 某数学教师能够对数学教学环境进行美化，保持一个整洁的、组织良好的数学学习环境			
2. 某数学教师观摩成功教师所创设的环境，并将它们借鉴到自己的班级中来，以改变环境适应学生学习数学的个别差异			
3. 某数学教师能从班里每个学生的角度考虑数学课堂教学			
4. 某数学教师知道学生欣赏、理解课的内容，并鼓励学生积极实践新技能			
5. 某数学教师使用了激发动机的方法来引起学生的数学学习兴趣，组织学生讨论表达看法，能听取意见			
6. 某数学教师在数学教学过程中考虑到了学生独特性倾向，对学生的工作给予支持和鼓励			
7. 某数学教师授课的主题是有趣的、相关的、清楚的			

续表

审阅下面的问题，从右边的方框内选出答案	是	有时如此	不是
8．某数学教师鼓励学生利用他们独特的能力和天赋去解决课上所有的问题以达到目标			
9．某数学教师询问学生，重复一些问题，与学生进行交流			
10．某数学教师为学生和自己创设了活动，以便学生监控和反思学习与教学的进步			
11．某数学教师了解尊重所有学生，参与整个数学学习过程，并且发现表现好的学生并表扬他们			
12．某数学教师乐意承认个人的弱点并为自己的错误道歉。仔细倾听学生的观点 并在数学课上运用他们的观点与建议，为学生树立了有效数学学习的榜样			

4．研究维度核查表的形式与结构

以科学的态度（实事求是、严谨负责）与方法（定性分析与定量刻画）来思考问题的行为都可称作研究。数学教师专业成长必然要进行教学研究，这种研究是基于数学教学现实的研究，是为个人专业发展点燃的一盏明灯。更为重要的是，通过研究，使教师不仅能正确的认知数学学科知识，而且能够对数学教育世界中的一切现象进行认真的剖析，为专业发展提供动力源。因此要营造有利于教师专业发展的环境，在一种新型的数学教师研究文化导引下建立研究核查表。

数学教师就是试图从自我的内部引出数学教学智慧的内核，只有这种数学教学智慧的内核才有力量抑制错误，唤醒内心力量，研究的内在价值就在于此，促使数学教师从内心加强权威感和价值观，不断从负疚和自责中走向自信和坚强。对研究核查的意义与价值就是要更加彰显研究的力量与作用，使研究能在专业成长中真正发挥作用和价值。

数学教师所进行的研究，一般有八个环节：起源于问题、有明确目标、有一个科学的计划、大课题分解成易于把握的子课题、一定的假设为依据、承认接受这些假设（公理）、收集所需资料、循环往复。把这些环节梳理一下，主要包括研究选题、文献资料整理、研究方法、研究的理论基础、研究结果、研究规范等。因此可建立问题式核查表、分级式核查表、即时核查表、长时核查表等进行高质量的核查。下面我们给出一个参考的核查表（表8－13），供更进一步的思考。

表 8－13　研究环节核查清单

研究的数学教学问题是否清楚、简单明了并归结为一个可研究的问题上	是	否
研究的数学教学问题是否足够重要以至值得去做出正式的研究努力		
所确定的数学教学问题跟以往研究的关系是否得到了清晰描述		
文献是否得到了有条理的整理并做出了评论		
所确定的研究问题中是否还存在某些知识空白需要填补		
是否存在对重要相关资料的忽略		
理论框架是否能和所研究的数学教学问题容易地联系在一起，或者很勉强		
所用的概念框架中，这些概念是否都做了恰当的定义、各概念间的关系是否有清晰的界定		
所用的自变量和应变量是否都有了明确的定义		
是否有混杂变量的出现？如果有，是否将其找出		
假设是否清楚、可测和做出说明		
假设是否是理论或概念框架的逻辑结果		
样本容量是否足够大且具有代表性		
样本选取的方法是否恰当且有清楚的标准		
对研究设计是否做出了清楚的描述		
这个设计对于所研究的数学教学问题是否适合		
研究设计所强调的要点是否和研究的有效性和外部有效性联系在一起		
收集数据的方法是否有效可靠且适合于这项研究		
对数据如何收集是否做了足够的描述		
结论部分是否清晰而有条理		
表格和数字是否清楚易懂		
研究中的统计测试等是否有助于回答所研究的数学教学问题		
解释是否是以所得到的数据为基础		
所讨论的成果是否和前人的研究以及概念框架、理论框架相联系		
所给出的结论是否有局限性		
是否对结论的含义有过讨论		
对今后的研究是否有什么新建议		
结论是否客观公正		

通过对研究环节的核查，可以促使数学教师研究更加切合数学教学的现实需要，更加符合研究规范，从根本上提升数学教师的研究水平与力度，使教师在研究过程中体验研究对促使数学教学智慧生成的力量与成效。

思考时刻：说说你对数学教学反思价值和类型的认知。

策略探寻：在日常的数学教学工作中，你常用的数学教学反思方法有哪些？通常是如何利用这些方法的？需改进的地方在哪里？

第五部分 数学学科核心素养与数学教学文化发展

——如何发展数学学科核心素养与数学教学文化

〇立德树人是教育的根本任务，也是数学教学的目标。这就要求数学教学必须认真思考如何使立德树人落地的问题，从而促使学生发展数学学科核心素养；而学生发展数学学科核心素养的关键是教师，那么建构可持续发展的教师数学教学文化，就是数学教育面临的重大命题〇

这一部分的主要内容是探讨学生发展数学学科核心素养与建构教师数学教学文化问题，是数学学习共同体发展中的极为重要和关键的问题，需要从学理上分析数学学科核心素养和数学教学文化发展的要义，从实践上探索培养数学学科核心素养落地之策与数学教学文化建设之径。

第九章　数学学科核心素养

◎数学学科核心素养已经成为数学教学领域探讨的热门话题，数学教学中如何培养学生的数学学科核心素养已经成为数学教与学中的重大议题◎

关键问题

1. 如何认知数学学科核心素养?
2. 怎样培养学生的数学核心素养?

第一节　数学学科核心素养概述

认知数学学科核心素养的提出背景、基本含义及研究状态是培养和发展学生数学学科核心素养的根基。

一、数学学科核心素养的提出背景

数学学科核心素养概念的提出经历了一个不断发展的过程。若追溯源头得从素养说起，最早研究素养的世界权威机构是经济合作与发展组织（OECD）。在1997年年底，OECD和瑞士联邦统计署（SFSO）赞助了一个国际性的跨界合作研究项目，即“素养的界定与选择：理论和概念的基础”。这个项目是由社会学家、评价专家、哲学家、教育学家、人类学家、心理学家、经济学家、历史学家、统计学家以及决策者、政策分析师、贸易联盟、雇主、全国性和国际性组织代表共21人组成，前后发表了关于核心素养的系列研究报告。如2001年的《确定与选择核心素养》论文集，2003年的项目最终报告《指向成功生活和健全社会的核心素养》，2005年的《核心素养的确定与选择：执行概要》。OECD认为素养是运用知识、技能和态度来满足特定情境中复杂需要的能力。这个界定将素养的落脚点归结在能力维度上，所以有很多词，如literacy、ability、skill、capability等。在突出运用知识、技能、态度三个方面的内容时，强调特定情境，因为人的生存、发展及社会中的政治、经济、文化的进步都离不开复杂多样化的情境，人类需要在复杂多样和不确定的情境中发现问题、提出问题、分析问题和解决问题，进而不断提升创新能力。

另外，国际学生评价项目 PISA 由 OECD 主持，用于测试中学生的基本能力。其参与国也大都是该组织的成员国。PISA 的国际测试从 2000 年开始，每三年举行一次，每个周期测试“阅读能力”“数学素养”和“科学素养”中一个主要领域，2003 年是围绕“数学素养”领域进行的测试，影响力较大。PISA 将数学素养定义为“有能力认识并理解数学在世界中的作用；能够给出基本的数学判断，并能够以某种方式去研究数学，以满足有创意的、积极的、反思的公民应对未来的需要”。这个测试从数学内容、数学过程、问题情境三个维度、五个水平测试了学生对世界的认知、判断和反思的能力。

事实上，我国数学教育也极大地关注并注重发展学生的数学素养，从 2000 年在课程改革启动期，初高中数学教学大纲中将思维能力、运算能力、空间想象能力、解决实际问题的能力、创新意识、良好的个性品质和辩证唯物主义观点纳入数学素养的范畴。强调最多的是传统意义上的三大能力，即数学抽象思维能力、数学运算能力和空间想象能力。在 2002 年高中数学教学大纲中继续提到“使学生在高中阶段继续受到教育，提高数学素养”的教学目标，也是重点强调了三大能力，只是更加丰富了一些，加入了直觉猜想、归纳抽象、符号表示、演绎证明，更加强调了数学思维能力。之后我国新一轮课改拉开了序幕，在《全日制义务教育数学课程（实验稿）》《普通高中数学课程标准（实验）》中或隐或显的提出数学素养，现在数学课程改革正在如火如荼地进行着。直到以林崇德为首的核心素养课题组历时三年攻关，在 2016 年经教育部基础教育课程教材专家工作委员会审议，形成了阶段性成果，确立了“中国学生发展核心素养”总体框架。它以科学性、时代性和民族性为基本原则，以培养“全面发展的人”为核心，主要分为文化基础、自主发展、社会参与三个方面，综合表现为人文底蕴、科学精神、学会学习、健康生活、责任担当、实践创新六大素养。为课程标准的修订与完善提供了理论基础，在 2018 年颁布的《普通高中数学课程标准（2017 年版）》中就明确提出了数学学科核心素养，成为高中数学课标中最为凸显的关键词，其实早在 2012 年颁布的《义务教育数学课程标准（2011 年版）》中数学素养就已经成了标准的核心词。

二、数学学科核心素养的基本含义

在素养与核心素养认知不断深入的新形势下，数学学科核心素养已经成为数学教育工作者关注的重要话题，在深入研讨的基础上，人们所形成的共识就集中反映在《课标》之中，特别是 2018 年颁布的《普通高中数学课程标准（2017 年版）》中更是强调数学学科核心素养，其中在课程性质与基本理念中突出数学素养，在学科课程目标与课程目标、学业质量、实施建议等表述中都有清晰而准确的描述，使数学学科核心素养成为数学课程中最核心的词汇。对它的定义也更加明确，对不同学段的数学教育都有明显的导向作用。在《普通高中数学课程标准（2017 年版）》中，具体表征为：数学学科核心素养是数学课程目标的集中体现，是具有数学基本特征的思维品质、关键能力以及情感、态度与价值观的综合体现，是在数学学习和应用的过程中逐步形成和发展的。数学学科核心素养包括：数学抽象、逻辑推理、数学建模、直观想象、数学运算和数据分析。这些数学学科核心素养既相对独立、又相互交融，是一个有机的整体。基于这样的认知，人们对六个数学学科核心素养形成了如下的共识。

1. 数学抽象

数学抽象是指通过对数量关系与空间形式的抽象，得到数学研究对象的素养。主要包括从数量与数量关系、图形与图形关系中抽象出数学概念及概念之间的关系，从事物的具体背景中抽象出一般规律和结构，并用数学语言予以表征。

数学抽象是数学的基本思想，是形成理性思维的重要基础，反映了数学的本质特征，贯穿在数学产生、发展、应用的过程中。数学抽象使数学成为高度概括、表达准确、结论一般、有序多级的系统。

数学抽象主要表现为获得数学概念和规则，提出数学命题和模型，形成数学方法与思想，认识数学结构与体系。

通过数学课程的学习，学生能在情境中抽象出数学概念、命题、方法和体系，积累从具体到抽象的活动经验；养成在日常生活和实践中一般性思考问题的习惯，把握事物的本质，以简驭繁，运用数学抽象的思维方式思考并解决问题。

2. 逻辑推理

逻辑推理是指从一些事实和命题出发，依据规则推出其他命题的素养。主要包括两类：一类是从特殊到一般的推理，推理形式主要有归纳、类比；一类是从一般到特殊的推理，推理形式主要有演绎。

逻辑推理是得到数学结论、构建数学体系的重要方式，是数学严谨性的基本保证，是人们在数学活动中进行交流的基本思维品质。

逻辑推理主要表现为掌握推理基本形式和规则，发现问题和提出命题，探索和表述论证过程，理解命题体系，有逻辑地表达与交流。

通过数学课程的学习，学生能掌握逻辑推理的基本形式，学会有逻辑地思考问题；能够在比较复杂的情境中把握事物之间的关联，把握事物发展的脉络；

形成重论据、有条理、合乎逻辑的思维品质和理性精神，增强交流能力。

3．数学建模

数学建模是对现实问题进行数学抽象，用数学语言表达问题、用数学方法构建模型解决问题的素养。数学建模过程主要包括：在实际情境中从数学的视角发现问题、提出问题，分析问题、建立模型，确定参数、计算求解，检验结果、改进模型，最终解决实际问题。

数学模型搭建了数学与外部世界联系的桥梁，是数学应用的重要形式。数学建模是应用数学解决实际问题的基本手段，也是推动数学发展的动力。

数学建模主要表现为：发现和提出问题，建立和求解模型，检验和完善模型，分析和解决问题。

通过数学课程的学习，学生能有意识地用数学语言表达现实世界、发现和提出问题，感悟数学与现实之间的关联；学会用数学模型解决实际问题，积累数学实践的经验，认识数学模型在科学社会、工程技术诸多领域的作用，提升实践能力，增强创新意识和科学精神。

4．直观抽象

直观想象是指借助几何直观和空间想象感知事物的形态与变化，利用空间形式特别是图形，理解和解决数学问题的素养。主要包括：借助空间形式认识事物的位置关系、形态变化与运动规律；利用图形描述、分析数学问题建立形与数的联系，构建数学问题的直观模型，探索解决问题的思路。

直观想象是发现和提出问题、分析和解决问题的重要手段，是探索和形成论证思路、进行数学推理、构建抽象结构的思维基础。

直观想象主要表现为：建立形与数的联系，利用几何图形描述问题，借助几何直观理解问题，运用空间想象认识事物。

通过数学课程的学习，学生能提升数形结合的能力，发展几何直观和空间想象能力；增强运用几何直观和空间想象思考问题的意识；形成数学直观，在具体的情境中感悟事物的本质。

5．数学运算

数学运算是指在明晰运算对象的基础上，依据运算法则解决数学问题的素养。主要包括：理解运算对象，掌握运算法则，探究运算思路，选择运算方法，设计运算程序，求得运算结果等。

数学运算是解决数学问题的基本手段。数学运算是演绎推理，是计算机解决问题的基础。

数学运算主要表现为理解运算对象，掌握运算法则，探究运算思路，求得运算结果。

通过数学课程的学习，学生能进一步发展数学运算能力；有效借助运算方法解决实际问题；通过运算促进数学思维发展，形成规范化思考问题的品质，养成一丝不苟、严谨求实的科学精神。

6. 数据分析

数据分析是指针对研究对象获取数据，运用数学方法对数据进行整理、分析和推断，形成关于研究对象知识的素养。数据分析过程主要包括：收集数据，整理数据，提取信息，构建模型，进行推断，获得结论。

数据分析是研究随机现象的重要数学技术，是大数据时代数学应用的主要方法，也是"互联网+"相关领域的主要数学方法，数据分析已经深入科学、技术、工程和现代社会生活的各个方面。

数据分析主要表现为：收集和整理数据，理解和处理数据，获得和解释结论，概括和形成知识。

通过数学课程的学习，学生能提升获取有价值信息并进行定量分析的意识和能力；适应数字化学习的需要，增强基于数据表达现实问题的意识，形成通过数据认识事物的思维品质，积累依据数据探索事物本质、关联和规律的活动经验。

数学学科核心素养的提出是在双基、四基四能基础上发展而成的，随着数学教育实践的不断创新，也赋予了数学学科核心素养落地的新方法、新策略和新路径。研究者基于对数学学科核心素养的见解与认识，在数学教育实践中探索着数学学科核心素养的发展路径，虽然方式方法不同，但仍需要更加深入的探索不同学段学生在数学学习过程中其核心素养形成的路径与方法，在教学设计、实施、评价阶段寻找数学学科核心素养发展的根、枝和干。

三、数学学科核心素养的研究

近年来，指向数学学科核心素养的研究已经成为数学教育界的热门话题，如2018年度中国人民大学《复印报刊资料·初中数学教与学》中"学生"专栏就是基于数学学科核心素养的视角进行研究的。

发展学生数学学科核心素养是初中数学教育的根本使命，也是聚焦立德树人任务的重要途径。学生是数学教育活动的主体，所有的数学教育活动都要着力于学生数学学科核心素养的发展。中国人民大学《复印报刊资料·初中数学教与学》是一份权威、实用的教育期刊，精选了全国报刊中关于初中数学教育研究的优秀论文，荟萃众多学者关于初中数学教育理论、数学课程、数学教学、教师发展、学生素养、考试评价的论说，为更好地从事初中数学教育者提供了理论和实践的指导。现以中国人民大学《复印报刊资料·初中数学教与学》的"学生"栏目转载的论文为例，梳理基于数学学科核心素养的“学生研究”的新视角及新观点。

（一）指向数学学科核心素养的“学生研究”：视角与观点

在数学教育中，学生永远是其关注的重点和核心，数学教育活动就要着眼于数学情境与问题的创设、服务于知识与技能的夯实、建构思维与表达的方式、拓展交流与反思的渠道，中国人民大学的复印报刊资料中的“学生研究”更是如此。

1. 学习现状：客观理解数学核心素养发展的差异现实

提升数学教育质量，落实数学学科核心素养。首先，要准确了解和把脉学生数学学习的现实。基于学生的现实和发展需求，方可有效开展教与学的活动。研究者何声清、綦春霞对我国6个地区的大规模的数学学业测试后从认知领域和内容领域分析了数学学优生和后进生的学习表现，发现数学学优生并非“一优而全优”，数学后进生也并非“一困而全困”。如在内容领域学优生可能在“统计与概率”领域有一定程度的“跛腿”，而在认知领域后进生则可能在了解与理解方面拥有认知潜力。那么，基于学习现实的差异就要在教学时关注统计思维、随机思维的培养。一方面可加强学优生应用问题、问题解决等高阶能力的培养，另一方面也可提高后进生的基本功。研究者徐玉庆通过自编试卷对甘肃省酒泉市两所初二、初三年级的学生推理能力进行定量与定性的分析，发现大部分初中生数学推理能力已经达到课标的要求；水平较高中学业水平一般中学学生的数学推理能力存在差异；而且发现初中生数学推理能力不存在性别差异但存在年龄差异，指出要发展不同水平学生的数学素养就需要采取差异化的方法进行，学生数学推理能力的培养是在理念与环境的共同作用下主动获取的成长性经验，是一个逐渐改变的过程。同时，研究者吝孟蔚和綦春霞在我国八年级学生几何思维水平实证研究中发现：学生整体几何思维水平发展较好，但不同学业水平的学生几何思维水平发展不均衡且差距较大，提出在教学中要重视几何概念与定理的教学，注重数学思想方法在几何教学中的应用，而且要针对不同学业水平的学生因材施教。

2. 影响因素：全面了解数学学科核心素养发展的内在机制

发展学生数学学科核心素养一方面要掌握和理解数学学科核心素养的本质含义，另外，还要全面透彻的了解其影响因素，这样才能有的放矢培育和发展学生的数学学科核心素养。研究者何声清、綦春霞在研究数学学优生和后进生学习表现时发现学习自信心、数学焦虑、师生关系、学习兴趣等因素起影响作用，对于不同学习状态的学生要采用不同的策略来促进学生数学学习的进步；研究者关丹丹依据 PISA2009 年、2012 年和 2015 年的测试数据对数学成绩进行了性别差异研究，发现：从总成绩看，中学生的数学表现总体上没有性别差异；但从2012年内容维度与能力维度的个别子维度上看，男生略好于女生；从PISA2009年、2012年、2015年数学测试水平等级分布来看，男生获得高水平等级的比例略高女生，足见性别差异是影响数学学业水平的一个重要因素；研究者焦彩珍和刘志宏在研究数学学习困难学生问题时运用flanker与go/no－go任务对初一、初二年级的部分学困生及正常生的抑制控制能力进行测量研究，发现学困生的抑制控制能力及执行脑功能落后于普通学生，可见抑制控制能力、记忆力、元认知是影响数学学习的因素，要在教学中通过一定的记忆训练来提高工作记忆能力、采用灵活的教学方式来提高认知灵活性、强化注意能力的训练来提高注意控制能力与抑制控制能力、通过干预训练提高认知监控能力等来改善数学学习困难学生的学习状态；影响学生数学学习的因素不仅仅是自身的因素，还有教师、环境、文本资源等因素，研究者郭衎、曹一鸣选取某省2112名数学教师及28172名8年级学生进行调查研究和数据分析，通过测试教师数学教学知识（MKT）和学生的数学学业成就后发现：MKT对初中生数学学业成就有显著影响，足见数学教师所拥有的知识体系是影响学生数学学习的重要因素，要最优化的发展学生数学核心素养就要不断提升数学教师自身的素养。

3. 教学策略：主动探寻数学学科核心素养发展的基本路径

发展学生数学学科核心素养不仅要理解和掌握学生的数学学习现实，了解和分析影响数学学习地因素，而且要主动探寻教学策略，采取切实有效的教学方法全方位的奠基学生的数学素养。研究者佘岩、陈鸥昊和连四清基于认知负荷理论选取代数知识考察了学生知识经验对分离元素策略的影响，发现无论远近迁移，不同水平学生在呈现有无使用分离元素策略的学习材料时交互作用均显著，相比学优生而言，学困生呈现分离元素策略材料解决迁移问题均显著好于呈现无策略材料解决迁移问题，这表明分离元素策略作为引导学困生学习的策略是有效的。研究者徐亚婷、吴晓红以“45分钟价值曲线”各时区的持续时间为理想状态，观察学讲课堂上学生注意表现情况，同时从教学流程角度对学讲课堂上学生注意表现情况做出了具体阐述，提出教师运用“学讲方式”策略可以引导学生更积极地参与教学活动，并能有效的提升学生数学学习的兴趣及核心素养的形成。

（二）指向数学学科核心素养的“学法指导”：策略与方法

提高学生发现、提出问题，分析、解决问题的能力即“四能”是指向数学学科核心素养“学法指导”的根本所在。数学学科核心素养的要义就是学生通过学习而逐步形成正确价值观念、必备品格和关键能力，其中极为关键的就是要采取灵活的策略和方法进行“学法指导”，以帮助学生形成和发展数学学科核心素养。

1. 建构基本图形：数学学习中提高四基四能的主要策略

初中数学学习的主线主要是几何和代数，而深入的理解和掌握基本图形的性质和关系是学习几何和代数内容的关键。研究者沈岳夫以九年级中考模拟卷中的一道选择题为例，在剖析试题本质的基础上，从熟悉的基本图形入手寻找解题思路，构造了基本图形：一线三等角，用来解决一类中考题，这种灵巧的构图方法，可以化隐为显、化繁为简，有利于学生四基四能的提升；研究者魏相清、张洪杰提出让思路走在系统里，借助模型图、图样等，通过对一些基本图形如三角形、三角形组合图等不断延伸拓展，变化新图样和新结论，实现多图相关，多法归一，让学生掌握解决几何难题的关键。

2. 运用基本思想：数学学习中提高思维品质的主要方法

数学体系中最为基本的数学思想是抽象、推理、建模思想，掌握这些基本数学思想方法是提高数学思维品质的核心。研究者杨碧荣提出一种发展数学逻辑推理素养的“珍珠—项链法”，从引导学生“审”、组织学生“议”、启发学生“画”、落实学生“写”、诱导解后“思”来训练学生逻辑推理素养。研究者陈建新利用几何变换思想处理几何学习中的难点问题，通过例题，分类解析全等变换、相似变换思想在数学问题解决中的作用，有助于开发学生学习潜能与创新活力，提高学生的数学思维品质。研究者刘华为以如何证明线段相等为例提出基于知识转换、探求以题会类的解题思路，渗透着“转化”“类比”思想，着力于怎么想到这样做、同一类型还可怎么做的思维方式训练，借“知识迁移”拓宽解决问题的思路，使培养学生问题解决能力和知识迁移能力的习题教学的宗旨落到实处。研究者钱宜锋运用几何直观的思想展示其在分析解答反比例函数图像综合试题的高效性，通过典型例题的分析，在观察、结合、完善图形的基础上创新问题解决思路，促使学生养成用“图形语言”解决问题的意识。

3. 养成良好习惯：数学学习中提高学习能力的关键因素

良好的思维习惯有利于学习能力的提高。研究者顾建锋提出解题习惯培养的重要性，解后检验的习惯能确保及时发现、改正错误，是培养学生缜密思考、严谨治学的重要途径，然而现阶段学生存在着检验意识缺乏、检验方法欠缺等问题，提出了代入检验、估值检验、特殊检验、逆向检验、操作检验等方法，通过解后检验提高学习能力；研究者陈永耀以两个问题为载体，采用以退为进的策略，探索在课堂教学中培养学困生思维习惯的方法，先退到学困生已经掌握的基础知识、基本技能和熟悉的情境，再搭建脚手架层层递进，通过铺垫和设问，引发思考和回顾，降低入口，消除畏难心理，鼓励学生养成以退为进的思维习惯，提高学习品质。研究者钟鸣、蒋育芳分析了学生解题困难的成因，通过一道例题，剖析了反思习惯在构建深度思维的重要性，从而引导学生形成反思习惯，促其数学学习进步。

（三）基于数学学科核心素养的研究展望

初中数学教育因其学生的年龄特点、智力情感发展的关键期而成为数学教育界研究的重点领域，需要在权威期刊的引领下进行更为深入的研究，以推动学生数学学科核心素养培养的有效开展。

1. 基于数学学科核心素养的差异性研究

统观2018年《复印报刊资料·初中数学教与学》“学生”栏目的转载情况，一个显著的特点是指向数学学科核心素养的研究。然而不同的学生在智能、情感、个性方面有不同的特点，数学学科核心素养发展具有差异化特征，因而基于数学学科核心素养的差异化研究也就成为当下紧迫的课题。2018年研究关注的是逻辑推理、直观想象、数学建模方面的研究，2019年要基于不同学生群体深入探究数学抽象、数学运算、数据分析方面素养的发展问题，采用实证与质性分析相结合的方式进行科学研究，在重视差异的基础上，寻找有效的对策发展学生数学学科核心素养。

2. 基于信息技术发展的智能化研究

信息技术的发展为数学教育变革提供了坚实的基础，人们获取数学知识、增长数学才能的途径与方式越来越多元化，数学课堂的智能化程度越来越高，需要基于信息技术飞速发展的现实来研究数学教育中的重大问题，如学生学习数学体系构建问题、数学学习方式变革问题、数学学业质量检测问题、课内课外相互学习问题等。智能化时代信息快速地流动、增值，学生负荷、压力、焦虑等也随之发生了显著的变化，如何应对这些挑战也就成为人们关注的重要议题。智能化为小组合作学习、学习共同体的建构与有效开展提供了便捷，也为课程的整合与融合提供了条件，如何为学生一生的幸福提供最优的数学教育就是当下发展的立足点，要在关注研究智能化的情形下，使接受初中数学教育的学生能够享受数学学习的乐趣。

3. 基于课程改革推进的实践性研究

数学课程改革历时近二十年，一些新的理念、内容、方法已经在课程改革中得以实施，在新形势下需要总结梳理数学课程改革的成果，基于学生立场、实践视角探析数学课程改革新路径。如学案导学的实效性研究、问题教学的环节性研究、小组学习的有效性研究、核心素养检测的科学性研究等都要深度进行，同时要把初中数学课程改革纳入整体课程改革的视野中通盘思考，如小升初、初升高的学生数学学习衔接问题的研究，不同学段数学课程理念、目标、内容、实施、评价等方面的对接性研究，还要进行不同民族、不同地区数学课程改革进行的实践经验总结研究，使学生在数学课程改革中素养得以全面提升。

其思维品质是指数学思维的情感性、灵活性、广阔性、清晰性、精确性、逻辑性、公正性、深刻性、批判性等，其关键能力是指数学合作交流能力、数学直观想象能力、数学抽象能力、数学运算能力、数学逻辑推理能力、数学建模能力、数据分析能力等。这些数学思维品质与数学关键能力既有独立性，又相互交融，形成一个有机的整体。

数学学科核心素养是学生知情意行的综合表现，数学学科核心素养如同学生发展核心素养，可以描述为深厚的数学人文底蕴（数学情怀、数学热爱、数学情趣）、执着的数学探究精神（理性思维，实事求是，勇于探索）、创新的数学学习方法（乐学善学，质疑反思，信息处理）、健康的数学环境生活（数学投入，数学情感，数学应用）、持续的数学责任意识（数学认同，数学责任，数学情意）、不懈的数学实践创新（数学意识，问题解决，合作交流）六大素养。这六个素养都渗透着数学情感，数学情感成为数学教育教学活动的黏合剂。

思考时刻：说说你对数学学科核心素养的认知。

策略探寻：你是如何处理日常数学教学与发展学生数学学科核心素养的关系的，将你的一些思考写在书中的空白处。

第二节　培养数学学科核心素养的方法

培养学生的数学学科核心素养是数学教学的基本使命，是数学教育育人过程的基本职责，无论是教学设计，还是教学实施及评价反思都要围绕着学生数学学科核心素养的提升而展开。培养学生数学学科核心素养的途径与方法众多，我们选取几个切入点，以便共同探寻更加有效的培养策略，使数学学科核心素养的培养真正落地。

一、数学问题平台

（一）通过数学问题平台，从教材到教学的视角培养学生数学学科核心素养

问题是数学的心脏，问题解决是数学教学的核心。创设富有教育意义的数学问题是数学教学取得实效的关键，也是培养学生数学学科核心素养

的基本途径。数学教材正是担负培养数学学科核心素养的基本载体，它不仅为师生的教与学提供了基本线索，而且是数学学科核心素养表达的一种手段和过程。精心分析数学教材的结构特点，发现数学问题是建构数学教材体系的核心要素，唯有创设精妙的基于数学问题的情境和活动，才能为数学学科核心素养的实现编织富有生命活力的教育场景，把学习者带到数学学习与创造的天地。教材中的数学问题虽然是基于学生的数学现实设定的，但与学生的认知水平仍有一定的间距，因此通过数学教学这一途径才能转识成智，变成学生数学学科核心素养的素材与源泉。我们以三种版本教材中的“圆”一章为例，分析探讨数学问题在教材与教学两个维度的重要功能与价值，以增强教材研究意识与发展教学能力，从而更有力量的培养学生数学学科核心素养。

数学教材是浓缩人类数学文化的精华，最大限度地将数学知识逻辑化、系统化、教学化。美国数学家哈尔莫斯说过，数学的真正组成部分是问题和解。那么建构数学教材的主体成分或出发点就是问题和解。这里的数学问题是指认识主体对某个给定过程的当前状态与目标状态之间存在着的某种差异，需要一定的数学知识来消除这种差异的具体任务。那么如何基于学生的现实与发展设计数学问题就成为数学教材建设的核心问题。

1. 数学教材中的问题表征

所谓教材中的问题表征是教材建设者利用编制技术，运用数学语言，以问题为核心基于可读可教的原则，将知识与技能、过程与方法、情感态度价值观进行教学化组织而形成的单元体系。从现有的教材中处处可见问题的踪影，但表征的方式各有特色，就北师大版、华师大版、人教版中的数学问题表征而言，发现数学问题主要存在于教材中的正文、例题、练习、习题、复习题、小结六个方面，以三种版本教材“圆”一章为例，数学问题分布的大致情况如表 9－1 所示。

表 9－1 “数学问题”表征比较统计

版本	正文	例题	练习	习题	复习题	小结	总计	密　度
北师大版	34	10	23	42	36	5	150	2. 5424
华师大版	39	6	25	23	18		111	3. 4688
人教版	37	8	30	48	15	5	143	3. 0425

注：密度是指单位页码上的问题量。

表 9－1 表明，数学问题以不同的形态渗透到数学教材的不同部分。三种版本中华师大版在“圆”这一章节中问题表征的密度最大，北师大版最低，但每页问题都超过 2 个，具有较浓厚的问题意识，这种意识的营建可让学生

在发现、提出、分析、解决问题的过程中提高数学学科核心素养。

真正的数学问题都是知与未知的统一体，为了达到促进学习者的数学学科核心素养，数学问题中的“知”与“未知”要镶嵌到一定的情境中去，这种情境是让学习者产生内心的情感体验和心灵感悟，启动学习机制，通过数学活动理解、知晓和应用数学。因此数学问题的情境建构就是问题表征的基本方式，这种情境建构的基本出发点就是要易于学生对数学知识的理解和掌握。数学教材建构中最关键的两类问题是源问题（基本问题）与靶问题，所谓源问题是指导引性问题，所谓靶问题是指目标问题。“圆”一章的源问题、靶问题的表征如表9－2所示。

分析表9－2发现，三种版本中的源问题各有特色，但都是在贴近现实、易于学生掌握和理解的情境中建构的。与之相应的靶问题，以必要的源问题引发的知识为前提，是关于某个问题无知的自觉意识状态，排除“未知东西”可激发学生产生问题解决的愿望与动机，通过问题解决过程，获取数学智慧，提高数学学习水平。透视三种版本教材表征问题的方式，一个明显的特点是通过巧妙的方法把数学知识、思想、方法渗透到独特的问题情境中，使人文科学、社会科学、自然科学的知识融为一体，全方位的拓展问题情境空间，使问题走进学习者。

表9－2　源问题和靶问题表征梳理

	源问题	靶问题
北师大版	车轮问题、投圈游戏、飞镖问题、赵州桥问题、暗礁问题、日出问题、五环问题、弯形管道问题	重要的概念、重要的定理、数学活动如“想一想”“做一做”等中的问题，所有的课堂练习、习题、复习题等都是靶问题
华师大版	扇形统计图问题、打靶问题、日出问题、自行车两轮问题、圆弧形铁轨问题	重要的概念、重要的定理、所有的课堂练习、习题、复习题等都是靶问题
人教版	车轮问题、赵州桥问题、海洋馆问题（引入圆周角）、射击问题（引入点与圆的位置关系）、日出问题（引入直线与圆的位置关系）、奥运会五环问题（引入圆与圆的位置关系）、铺地砖问题（正多边形引入）、弯形管道问题	重要概念、重要的性质、垂径定理、思考、探究等数学活动中的问题、例题、习题、练习、复习题中的问题等都是靶问题

2. 数学教材中的问题建构

数学教材建构离不开数学问题，这种建构表现为问题—回答—问题的环状连接，作为文本存在的教材，蕴藏其上的意义实现的基本方式是看、读、听、议、做。因此教材体系建构就要将一些数学事实，通过源问题、靶问题以及单元问题、核心问题、关键问题的形式组织起来，尽最大可能地体现、实现学习目标。

分析北师大版“圆”一章的建构，每节基本上都是问题导入的，然后通过想一想、做一做、议一议、读一读等活动的实施，以获取一些基本的几何事实，如圆的概念，圆的性质，圆中的量之间的关系，圆与直线，圆与圆之间的位置关系以及圆中有关量的计算等基本知识，都是由环环紧扣的问题串起来的，并与之相接的练习、习题、复习题一起将圆中的基本的数学思想方法，如对称、变换思想，推理论证思想，分类归纳思想，算法思想等体现出来。细心品味，不管是源问题还是靶问题的提出、发现、分析与解决，着力点均是学生数学经验的获得。

华师大版也是以数学问题为纽带，而且密度更大，通过试一试、思考、探索、观察、做一做、操作确认、数学说理和逻辑推理等相结合的方法来建构“圆”的相关内容，同时附以旁白的方式引出一些数学概念、提出一些数学问题，把运动变化的思想、化归的思想、分类的思想、数形结合的思想，特殊和一般的思想等囊括其中，且用词用语十分简洁。

人教版在“圆”这一章中，引入的源问题与北师大版相类似，通过多种手段，如观察度量、实验操作、图形变换、逻辑推理等建构圆的相关内容。一个显著的特点是要求学生能对发现的性质进行证明，使直观操作和逻辑推理有机的整合在一起，使推理论证成为学生观察、实验、探究得出结论的自然延续，特别注意联系实际，重视渗透数学思想方法，重视知识间的联系与综合。

从三种版本建构圆体系的特点可以看出，数学问题是建构数学教材的主因素，而语料是其建构的基因。由于教材是一类读者引领另一类读者解读文本把握意义的现象，是在一定的情境下，彼此影响着去理解、去接受文中的意蕴，如教师引领学生，那么基于精细加工理论、学习环境设计思想、认知弹性理论选用语料，进行问题选择、情境创设、结构组建就能达到可读易理解的目标，顺利地将学习者纳入参与探究、进行讨论、实践应用、发掘事实的意义场景中。

教材中的数学问题上通数学，下达课堂。但源于教材用于教学的数学问题具有生成性的特点，师生共同体通过问题这一桥梁，形成良好的教学生态环境，通过问题解决过程促使学习者数学核心素养的发展。

3. 数学教学中的问题生成分析

数学教学就是要创设良好的问题情境，让学生通过问题来学习，在问题视域下，通过观察、实验、操作、计算、推理、讨论、探究等方式夯实四基，提高能力，发展核心素养。而数学教材中的问题又是教学的源问题，因此教学中要针对学生的数学现实重构适切的问题情境及问题空间，让问题的表达、问题的解决、问题的评价更具生成性、智慧性。

（1）数学问题表达体现生成性。数学问题是借助于语言提出来的，并借助于语言来分析和解决。由于数学问题具有经验性和非经验性的特点，因此，数学教学中数学问题表达的用词用语就要尽量适合学生的学习经验与语言习惯，无论是提出问题的方式、呈现问题的样态，还是展现问题解决的思路与教育价值，都要以更加丰富的问题域来承载学生对教学的高期望，使问题在当下的教学情境中与周边的环境相适合，切实展现问题产生的背景及过程，体现问题的联系，赋予问题以活性，使教学朝着有利于学生数学知识、数学思考、问题解决、情感态度的方向发展。

在“圆”一章的起始教学中，要对源问题、靶问题进行生成性表达，使学生渴望通过圆一章的学习实现学习目标。可设计如下问题。①老师给每位同学发一张形状不同的纸（诸如三角形、四边形等），你能在纸上画出一个最大的圆吗？②回忆以前三角形、四边形图形性质探讨的方法与技巧，在所发纸的背面联想着写出圆图形可能的一些性质，你希望通过什么路径来挖掘更多的性质等。提出适合学生实际的问题域可激发和舒展学生的思维空间。

（2）数学问题解决体现生成性。教材中提出、展现的某些数学问题给出了解决的思路，具有一定的示范性，通过师生、生生的多边数学活动，在赋予了师生的数学智慧后完成。师生在不断解构源问题、靶问题的过程中，通过对基本问题解决模式的建立、分析与解决，深化了数学理解。数学问题的解决是一个高度情境化的过程，无论是对静态的数学问题结构要素分析，还是对动态的数学问题中的思想方法挖掘，都要激活解决者动态体验和灵感，在动态生成的过程中探讨问题解决的思路、寻找问题解决的方法、串联众多的知识，形成自己的理解，真正实现过程性生成。数学问题解决的过程，是感悟数学思想、掌握数学方法、理解数学概念、获取数学经验的过程，是对数学知识的一种加工、应用、拓展的过程。在流动的数学问题解决过程中，师生之间的对立主要通过教材中的数学问题形成，由对立走向统一，在解决愿望推动下，发挥能动性，使未知向已知转化，并以关于对象的知的形式呈现出来，从而拓展了师生之间数学问题解决域。

通过问题解决来学数学，是最有效的学习途径。如华师大版、人教版教材中都涉及有关太极图的问题。可设计成：以小组为单位，在观察太极图的基础上讨论下列问题①整个图形的构成有什么特征？②太极图中圆周长、圆面积与圆中曲线的长度有什么关系？③能否用一条直线把阴阳太极图中的每一部分再分成面积相等的两部分？④能否像太极图那样用圆规和直尺画 $n-1$ 条曲线把圆的面积划分成面积相等的 n 个区域？能得出哪些数量关系？⑤要把圆分成面积相等的三部分，你能给出几种分法？分成面积相等的六部分，又能给出几种分法？这种基于教材并在学生合作解决问题中生成更多的问题有利于激发学生的探索欲望。

（3）数学问题评价体现生成性。数学问题是通向数学理解之径。通过数学问题的发现、提出、分析、解决过程就能达成学习数学知识、丰富数学智慧、促进数学进步的目的，有效与否，取决于对数学问题解决过程的评价与反馈。无论对数学中的基本问题、单元问题，还是重大问题、核心问题带着评价反思的眼光进行源与流、正与反上的思考与分析，总能有新的收获和感悟。在批判与质疑中才能挖掘教材中数学问题的本质，促其理解深化，进而防止接受片面的观点，抑制有创造性的思考。

在“圆”一章的学习中，不可避免地要碰到圆中最重要的一个量“圆周率 π”问题，正是因为 π 带给人类无限的智力挑战，可在初中教学中设计一个活动，让学生查阅 π 的相关知识，并在全班进行汇报展示，教师点拨评价，从数学文化的角度评析学生的成果，可达到良好的教学效果。

4. 数学教学中的问题解决策略

通过问题解决学数学不仅是一个口号，更多的是一种行动。教材中蕴藏着大量丰富的问题，这些问题的解决、思考、拓展为夯实学生数学学科核心素养提供了极其重要的经典素材。在认真思考问题背景、结构以及解决思路时，要进行生成性的教学设计与实施，使其真正发挥数学问题的文化力量。因此数学问题解决的教学策略就至关重要。

（1）问题解决的准备策略。首先要细读研读教材中的数学问题，防止片面孤立的理解教材所呈现的数学问题，在系统观的导引下，从学生现实、数学现实、环境现实入手，剖析问题的结构特征；一个问题的解决需要一定的知识储备，精心析理问题解决所需的知识就相当重要，不仅是数学知识，还需准备相关学科知识、教育心理知识、人文社会科学等知识，确保数学问题能够上通数学、下达课堂；数学问题的分析和解决都离不开语言因素，因此语言准备也是不可或缺的，不仅要对教材中的数学问题储备适合学生理解的语言进行改造，而且还要通过问题语义的变迁促使学生数学思维方式的深层变化；问题的解决着力点还在于思想方法，因此思想方法的准备也十分关键，在对数学问题话语形式、叙事模式、形式结构、修辞机理进行准备时要将思想方法渗透其中，使之更加适合学生的心理特征。

让学生查阅圆周率相关知识时，教师要准备大量的与此相关的史料性知识，三种版本的教材中都涉及一些史料性知识，需要教师整合，从 π

问题的起源、探索的过程、结论的得出等维度进行梳理，把人类近四千年漫长岁月中探索的思想精华提炼出来与学生分享，这样会使学生受益无穷。特别提出的是要把工夫花在问题准备上，如 π 的值是如何猜测与估计的？用了什么好的方法与技巧（从割圆术、渐近分数、三角函数、无穷乘积、无穷级数直到蒙特卡罗法）？π 有何性质？人们为什么要不断计算 π，已经计算到60 万亿位，这样做到底是为了什么等问题，可激发学生的探究兴趣。

（2）问题解决的实施策略。有了好的数学问题，就得通过好的活动去解决它。首先要营造活动开展的环境。虽然数学教材已经预设了问题解决的活动策略，是按照一定的逻辑性与整体性设计的，有顺性、自由、共处、精确、控制、预设、理解、对话、生成的基本特征，但教学现实中仍然需要盘活问题解决的活动空间，让独立思考、自主探索、合作交流、经验分享、智慧生成成为可能；其次要精心设计活动进行的环节，不管是对问题域进行深度剖析，还是对问题解决每一个关键点的点拨及启示，都要控制教师的话语权，任何一种话语形式的背后其实都隐含了一个欲望的运作机制或者说一种权力关系。合理利用这种权力关系，让学生在数学话语活动中理解，在理解中活动；再次在活动中要把问题置于开放性的环境中，不断开放师生的成见和理解，学会承认自我理解的局限性，正视不同理解的正当性或合法性，这样就能在活动中吸收他人的理解来充实自己的理解，并以各种不同的理解不断扩展和充实问题解决的共有意义。

在“圆”章节中，无论涉及运算问题还是推理论证问题的解决，都要设计成启发学生思考的情境，以此拓展问题解决的策略空间。如三种版本的教材中都涉及了面积最大问题的计算，在解决这个问题时，可拓展提出“等周问题”及“最速降线问题”，引导学生到一个新的问题视域中，让精力旺盛的学生去思索与探寻解决的途径，会收到意想不到的效果。

（3）问题解决的评价策略。当师生通过一定的数学活动解决完问题后可能需要教师进行有针对性、实效性的点评，对其涉及的“概念知识”“原理思想”“策略方法”“语言表征”等方面进行剖析，这是提升问题解决实效性的根本保证。恰当及时的评析是引导思维正向思考的助推器，也是开拓问题解决新路径的润滑油。通过评价反思，重新梳理会使概念的本质揭示更能接近学生的理解水平与兴趣层次，加深学生对概念、思想、方法了解的程度与层次。点评与反思也是发挥教师解释权的机会，通过一定的解释途径帮助学生理解数学问题解决的要领，评价时可能面临着学生个体许多有意义的实际问题与许多新奇的解决思路，把具有价值和意义倾向的思想梳理呈现给学生就能帮助学生生成意义，超越狭隘的先前理解。对教师而言，评价有效的办法就是向学生下放自主权，让学生自己去理解问题解决的意义。而教师要对自身的解释保持一种清醒的批判与反思，从而不断地更新教育话语表达方式，促进学生不断产生新的文本意义。

在学习圆的周长、面积时，笔者在教初中数学特长班时，设计了一个开放的问题让学生探索：给出一个椭圆的标准定义（涉及高中知识，简要解释了其含义），让学生试着猜测出椭圆的周长与面积。有学生给出了这样两个公式，椭圆的周长是：$\pi(a+b)$，椭圆的面积是：πab。笔者对学生猜测出的公式感到十分高兴，在分析其思路的过程中，鼓励学生想方设法验证其是否正确，使学生认识到类比思维有可能犯错误，但勇于思索、大胆探索的精神是值得肯定的。

（二）通过数学问题平台，从教师与学生的视角培养学生的数学学科核心素养

数学问题不仅是建构数学教材的核心要素，也是数学教与学的核心要素。教师通过对数学问题的剖析、意境的挖掘传播数学的知识、思想和方法，学生通过问题的发现、提出、分析和解决获取数学的知识、思想和方法。通过数学问题使数学的知识、思想、方法和精神在流动、丰富、发展，使师生不断地品味数学的真善美，感悟数学的本质和力量。通过数学问题展开了师生会话，沟通了师生情感、激活了师生思维，那么如何在数学问题的形态下感悟、探讨、提高、体验、发展数学学科核心素养就是本部分思考的主旨。

1. 数学问题：教师视角的分析

数学问题在教与学的过程中具有不可或缺性，这就决定了数学问题在数学教学中的核心地位。数学教师唯有全身心地卷入数学问题，才能从知识性、教学性、反思性的维度对数学问题的深度、宽度、关联度进行深刻的思考。

（1）数学问题的知识性分析。数学问题是以某个对象中涉及数学方面的无知的而渴望自觉解决的意识状态，是由显性的情境、语言以及隐性的目标、情感等要素建构而以问题的形态表征，融知识性、思想性、问题性、方法性、情感性于一体。数学教师的首要任务就是对数学问题中所蕴藏知识要素进行分析，一要分析不同类别数学问题所蕴藏的知识成分，把数学问题中所涉及的不同领域相互联系的知识性态透彻分析；二是要分析解决此类问题所需要的经验成分，从不同侧面清晰解读数学问题解决中所需的数学思想、方法；三要分析解决问题后需要加深理解的数学知识，从不同的维度拓展、深化此数学问题所关联的核心、关键的问题。

如某年安徽省合肥市中考试题第10题：下图一次函数 $y_1=x$ 与二次函数 $y_2=ax^2+bx+c$ 的图像相交于 P、Q 两点，则函数 $y=ax^2+(b+1)x+c$ 的图

像可能为（　　）.

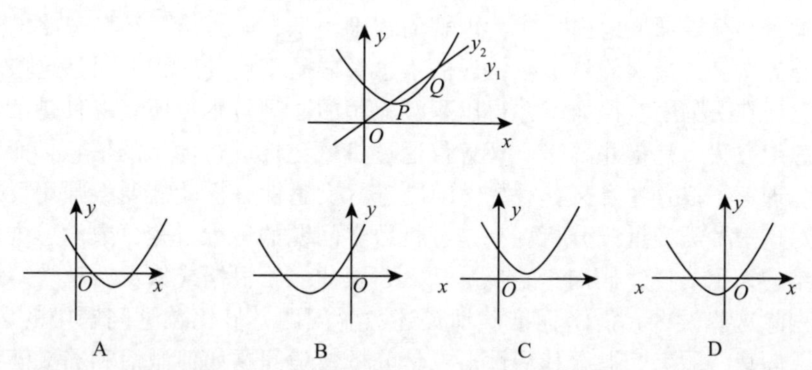

此题涉及一次函数、二次函数的图像、性质及函数方程之间的相互关系，需要教师认真挖掘其一次函数、二次函数，函数、方程之间的内在联系，启发引导运用数形结合、函数与方程思想方法去解决问题，更进一步的理解一次函数、二次函数的性质。

（2）数学问题的教学性分析。数学教学是师生积极参与、交往互动、共同发展的过程，数学问题是这一过程的活化因子。一方面数学问题承载着一定的知识、思想和方法，另一方面数学问题是促进学生数学进步的载体。因此数学问题就成为教师教学中优先分析的要素，无论是设计层面、实施层面还是反思层面。一是围绕着教学设计分析数学问题，深入地析理数学问题的结构、特征，整合各种资源，基于学生的学情创设挑战性的问题情境以吸引学生投入学习过程；二是围绕教学实施分析数学问题，紧扣数学问题的发现、提出、分析、解决而进行，将机智的教学用语、灵活的数学活动、适切的点拨启示、关键的计算证明等融入全程，引导学生在数学问题的思考中夯实四基。通常数学问题是以例题、练习、习题、考题等形式出现，针对不同形态的问题，选择适宜的教学方法，进行变式教学，在继承熟能生巧、变式练习的传统基础上创新教学，拓展思维、连接知识、提炼思想、析取方法；三是围绕教学效益分析，剖析数学问题对学生知识水平的提高、思维的训练、兴趣的激发方面所产生的功效，不断调整数学问题的深度、广度、难度，使数学教学中的问题成为联系的问题、弹性的问题、背景的问题，充分发挥其应有的教学价值。

例如“有理数及其运算”（北师大版）章前言中的问题。就是启动有理数教学的活化因子，提了6个问题，5大学习目标，这些问题就是教师教学中优先思考的问题，无论是设计、实施、评价层面，都是这一章节数学教学的重点，而这6大问题环环紧扣，贯穿这一章始末。

（3）数学问题的反思性分析。反思性分析是教师的第二天性，而教师对数学问题本身及应用于教学的分析就是反思性分析。数学问题中所涉及知识、思想、方法有三类。一类是活性的知识与思想方法，是指在头脑中获得加工、积极运用，又被深入地内化成为理解的正确信息；一类是主动性忽略的知识与思想方法，是指人们将实际错误的信息看成是正确的知识，而且这些错误的信息还在头脑中获得加工并得以积极应用的心理过程；还有一种是惰性知识与思想方法，是指并不完全理解仅通过机械记忆进行加工的信息，而总会自以为理解了信息的意义。对数学问题进行反思性分析就需要教师用反思的眼光对这三种类型批判分析。一是分析数学问题的思维过程，数学思维与人类思维的天生一样，倾向于自欺、从众、歪曲、无根据或偏见，教学中就要不断剔除这些误区，清晰而准确地描述数学问题，显化数学问题中的题根、题干、题意、题串，揭示其活性；二是分析数学问题如何激活和养成问题意识与反思意识，使学生在数学学习时能够明题意、立方法、串思想、启思维，剔除其忽略及惰性；三是分析数学问题的目标达成度，恰当定位目标，拓展活动，反思数学问题的适宜度、教学方式的适用性，实现从教材到教学的转化。

如程靖、孙婷、鲍建生在研究我国八年级学生数学推理能力中测试了这么一道题：观察三个特殊等式：$\sqrt{2\frac{2}{3}}=2\sqrt{\frac{2}{3}}$，$\sqrt{3\frac{2}{3}}=3\sqrt{\frac{3}{8}}$，$\sqrt{4\frac{4}{15}}=4\sqrt{\frac{4}{15}}$，你能得出什么样的结论。发现有 1/3 的学生得出了$\sqrt{a\frac{c}{b}}=a\sqrt{\frac{c}{b}}$的错误结论，原因是日常学习过程中缺乏反思意识，仅对题目中的信息进行了机械加工，以为正确地理解了题目中所蕴藏的信息，犯了主动性忽略知识与思想方法的错误。因此，在日常的数学教与学中要有意识地训练反思意识，才能激活活性知识。

2．数学问题：学生视角的参与

学生钻研数学问题就意味着学习活动的开启，意味着学生数学学习行为与思维变化的发生，意味着记忆、推理、分析、综合、批判等思维要素参与其中，也就意味着学生数学学科核心素养的形成过程。通过问题学数学已成为一种基本的学习理念，对数学问题的热爱与钻研，对数学问题的痴迷与执着就意味着情感的投入、意志品质的培植。因此，从学生的视角分析其在数学问题中的认知、行为、情感参与就十分重要。

（1）数学问题的认知性参与。学生的认知性参与就是学生基于数学问题在思维参与下的信息加工。通常情况下，数学思维的目标决定提出的数学问题，提出的数学问题决定收集信息的内容，收集信息的内容影响解释数学问题的角度，解释数学问题的角度决定抽象概括信息的方式，抽象概括信息的方式影响确立的假设，确立的假设影响数学思维的潜在意义，数学思维的潜在意义会影响理解事物的方式，即观点、视角和立场。数学问题中对这些相关联的要素系统分析会使学生的个性得以展现，创造力得以激发。学生正是在参与数学问题的活动中掌握数学知识，丰富数学思想，增强数学智慧，也是在数学问题的思考与解决中，学会数学、学会学习、学习分享、学会钻研。数学问题的解决需要一些公式、概念、原理等的掌握与领会，以及学习数学经验的参与，需要在师生间的解释、论证、洞察、批判、变通、理解中发展成数学智慧。

如某年重庆市中考第19题 $(\sqrt{2}-2)^0-\sqrt{9}-(-1)^{2013}-|-2|+\left(-\frac{1}{3}\right)^{-2}$。需要调用学生关于零指数、负指数、算术平方根、绝对值、相反数等数学知识参与解决过程，才能实现问题的解决。

（2）数学问题的行为性参与。数学问题的发现、提出、分析、解决需要学生的行为参与，其基本样态就是说、做、思等。说是能够用数学的语言对数学问题进行解释和分析，做就是通过尝试、实验、推导、演练、创新，实现解一题、会一类、通一片的目标，思就是对数学问题的来龙去脉、与数学知识、教材、思维、生活等诸多方面的关系进行反思，养成会发现、会提问、会分析、能解决，善思考的习惯。学生基于数学问题的行为参与，就是把看、说、做、议、思等活动嵌入数学教与学活动的始末，使学生成为一名积极的问题解决与思考者，形成问题解决的智慧模式，同时形成一种争鸣机制，使学生富有激情地进行数学学习与思考。无论是例题、习题、复习题、考试题，都能主动参与问题的解构与建构活动，理解数学问题的本质及在数学学习中的重要性，使数学问题解决的力度、速度、广度都能充分发挥它的功效。

如在解决这个数学问题中：下图中的 $3\times3\times3$ 立体图形中立方体的总数是多少？长方体的总数又是多少？将此问题进行拓展，在 $n\times n\times n$、$l\times m\times n$ 的图形中，立方体、长方体的总数又是多少？

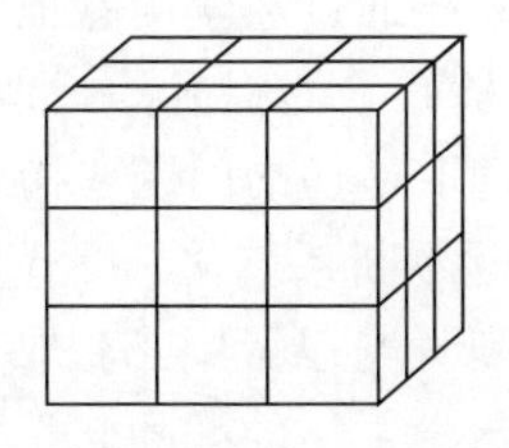

解决此问题，除了类比平面上与此类似的简单问题，还有寻找实际模型（如魔方）进行对比分析、实际观察和操作，使可见的认知行为与不可见的行为参与相配合或相协调，就能顺利地完成此问题的解决。

（3）数学问题的情感性参与。由于数学问题发现的艰难性、提出的科学性、分析的思维性、解决的探索性，都需要学生情感的参与，这样才能品味到数学学习的意境，才能培植优良的思维品质，从而系统地思考解决问题的方式、对不理解的问题进行提问、坚持不懈的投入并在学习过程中掌握优秀的思维技巧。没有热爱就不可能有数学进步，好多学生惧怕数学，颓废数学，产生迷茫感与无助感，最为根本的就是缺乏情感投入，可见强烈的动机、兴趣爱好、顽强意志、积极情感、独特性格在数学学习中十分关键。国家最高科学技术奖获得者除智力因素的作用，更重要的是非智力因素在其成长与科学研究过程中发挥的积极作用。通过数学问题才能锻炼学生学习的意志品质，使学生形成从问题集走向核心的问题，从核心问题进入到问题系统，再从问题系统慢慢探讨解决问题这样一种学习过程。在这个过程中养成谦逊、勇气、整合性、自主性、换位思考、坚毅及对推理的信心。

如 PISA 2012 测试中有这样一道样题：为了完成一项有关环境的家庭作业，学生收集了一些关于几种常见垃圾分解时间的信息：

垃圾类型	分解时间	垃圾类型	分解时间
香蕉皮	1～3 年	口香糖	20～25 年
橘子皮	1～3 年	报纸	几天
硬纸箱	0.5 年	一次性塑料杯子	超过 100 年

有一个学生想要以柱状图的形式来展示结果，请说出一个理由表明为什么柱状图不适合用来展示这些数据。

本题被置于科学性情境之下，涉及数据的类别、解释和呈现，时间跨度的相对长短等因素，需要在阅读文本和理解表格时，对环境的关注、现实情境自然地介入解决过程中，而不仅是识别和提取出柱状图的关键数学特征，充分地理解“使用数学工具”这一含义的多重意义。

数学问题是教与学的基点，通过数学问题把教与学串联起来，也是数学问题把学生带入到数学学科核心素养提升的天地。教师将整合教材、学生、技术等多种因素组织教学，选取适切的问题建构一个探究和系统化学习的空间，使学习过程中的数学问题不断系统化、图式化、可视化。学生将已有的知识、经验参与数学问题的研讨与思考中，获取对数学概念、原理、方法的理解与掌握。因此，作为教与学主体的教师与学生要有问题意识，主动地开发问题空间，总结问题模式，优化问题集，形成问题链，建成问题网。进而基于问题视角关注知识之间的相互联系，聚焦核心问题，形成一个解决问题的系统，避免知识断点化和碎片化，通过有层次的扩展、图形化的迁移、系统化的贯穿，实现知识的整体建构与学习的有效迁移，提高数学教学质量。

二、数学文化融入

《义务教育数学课程标准（2011年版）》在前言中强调，“数学是人类文化的重要组成部分，数学素养是现代社会每一个公民应该具备的基本素养。”那么义务教育的数学教学就应适当的反映数学的历史、应用和发展趋势，在教学中融入数学文化，充分彰显数学科学的思想体系、数学的美学价值、数学家的创新精神。因此，数学教学要通过更好地体现数学的人文价值、科学价值、审美价值，培养学生的数学学科核心素养，本部分通过对数学文化的内在价值剖析，探讨数学文化融入数学课堂的途径，以使学生在充满诗意的数学课堂中感受、体悟数学之美。

（一）数学文化的内在价值决定了融入数学课堂的意蕴

1. 数学文化的内在价值

数学文化是人类所创造文化的重要组成部分，是指数学的知识、思想、方法以及人类在活动中应用数学而形成的精神品质和理性的思维方式，它以显性或隐性的方式渗透到人类生活的方方面面，促进着人类社会的丰富与发展。通常情况下数学文化有四种表现形态：纯粹数学形态、学校数学形态、应用数学形态和民族数学形态，不同的形态展现不同的价值，如学校数学形态表现出五个价值：规范、审美、认知、历史和发展。这些内在的价值决定了数学文化融入数学课堂的意蕴，数学文化的规范价值决定了数学课堂要把形式化的数学知识通过类比、归纳等方式教授给学生，树立一种规则意识；数学文化的审美价值决定了数学课堂不仅要将数学体系中的和谐、对称、优雅揭示出来，而且要营造良好的数学文化氛围，感受到学习数学的崇高与尊严；数学文化的认知价值要求数学课堂不断盘活各种资源，挖掘学生的认知潜力，在自主思考、交流合作、实践操作中着力于数学的观察、分析、推理、计算、猜测等思维方式来提升学生的认知水平，拓展学生掌握和理解数学知识的视域；数学文化的历史价值就决定了数学课堂要融入与数学概念、命题、方法相关的史料，使数学课堂具有深厚的历史感和使命感；数学文化的发展价值就决定了数学课堂要融入创新的因素，从数学发展历程中析出创新因素，不断地拓宽数学的认知空间，增进学生对数学的理解和数学品质的形成。为此数学文化融入数学课堂中要体现三性。

（1）传统性。数学文化是在继承传统的基础上不断发展的文化，不同时期有不同的文化，不同的国家也有其不同的文化背景。数学课堂教学就要处理好传统与现代的关系，因时因地因材的析取合理因子，使数学课堂展现不同时期人类数学文化的精髓。如适时展现中国古代数学名著《九章算术》中的经典名题；适时剖析明末译著《几何原本》公理体系的核心思想及价值体系等。

（2）哲学性。数学文化与哲学的关系是相辅相成的。数学文化中常常涉及许多哲学问题，如存在性问题、无限与有限问题、正负认知问题、量变质变问题等，这些问题不仅牵动着数学家和哲学家的深度思考，而且极富教育价值，因此数学课堂融入数学文化的哲学因素对学生辩证思维能力的培养是相当重要的，也是学生良好思维品质形成的重要途径。

（3）审美性。数学文化中的美无处不在，是最纯粹的美，表现为对称、一致、和谐、平等。数学课堂教学不仅是一种认知活动，也是一种审美活动。那么及时融入数学文化的审美元素才能使学生感受到数学的对称、统一和力量之美。因此，数学课堂中的一个重要职能是把数学中的美揭示出来，无论是语言带来的简洁美，思维带来的理性美，抑或是处处可见的和谐美、对称美都要让学生真切地感受到，从而以揭示数学家们探索、发现数学真理之美，让学生体会数学文化带来的纯粹之美和生命之美。

2．数学文化融入数学课堂的意蕴

数学文化的内在价值决定了其融入数学课堂的必要性和重要性。现阶段，不少学生的数学学习是被动的，习惯于“拿来主义”与“题海战术”，视数学是抽象、难学，是一门用于升学考试的科目而已，使教与学束缚在分数的桎梏之下。为此要在深入探索与挖掘数学文化融入数学课堂的内在价值的基础之上，感悟数学文化融入数学课堂的意蕴。

（1）在教学设计中融入数学文化因素，寻找教学的闪光点。数学文化融入数学课堂，首先是教学设计中的融入。在教材分析、学情分析、目标确定、教法选择、流程设计的过程中就要把数学文化作为一个重要的设计变量。数学高度的抽象性与逻辑的严谨性时常让学生望而却步，在设计时渗透数学文化，易于提高学习兴趣，打通思路，转变被动的学习方式。如在几何学习时设计“俄国大文豪托尔斯泰的割草问题”，让学生体会代数与几何在解题中的联系与区别，打消对几何法解题的恐惧。

（2）在教学实施中融入数学文化因素，寻找教学的共鸣点。数学教学是预设与生成并存的一种动态发展过程，在教学实施中，适时的嵌入数学文化因素，可使学生思维不断开阔。如在分析勾股定理时，可嵌入英国作家西蒙辛格所写的《费马大定理：一个困惑了世间智者 358 年的谜》的著作梗概，分析从费马之后，欧拉、狄利克雷、勒让德、拉梅、刘维尔、高斯、库默尔、法尔廷斯、谷山—志村、弗雷等人不断探索费马猜想的过程，剖析怀尔斯完美解决这个困惑的整个过程，这样的融入才能使勾股定理在历史演变的长河中产生的作用与价值展现在课堂上。再如讲解多面体的欧拉公式，剖析欧拉在现有的条件（不多的多面体）下，发现了 $F+V=E+2$ 的猜想的路径，向学生播种敢于发现、勇于创新才能获得真知的思想火花。

（3）在评价反思中融入数学文化因素，寻找教学的着眼点。教学中容易忽视评价反思中融入数学文化因素，事实上在评价中融入数学文化因素不仅必要，而且会产生十分重要的功能。如在数学作业中出现错误、在回答问题时出现障碍、在解决问题时出现困难等都需要利用一些数学家的故事及艰苦探索的精神去激励学生、感染学生。如对集合论做出贡献的德国数学家康托尔，可分析他如何在过度的思维劳累以及强烈的外界干扰下克服困难而执着于超穷数学理论的建立的奋斗历程；也可以探析罗素对集合论悖论的思考以及人们为克服悖论而做出的种种努力。从而使学生能够正确对待数学学习中的挫折。

（4）在日常数学活动中融入数学文化因素，寻找教学的兴奋点。在日常的数学活动如观察、分析、推理、实验、会话等方面融入数学文化因素对数学教学的效率提高十分关键。课上一次简短的对话、课间一个问题的解答、课后作业的布置与批改等都可以融入数学文化因素，让学生产生学习与思考的兴奋点。如在函数概念分析中，可插入从莱布尼茨定义到柯西定义的过程，让学生体会数学概念是如何走向简洁美的过程；如在回答二次方程求解问题时，可让学生查阅高于四次的代数方程的根式求解问题，让年青的阿贝尔、伽罗瓦的奋斗历程去激励年轻的学子，也可在学习负数解决不够减、负数不能开偶次方等问题时让学生通过查阅课外资料认知数系的发展过程，体会数学中的和谐美。当然，也可以在日常的生活中分析“降雨概率”“评委打分”“中奖”等问题；同时也可以给学生分享一些数学家的名言，如柏拉图说“如果谁不知道正方形的对角线同边是不可通约的量，那他就不值得人的称号”，高斯说“数学中的一些美丽定理具有这样的特性：它们极易从事实中归纳出来，但证明却隐藏的极深。数学是科学之王。”华罗庚说：“数缺形时少直观，形缺数时难入微”“要打好数学基础有两个必经过程：先学习、接受“由薄到厚”；再消化、提炼“由厚到薄”等，让学生在学习的过程中体味、感知数学的无限魅力。

（二）数学文化融入的路径决定了数学课堂教学的品质

1. 在章引言以及情境创设中渗透数学文化

好的开头是成功的一半。在引言及情境创设中渗透数学文化，易激发学生的求知欲，提升他们的学习动机和激情。教师可借用小故事、名言、经典问题等作为导入课堂的方式，不仅可以抓住学生的注意力，也可以将一些重要数学思想传播给学生。如，在讲授分数乘法时借用《庄子·天下篇》中的名句“一尺之锤，日取其半，万世不竭”作为引入，根据诗句引导学生用折纸法得出1×

$\frac{1}{2}=\frac{1}{2}$，$\frac{1}{2}\times\frac{1}{2}=\frac{1}{4}$，$\frac{1}{4}\times\frac{1}{2}=\frac{1}{8}$，…，从而让学生归纳出分数乘法的运算即分子乘以分子，分母乘以分母的规律。决定教学成败的首要条件是学生的兴趣问题，通过故事最能充分调动起学生的学习兴趣，这样教学才能事半功倍。因此，适当地在引言及情境创设时渗透数学文化故事尤为重要。

2. 在概念的理解及结论的归纳中渗透数学文化

学生往往因为数学的抽象及逻辑性等问题而对数学产生敬而远之的现象，然而概念和结论是数学知识的重要组成部分。因此，在概念及结论的教学中适时渗透数学文化，可以消除学生学习的迷茫感，从而主动学习。如，在无理数的讲授中，教师可从毕达哥拉斯学派的万物皆数观讲起，分析正五边形边长与对角线长之比$\frac{\sqrt{5}-1}{2}$所引发和导致的第一次数学危机，解决这场危机需要新的数诞生，即无理数，这种从史料出发，引入无理数概念的方法更易让学生记住无理数并深刻的掌握它，而且$\frac{\sqrt{5}-1}{2}$正是人们谈及的黄金分割比，可以充分调动起学生的兴趣及求知欲，锻炼他们思考、解决问题的能力。

3. 在例题习题的讲解过程中渗透数学文化

随着课程改革的深入，数学文化越来越多地反映在例、习题，甚至考试题目中，数学文化的痕迹处处显见，对数学教学产生重要的影响。在练习题的分析讲解中渗透数学文化有利于学生对题目的理解和对出题人出题意向的把握，做到“知己知彼，百战百胜”。如在学习普查和抽样调查中就设置了这样一道题：我国自古就流传着“百家姓”，现在哪个姓氏的人比较多呢？里面有三问：①在全班进行调查，找出你们班最常见的三个姓氏，它们是什么？②调查全校同学的姓氏情况，你打算怎样调查？写出你们学校最常见的三个姓氏。③通过查资料的方式，看看全国最常见的三个姓氏是什么，这个结果和你调查的全班姓氏情况、全校姓氏情况一致吗？通过这样的问题设计，既提高了学生学习的兴趣，又对我国的姓氏有一个全面的了解。

4. 在思想方法的析理挖掘中渗透数学文化

数学思想方法是数学知识体系的精髓，掌握其本真含义十分重要。数学思想方法一般蕴藏数学问题与问题的解决过程中，如果在分析问题的解决过程中只展示过程及结果，却没有挖掘其中所蕴藏的数学思想，多半使学生的思维处于模仿与移植阶段，而不能很好地迁移与创新。如在分析“对顶角相等”的证明过程中，可就《几何原本》中关于“对顶角相等的证明”作一剖析。这一事实的证明重要的价值不在于“对顶角相等”命题本身，而在于泰勒斯提供了不凭直观和实验的逻辑证明，知晓人类首次通过演绎的思维方式来证明一个事实的成立，让学生知道学习数学，不仅要记住定义、定理，更应学会古希腊用公理化体系表达科学真理这种推理思维的方法。再如，著名的“七桥问题”是欧拉用“抽象”的手段将其简化为“一笔画问题”，这种抽象的思想在学生成长与发展过程中是十分重要的。这样的数学文化渗透让学生更能体味到思想方法和“数学化”之美。

5. 在实际应用建立数学模型中渗透数学文化

数学真正的魅力不仅在于本身的和谐完美，而且体现在现实生活中的广泛运用中。20世纪以来空前发展的是应用数学，也是数学与生活融合的时代。因此，在实际问题解决中，建立数学模型，渗透数学文化，可以让学生学会灵活运用数学的结论、思想、方法去解决生活中实际问题，真正体验感受数学的价值所在。如，西班牙电影《费马的房间》里的问题：“一个封闭的房间只有一扇门，在门外有三个开关，其中只有一个是房间里面电灯的开关，你只能进去房间一次，如何判断哪个开关才是电灯的?”和“有两个沙漏，分别4分钟和7分钟漏完里面的沙子，那如何利用它们判断9分钟时间呢?”等接地气的现实问题在建立数学模型的基础上来提高学生解决问题的能力和强化他们数学应用的意识。再如，利用垂径定理解决赵州桥问题：已知赵州桥的桥拱长以及拱高，求赵州桥的桥拱半径等。数学在实际应用中的作用远不及此，教师要结合现实问题的历史背景、数学故事渗透数学文化于课堂教学，让学生对数学作用有一个清晰的认知进而积极主动地应用与建模，充分发挥数学的文化价值。

数学与计算机技术的结合使数学的结构与功能发生了很大的变化，也使数学教育的结构与功能发生了巨大的变化，但目前过多的课件、过多的互动、过多的问题、过多的内容，时常使学生在学习过程中垂头丧气、一蹶不振，使部分学生缺乏学习的兴趣、动机、不主动进行知识的建构与应用，迷乱于数学学习的困境，一个重要的解决途径就是将数学文化融入数学课堂教学始末，使数学课堂教学焕发生命活力。那么适时适地适材的融入数学文化，可以调整数学课堂容量，改进数学课堂气氛，增强数学课堂活力，激活数学学习动机，强化数学学习目标，真正使数学课堂教学成为绿色、生态、文明的课堂，使师生都能在数学课堂中健康快乐发展，使师生在与数学文化的心灵之约中收获精神财富，体味和感受数学带来的文化盛宴。

三、外促与内生法

（一）外促与内生法的一个案例背景

由马复主编，北京师范大学出版社出版的义务教育课程标准实验教科书数学七年级上册第三章第五节“探索与表达规律”中有如下一道题（简称日历问题）：

		2	3	4	5
6	7	9	10	11	12
13	14	16	17	18	19
20	21	23	24	25	26
27	28	30	31		

在图所示的某月的日历图中，有如下四个问题供学生探讨。

（1）日历图的套色方框中的 9 个数之和与该方框正中间的数有什么关系？

（2）这个关系对其他这样的方框成立吗？你能用代数式表示这个关系吗？

（3）这个关系对任何一个月的日历都成立吗？为什么？

（4）你还能发现这样的方框中 9 个数之间的其他关系吗？用代数式表示。

紧接着在“想一想”栏目中又问了类似的两个问题让学生解决：

（1）如果将方框改为十字形框，你能发现哪些规律？如果改为 H 形框呢？

（2）你还能设计其他形状的包含数字规律的数框吗？

这是一道极富启发的开放性试题，让学生在分析与解决问题的过程中体会和感受字母表示数的意义与价值，品味发现规律的乐趣与探索规律的奥妙。在现实的教学中，可设置巧妙的数学活动，让学生从不同的维度，进行探索性挖掘，运用外促与内生两条路径来训练和开发学生的数学思维，进而创造性提升学生的数学学科核心素养。本部分基于此案例，探析如何利用此方法拓展学生数学思维的新路径，从而透视数学教学发展的基本态势之一：数学探究教学，通过数学探究教学启发我们寻找更加适宜的数学学科核心素养落地之策。

（二）外促式拓展数学思维的路径

所谓外促式是指通过创设良好的数学教学环境，构思适宜的数学活动内容，营造和谐的数学思维时空，有目标有方向的对数学教学中生发的问题进行有深度的拓展探究，进而发现其规律促进其思维向更高层次发展的一种方式。这种方式的主要特点是教师精心设计问题情境，引导学生在一个良好的教学生态环境下解决问题，达到数学思维拓展、知识生成、方法掌握、情感激发。基于此，我们以参与式活动为拓展学生数学思维的基本教学模式，让师生在一个开放的环境下，有空间、有时间、有条件、有目标、有活动的进行数学思维拓展。

1. 为学生数学思维的拓展提供时空路径

为了更加有效地解决上述问题，我们开展了如下的参与式活动，为学生数学思维的拓展提供了时空路径。

活动：探索与发现

目标：说出案例中日历问题解决的思路；归纳出解决问题时发现的规律；列举出小组成员发现和提出的问题；剖析发现规律的思路与方法。

时间：30 分钟

材料：笔，笔记本

过程：

独立思考，在笔记本上写出自己解决问题的思路；列举出在思考过程中生发的一些新的问题及规律；反复追问，还有哪些规律存在。

将思考的结果在小组内进行交流与分享，充分讨论，整合每位同学的想法形成小组共同的认知。

小组发言人向全班展示汇报讨论的结果，在听取、记录的过程中，互相询问、探索论证规律；在丰富认知的基础上，不断创造性地生发新的问题，开放认识时空。

这种参与式活动不仅为学生有效思维搭建了适宜的平台，而且为学生问题意识的形成创设了良好的路径。

2. 为学生数学思维的拓展提供问题路径

通过独立思考、小组讨论、全班分享，针对上面的日历问题，在解决问题的基础上，不断引导学生生发出一系列新的问题。我们以问题的提出与解决为抓手，及时归纳总结发现的规律及蕴藏的思想方法。经过梳理分析，发现学生主要从如下 5 个维度拓展问题及问题解决的路径：

（1）类比维度。同学们把课本上的问题归结为 3×3 的问题，作为思考的源问题，运用类比的方法归纳出的流问题有：2×2、4×4 等问题。即在上述日历中到底有多少个 2×2、4×4 的数字方阵？是否也有一定的规律存在？通过探索，对 2×2（只要在日历中能构成两行两列）而言，其对角之和是相等的，对 4×4 而言，外侧的 12 个数字之和是内中 4 个数字之和的 3 倍；同时还可对日历倾斜行与列研究，也能得出类似的规律，如探究倾斜的 2×2 中的 4 个数（7、13，8、14）等所蕴藏的规律。

（2）运算维度。同学们在讨论分析上述日历中发现，横着一行一行看，都是奇数个数，对称数字之和相等，且后面的一个数比前面的一个数大 1；纵着一列一列看，每个数被 7 所除余数都相等，如第一列余数都是 6，且下面的一个数比上面的一个数大 7。还有些同学从“行列式”的角度思考，发现也有规律，如 2 阶行列式，依其次序其结果是 -7，3 阶行列式其结果是 0，4 阶行列式也是 0。

（3）分合维度。有些同学发现，像 $6=1+2+3$、$28=1+2+4+7+14$，

恰好是数学中很有意义的两个完全数，可以引发思考后续的完全数是什么？同时有些同学还发现了孪生素数：5、7，11、13，15、17，…，这样的孪生素数是有限还是无限？

（4）限度维度。最初同学们想把 1 到 31 加起来，思考有限个数相加的和，然后推广到 $1+2+3+\cdots$是什么？结论是无限大；有同学提出，如果颠倒求和，结果如何呢？

就是如何求的 $1+\frac{1}{2}+\frac{1}{3}+\cdots$和问题？借用反证法的思想（教师分析）容易推出，它的值是无穷大。假设是有限的，不妨设为 s，即有 $s=1+\frac{1}{2}+\frac{1}{3}+\cdots$，对等式的右边进行放缩就有 $s=1+\frac{1}{2}+\frac{1}{3}+\cdots>\frac{1}{2}+\frac{1}{2}+\frac{1}{4}+\frac{1}{4}+\cdots=1+\frac{1}{2}+\frac{1}{3}+\cdots=s$ 推出矛盾，所以假设是错误的，结论是其和为无穷大。在解决这个问题的基础上，训练了学生运用反证法思想解决问题的意识，启发学生思考将上述分母中的数字指数从 1 换成 2，其无穷个这样的数相加结果又会怎样呢？不断地追问可将学生的思维引向深入。

（5）文化维度。日历给学生留下了许多思考的问题，其中从文化的角度反思可以培养学生珍惜时间和热爱生活的意识。每一个人生活在时间的长河中，时间是人生最重要的自变量，不同的人在不同的时刻有不同的生命状态，这些状态就组成了人生。如何合理有效地运用好时间也就成为日历问题中值得探讨的话题，有些同学花了好长时间查阅日历为什么是 7 列？分析了时间与人生之间的关系，提出了时间管理的方略，好多同学提出在任务驱动下如何更加高效学习的行动计划。

（三）内生式拓展数学思维的路径

所谓内生式是指参与数学活动的主体发自内心的渴望解决问题的动机、向往和追求，拥有强烈的好奇心与探究意识，能调动自身内在的智力因素与非智力因素，自觉的参与学习活动，舒展思维通道。基于此，我们认为以学生为本是数学思维拓展的内生式路径，其中思维激活是关键，问题解决是核心。

1. 思维激活是关键

数学思维是在数学活动中展开的，一般的数学活动分群体合作活动和个体独立活动。外促式为群体合作活动创设了良好的路径，内生式为个体独立活动提供了燃料。要使数学思维空间不断拓展，首先要激活学生的数学思维，让学生在一个良好的课堂文化环境中，不管是在群体的数学活动中，还是在独立思考的情境下都能放飞思维的翅膀，大胆而富有创意的进行思考、交流与分享，能够从数量关系、空间形式等不同的角度进行思维的拓展，享受到成功的乐趣和参与发现的快乐。在解决日历问题的活动中，其核心的任务是点燃学生思维的火花，让学生能够自由自在地发挥自己的想象力和思维力，从一些看似平常而又易于入手的问题切入，不断引导学生的思维进入高潮，产生对数学学习的激情和向往。在与学生的互动中感受到了点燃学生思维火花的力量，无形中从一个新的角度拓展了学生数学思维的空间，也激发了学生大胆思维的意识。如设问了这样一个问题：如何将 3×3 源问题的数字抽掉，换成在空的 3×3 个方格中填写数字 1 到 9，使之每行每列及对角线的数字之和相等，如何填数字？实际上就将日历问题变成了一道幻方问题；又如假定给了 9 个数字，3 个 1、3 个 2、3 个 3，把它排成一个方阵，使每行每列都恰含有数字 1、2、3 各一个，这就又变成了拉丁方问题；纯粹将数字去掉，数其中有多少个正方形与长方形，日历问题就又变成了数方格问题。通过问题的变形与不断追问，引导学生的思维不断深入，让学生体验通过问题学数学的特质。

2. 问题解决是核心

内生的一种重要方式就是要让学生在问题情境中能够舒展思维，拓展思维路径，进而探寻问题解决的策略与方法，从解决问题的过程中体验学习数学的真谛。学生通过观察法、尝试法、代数法、归纳法、代换法等方法去透视日历问题，慢慢品味解决日历问题的基本方法，在品味中不断深入思考，感悟数学的抽象思想、推理思想和模型思想。问题是通过方法解决的，中学生学习中最基本的方法就是观察与尝试，掌握这两种方法的精髓，才能从思想高度上认识数学问题解决的思想，当然在内生省思的过程中，与参与者之间的思想不断碰撞，就能更进一步体会探究精神、质疑精神在数学学习中的地位与价值。知晓如何通过这一看似简单数字规律的挖掘，窥探出其中的规律，体验蕴藏着的数学思想，进而把思想从眼睛的束缚之下解放出来，把思维激活，把探究的足迹留下。问题与问题的解是数学的核心，也是数学思维的核心，唯有师生在问题及问题解决的情境中不断地利用一切资源，打破思维的枷锁，融通各方知识体系，真正的解放思想，才能达到拓展思维空间的目标。

数学教学的目的是促进学生的数学进步。那么拓展学生数学思维，提升数学修养就是最重要的两大目标，外促与内生这两种方式对拓展数学思维就具有十分重要的价值。从外促引发内生，由内生推进外促，理应成为数学教学中关注的核心议题。作为数学老师，就要在复杂的教学世界中灵动的掌握这两种路径，适时选择，让学生的数学思维最大限度地受益，不断地营建

“自主式学生”或“交流式学习”的生态环境，不仅要在数学教学中舒展学生的数学思维，而且要利用一切可以利用的资源，更加开放、更加有力拓展学生的数学思维，从而培养和发展学生的数学学科核心素养。

思考时刻：写出你对培养学生数学学科核心素养的理解，你认为学生在求学阶段最应当获取怎样的数学学科核心素养。

策略探寻：把你在教学中培养学生数学学科核心素养的策略罗列在书中的空白处，并分析所采用的策略优势在哪里，如何探寻更加有效的培养策略。

第十章　数学教学发展

◎数学教学发展是数学教育发展的根基与前提，要在明晰数学教学发展态势的基础上建构可持续发展的数学教学文化才能确保数学教育高质量的发展◎

关键问题

1. 如何理解数学教学发展的基本态势？
2. 如何建构持续发展的数学教学文化？

第一节　数学教学发展的基本态势

数学教学是一个复杂的系统工程，是一个动态发展变化的过程，是数学教学共同体建造的一个富有生命活力的系统，可以透过多种视角分析其动态发展过程，从中析取有益的教学智慧，使数学教学更加丰富多彩。

一、透过数学情境与数学情感审视数学教学发展

《义务教育数学课程标准（2011 年版)》在课程目标中着重强调“了解数学的价值，提高学习数学的兴趣，增强学好数学的信心，养成良好的学习习惯，具有初步的创新意识和科学态度”。也就是说，随着新课程改革的深入，教学不再是单纯的传授知识，而是要从学生的生活经验和已有的知识背景出发，帮助其在自主探索的过程中体悟数学思想、方法，提高其学习数学的情感态度与价值观。因此，各种教学方法应运而生，其中，数学情境教学的研究开始受到广泛的关注。之所以要关注数学情境，其中一个很重要的原因就是数学就产生于情境，并在一定的情境中发挥着作用，而数学教学又离不开情感，因此数学教学中就不能缺失情境与情感这两大因素。本部分通过查阅相关文献，透过数学情境教学、与数学情感建构这两个视角，探究其增润数学课堂的功能，以期更好的剖析数学课堂结构，知晓数学教学发展的基本

态势。

（一）数学情境视角的分析与思考

1. 数学情境教学的基本含义

数学情境教学是在数学情境创设的基础上，把数学元素（问题、语言、方法、命题等）融入数学情境系统之中，使数学教学更富生命活力。

（1）情境及数学情境的含义。著名教育理论学家鲁洁教授认为情境就是它能够把人的学习的需要、动机充分地调动，同时可以使他更好地获得学习的智慧。李亦菲学者从学习条件、学习过程和学习结果三个角度对情境进行了定义，“作为学习条件，情境是连接‘文本’与‘生活’的纽带；作为学习过程，情境是‘情感’与‘认知’的对象；而作为学习结果，情境是‘知识’与‘精神’的载体。”由上，可以了解到情境就是贯穿于学生学习活动始终且动态的环境和背景，能够带给学生心灵感染和内心情绪体验，使学习更具“人情味”。

从数学教学的角度审视，数学情境就是从事数学活动的环境，产生数学行为的条件，即为了完成某个既定的数学教学任务，由教师创设而建构起来的具有数学韵味的情境场域，适宜于师生开展数学活动，在活动中能唤醒学生的数学学习意识、产生强烈的学习动机、吸引力与感召力，促进学生数学学科核心素养的提高。对于数学情境类型，可以归纳为两种：一种是注入式数学情境，即原始的、复制的、简化的、改造的生活情境中注入数学因子，另一种是映射式数学情境，即其他学科的情境以及数学自身的情境、学生的数学经验情境等映射进数学教学体系之中。

（2）情境教学及数学情境教学的内涵。情境教学的思想自古有之，孔子在《论语》中主张“不愤不启，不悱不发，举一隅不以三隅反，则不复也”。“启发”就是基于“愤”与“悱”的情境而提出的。继孔子之后，孟子也主张启发式教学。此外《学记》中有：“君子之教，喻也。”并指出了“喻”的三条准则：“道而弗牵，强而弗抑，开而弗达。”近代以来，陶行知的“生活即教育”以及“择邻而处”“居必择乡”“游必就土”等均体现了情境教学的思想和环境对人的教育作用。而对情境教学理论与实践的研究则是从1978年李吉林进行的情境教学法实验正式开始的，经过三十多年的探索，逐步构建了独具特色的情境教育理论体系与操作体系，特别近年来围绕情境教学展开的会议研讨。如1996年12月11日至13日在江苏省南通市召开的全国“情境教学”—“情境教育”学术研讨会，2002—2009年8年间就情境教学相关主题进行的六次大规模研讨会，以及2013年12月25日在江苏省南通市举办的“35年改革创新情境教育成果展示会”。这些会议着重强调了“情境”对于教师教学以及学生学习的重要性且普遍认为情境教学是实现教学目标的重要教学方法之一。

关于情境教学定义的描述多种多样。佘玉春认为情境教学是一种运用具体生动的场景以激起学生主动学习的兴趣、提高学习效率的教学方法。张新华认为情境教学是从教学的需要出发，教师依据教学目标创设以形象为主体，富有感情色彩的具体场景或者氛围，激发和吸引学生主动学习，达到最佳效果的一种教学方法。傅道春在其著作《教育学—情境与原理》中将情境教学定义为：教师根据一定的教学要求，有计划地使学生处于一种类似真实的活动情境之中，利用其中的教育因素综合地对学生施加影响的一种方法。不论对情境教学概念如何界定，它的实质都是从“情”与“境”出发，以“情”为经，给予教学场域生命触动及情感体验，以“境”为纬，建构生态场景及智慧平台，在情与境中探寻最适合学生发散思维、提升综合素养的理智与情感并存的意境，以此激发学生的求知欲，提升学生解决问题、应用知识的能力。

数学情境教学的探索源于吕传汉、汪秉彝。在2000年，他们提出旨在数学教学中培养中小学生创新意识与实践能力的“数学情境与提出问题”教学，并从2001年元月起在西南地区中小学开展了“中小学数学情境与提出问题教学”实验研究，并从中构建了“情境—问题”教学的基本模式：“设置数学情境—提出数学问题—解决数学问题—注重数学应用”。几年的实验研究结果表明“情境—问题”教学是可行且有效的，不仅提升了数学教师的专业能力，也使学生在自主探究、获取知识与方法的同时提升了综合素质与能力。2001年，华东师范大学徐斌艳对基于旅游情境的教学案例进行了研究且探讨了抛锚式教学模式在数学教学中的应用。王文静、郑秋贤基于情境认知的美国数学学习案例进行了研究，认为可以借鉴其成功的教学经验创设有意义的数学学习情境以促进学生主动学习，提出在关注情境认知的同时要处理好认知与学习情境化与非情境化之间的关系，寻求更有利于学生认知发展的课程教学结构。综上所述，数学情境教学就是运用注入式或映射式的方式创设情境并溶于数学场域中，形成适宜学生学习成长的数学情境，强化学生数学意识与数学素养的一种教学方式。

2. 数学情境教学与增润课堂

从事数学情境教学，在于着力挖掘数学情境教学优势，创造性地建构课堂，增润课堂，使数学课堂教学更能焕发生命活力。

（1）数学情境理念的确立是增润数学课堂的灵魂。数学课堂是数学教师、学生、资源建构的富有生命气息的活动场所，是以培养学生的数学素养为根本使命，从而实现育人的目的。数学情境教学是实现这一使命的重要方式，而数学情境理念的确立是第一要务，要在理念上充分认知数学情境的创设、实施、反思在数学教学中的重要地位。良好的数学情境是数学教学开展的根基，是决定数学教学质量的重要基石。数学概念的理解、数学命题的掌握、数学技巧的形成、数学思想的应用、数学问题的解决都要基于数学情境的创设、运行、反思来完成。因此，要有效地开展数学教学、增润数学课堂就要在理念上认知数学情境在促进数学课堂建设中的重要性，不断地创设和优化数学情境，变革数学课堂文化的结构，合理利用各种资源，为了学生的数学理解、数学生成、数学创新而建构数学情境，使数学情境与数学知识、问题解决、数学素养真正相关联，将学生的数学发展与数学课堂教学的高效相匹配，有效地为学生数学学习、素养形成提供机会。

（2）数学情境创设是增润数学课堂的先导。数学情境创设是为师生从事数学活动有意识建构而成的活动场域，包括硬情境（即进行数学活动需要的各种资源、设计、环节等）与软情境（语言气氛、情感营造、人际关系等）建设。数学情境创设是基于生活情境、科学情境、文化情境、思维情境、数学情境、学生情境而创设的，一般有如下三种类型：问题型数学情境创设，方法型数学情境创设、命题型数学情境创设。无论何种数学情境创设都是为了数学学习的高效性，便于数学理解、数学诠释、数学反思、数学探究、数学创新的深入，是让师生在一个适宜的教学情境中，盘活资源，激活思维，通过恰当的数学活动以更好地理解数学概念、掌握数学方法、应用数学原理，使数学基本知识、技能、思想、活动经验更加坚实。在数学情境创设中，一要围绕数学教学目标而创设，要有助于目标的达成；二要符合学生的年龄特征及数学思维发展的实际，具有科学性、探究性、趣味性和发展性；三要激活情感系统、认知系统与行为系统；四要融通各种教学要素使数学核心素养落地。数学情境创设是一项艰难而又十分重要的教学工作，是数学课堂增润的关键，不仅创设理念要先进，而且方法策略要科学，需要经验积累、协作创新、大胆实践、勇于探索，不断使数学课堂结构合情合理、和谐统一，师生共享数学教与学的乐趣。

（3）数学情境有效运行是增润数学课堂的保障。源于情境作文教学而创建情境教学理论与实践的李吉林认为："数学是思维的体操，通过创设探究的情境，让儿童快乐地伴随着形象，积极进行逻辑推理活动，把认知活动与情感活动结合起来，把形象思维与逻辑思维结合起来，启迪儿童的数学智慧。可见，数学情境的创设与实施也是不可或缺的，是数学课堂教学高效的基本保障。数学情境融入数学课堂一是通过数学情境的运作能激发学生的求知欲，提高学习兴趣；二是有针对性的数学情境能给学生提供思考与探索的空间，助其自主探究、参与交流、解决问题；三是接地气的数学情境能提升学生创新及应用数学的能力，增强数学建构、数学推理、数学抽象等素养。数学情境有效运行于数学课堂，使数学课堂有趣高效、有人有智、有变有动，富有弹性和机智，充满热情和阳光，确保数学情境教学有效运行。”

（4）数学情境反思是增润数学课堂的核心。数学情境反思就是对创设的数学情境在数学教学中的得与失进行分析、诊断、提高的过程。反思是促进数学情境优化的重要方式。现阶段数学情境创设与运行中还存在一些误区：忽视情境创设使目的缺乏数学味、为情境而情境；过于形式化而游离于数学学习的本质；忽视情感的融入使情境创设僵化；过于生活化而显现去数学化情境；情境创设与运行的任务不明、角色不清；数学情境、数学知识、师生成长的关系定位不准确等；透过这些问题的反思有利于准确定位数学情境在数学教学中的地位与价值，科学合理地建构数学课堂教学，真正使数学情境成为数学教学活动的基因，使数学情境的意义和学生的情感诉求相融合，使数学情境与教学目标相匹配，使数学情境与教学质量相一致。在数学情境反思中嵌入数学情境，增润数学课堂。

（5）数学情境丰富是增润数学课堂的关键。数学情感理论与实践的不断丰富才能为数学课堂的增润提供不竭的动力源泉。

一是数学情境教学理论的丰富。一大批学者如李吉林、佘玉春、冷平、王鉴等从不同的层面对情境教学的理论进行了探索，为数学情境教学理论的丰富与完善拓宽了思路。李吉林认为情境教学的理论框架是“四特点”和“五要素”。“四特点”为“形真、情切、意远、理寓其中”，“五要素”为“诱发主动性、强化感受性、着眼发展性、渗透教育性、贯穿实践性”。佘玉春将情境教学特点概括为“真实性、教育性、适切性、简约性”，且认为真实性是情境教学最本质的特征，是其生命所在。冷平认为情境教学的理论基础有认识论、学习论、现代教学观、现代心理学及数学文化。王鉴探讨了情境教学的教学论基础，认为情境教学的教学论基础主要在于教学二重性，即符合教学预设性与教学生成性的辩证关系。这些理论研究为数学情境教学理论提供了丰富的养料。

二是数学情境教学研究的丰富。数学情境教学作为一种重要的教学方式，就要以问题为导向，以学生数学素养的形成为核心来探析教学路径。为此，需要探讨数学情境教学的文化基础、本质特征、运行机制、效果反思等重大的教学理论问题。①创设丰富的数学教学情境，在时代性、科学性、有效性方面探索，特别是基于教学文化的现实，为学生创设乐学的心理、情感环境，巧妙地与数学文化相融合，借助种种资源、工具，使数学更加优雅地嵌入在学生心田，成为人生智慧的工具；②丰富数学情境教学的运行机制，着力培养学生的数学核心素养。数学活动的开展、数学任务的完成、数学智慧的生成，都要基于数学文化素养的提高、数学自主发展能力的提升、数学解决问题智慧的生成，在数学抽象、交流、运算、建模、分析中提升数学核心素养；③丰富数学情境教学的策略体系，无论是创设数学情境、运用数学情境、还是反思数学情境，都要探寻适切的策略，使其内容与方式不断丰富和高效，树立系统思维、模型和分析思想，通过灵动的数学情境使数学基因不断出场，构建易于学生理解与发挥想象力的场所，从而不断地增强学生参与度、数学吸引力，实现课堂教学的超越。

数学情境教学是常谈常新的话题，是随着时代的发展理论不断创新、实践不断丰富的教学。虽然在理论与实践的探索过程中取得了一定的成绩，不少一线教师已在数学课堂中积极实施情境教学，创设了适切的数学情境，引导学生经历数学知识及思想方法的形成过程，但对其有效性仍感到困惑，也缺乏更为深入的实证研究。因此，需要在理解现状的基础上，深入地开展数学情境教学方面的实践探索与实证研究，使教师在数学教学过程中，更有效和自信地实施数学情境教学，从数学情境出发，将教学生活、现实生活、理想生活融为一体，回归到数学教学本真上来，让学生在一种自然而又真切的环境中不知不觉受到良好的数学教育，获取数学智慧，使数学课堂教学效果最大化，真正让数学课堂充满活力，引领数学教育走向新未来。

（二）数学情感视角的分析与思考

1. 数学情感的基本内涵、特征及功能

人们的实践活动是在情感影响下进行的，情感是人类的灵魂，行动的动力，情感以一种潜在的方式影响着教学。数学情感是数学教与学的推动力，学习者因数学情感的经历方式和表达方式的不同而相异，因此数学教学也会因数学情感的取向、数学情感的机制、数学情感的适应、数学情感的选择而不同。因此有必要明晰其内涵、特征及功能。

（1）数学情感的基本内涵。情感在人们工作、学习、生活中必不可少，它超越时间和空间弥散在人们生活的每一时刻、每一角落，不同的情感会对人产生不同的影响，人们在做每件事情时都带有自己独特的情感，这种情感成为工作、学习、生活的动力。《心理学大辞典》认为“情感是人对客观事物是否满足自己的需要而产生的态度体验”，情感与情绪、态度、感受、体验等相关，在心理学中还有一种较为普遍的认识即情感是人们对客观现实的一种特殊反应形式，是人们对客观事物是否符合需要而产生的态度体验，表现在喜、怒、哀、乐诸多方面。“人的认知和行为以及社会组织的任何一个方面几乎都受到情感驱动”，情感既是决定社会结构形成的力量，也是摧毁社会结构集体行动的动力来源，因此情感在人类事件演化中拥有核心的位置。

在心理学对情感认识的基础上，我们认为数学情感是人们对数学知识、数学活动是否符合自身精神需求和价值观念而产生的情绪、态度和信念。因

此数学情感是变化、是可培养的，与情感一样，人们对数学的情感既可以表现在喜欢、热爱、好奇等积极的一面，也可以表现在厌恶、恐惧、痛苦等消极的一面，积极的数学情感不仅能发动、维护和调节学生数学学习过程，促进数学知识掌握和智能发挥，改变对待数学学习的态度，而且还有利于提高学生对数学的认知、数学语言的运用和问题解决能力，对于培养学生的数学核心素养起到重要的作用。国内外的许多数学家对数学都有着热爱甚至迷恋的情感，这种积极的数学情感成就了数学家。因此在数学教学中，我们要努力培养学生积极的数学情感。

（2）数学情感的基本特征及功能。数学学科核心素养是数学教育最终的归宿，而数学情感则是学生形成数学学科核心素养的心灵发动机，只有积极的数学情感才能发展并形成核心素养。数学情感在数学教育中有重要的地位，可归纳出如下特征与功能：渗透性与增润性、融通性与传递性、自洽性与发展性。

数学情感的渗透性与增润性。数学情感渗透到数学教育的每一个环节里，不断地显现出其力量与价值，它不是一种标签，而是数学教学设计、实施、反思的增润剂。数学教育中培养学生的数学思维品质和数学关键能力时会遇到各种各样的机遇与挑战，这会使数学教育教与学变得异常艰难，数学情感作为数学学习的内因，将渗透到数学学习的全过程中，帮助学生形成数学学习的内在动力，养成数学学习的积极态度，转化为学生克服数学学习困难的坚定信念，为培养学生的数学学科核心素养奠定基础。

数学情感的融通性与传递性。数学情感融通于不同的数学学习领域之间、数学教育要素之间，透过数学情感使不同领域、不同要素之间发生关联，产生触碰和感悟。在数学学习和数学活动中，交流与对话是最基本的融通与传递方式，人的学习和认识活动兼具个性和社会性两大特征，而作为认识活动的对话则是这一过程不可或缺的部分。教学活动参与者在交流与对话中通过多种情感混合形成自己的数学情感，并通过语言、动作、神态在传递知识的过程中影响他人的情感。最典型的就是师生、生生之间通过交流与对话传递数学情感，教师在课堂教学中表现出的数学情感决定着学生在课堂学习中的效率，影响着学生在日常学习中对数学的态度，同伴之间传递的数学能量也会对学生的数学情感产生影响，而且这种传递是双向的。我们希望师生、生生之间传递正确的数学观和“数学正能量”。

数学情感的自洽性与发展性。数学情感不仅是数学学科核心素养的基因，而且是形成数学学习共同体和谐共享文化生态的基因，促进着数学教育系统的和谐自洽，数学教育能量的发挥与数学发展，使数学学习共同体达到一种巅峰情感体验。数学情感和数学学习之间存在着非常密切的关系，数学情感不仅对学生数学学习的认知过程、学习态度、学习行为等有促进作用，也有可能使学生在数学学习的过程中产生害怕、恐惧、厌恶、憎恶等一系列心理阴影，对数学产生抵触情绪，阻碍数学教育最终目的的实现。在数学教学中，积极的数学情感能点燃学生内心对数学的求知欲和热爱，帮助发展数学学科核心素养。

2. 数学情感的教学意蕴及实现路径

中国学生发展核心素养的颁布，既是基于国际教育改革新动向、深化教育领域综合改革、落实立德树人，也是基于课程体系建构、教育质量提升及教育目标的达成。是在坚持科学性、注重时代性、强化民族性、落实素质性的原则下建构的，关系到培养怎样的人及如何培养人的问题。这一重要而现实的话题已经成为数学教育研究的一个重要内容。无论是课标的修订还是数学教学的设计、实施及评价反思都要以数学学科核心素养为要义。

（1）数学学科核心素养与数学情感。数学学科核心素养最基本的认知是指学生具备的具有数学特征的、能够适应个人终身发展和社会发展需要的人的必备的思维品质与关键能力。

①数学情感是数学学科核心素养的必要条件，渗透在数学学科核心素养形成与发展的始末。数学学科核心素养已经成为我国数学教育改革的一个方向和目标，在数学教育过程中培养学生的数学思维品质与数学关键能力成为数学教育的基本追求。在这种追求下，理智和情感是数学教育系统的核心要素之一，数学情感就依存于数学教育的运行机制中，是数学教育的动力源泉，对育人目标、行为、方式起重要的催化作用。具体而言数学情感就在数学课标、数学教材、数学教学、数学考试、教学话语以及教学活动当中，一次练习、一次实验、一个眼神、一个问题、一种体验、一种感悟等都是数学情感的表征，特别是在数学问题解决中常常会面临思维上的困难，解决问题的成功和失败，夹杂着种种体验和感受，这些体验和感受有时会坚定学习信念，有时会打击学习兴趣，有时会导致心灵创伤，这种经历哪怕仅仅是一次，就可以使人形成稳固的态度，而且这种态度还会泛化到相关或相似对象上。足见数学情感在数学学科核心素养的形成发展中的基因力量。

②数学情感是数学学科核心素养的主体元素，是数学学科核心素养形成与发展的基础。数学学科核心素养是建构学生数学素养的核心，是奠基学生数学思维品质与数学关键能力一生发展的核心，这种数学思维品质和数学关键能力主要是由后天训练和实践而获得的，是学而时习得之，是教化熏陶而有之，这种习与得是让学生在人生发展的道路上学会认知、学会做事、学会做人、学会自我实现、学会改变，让学生能够主动地使用数学工具沟通、能在异质社群中互动、能自律自主地行动，并且具备能够主动建构数学知识的

能力、发展数学高级思维的能力、数学创新的能力和数学质疑反思的能力。在数学教育中，会有数学交流的情感、数学合作的情感、数学实践的情感、数学思维的情感等。数学情感可以让学习者产生数学情愫，心中充满学习数学的冲动、渴望，在数学活动或数学学习中获得成功的体验，并不断地激发与维护着良好的数学情感，使数学课堂焕发生命的活力。

（2）数学情感的教学实现路径。数学情感的内涵与价值决定了它在数学教育体系中的作用与功能。积极的数学情感成为现代文明人的基本素养之一，也成为数学教育教学培养的目标之一。我们要努力在理念、实践、反思路径上寻找数学情感落地的力量。

①数学情感实现的理念路径：自觉、体认、坚守。充分认知数学情感在数学学科核心素养培养与形成过程中的功能与价值，自觉、全面、正确地认识数学情感的内涵与特征，提高数学情感的认同感。在理念上树立数学情感自觉意识是培养数学情感的第一步。数学情感作为数学学科核心素养的基因，在培养学生数学思维品质与发展学生数学关键能力时须臾不能离开，它决定着培养质量与发展水平。许多学生从一开始就受到“数学无用论”和数学太难的思想侵蚀，对数学产生了害怕和不想学的抵触性的心理反应，教师要自觉地让学生对数学有正确的认识，提高对数学的认同感，从内心深处认同数学的价值、感受数学的美、崇尚数学家严谨的科学精神，对数学学习产生归属感，这样才能够在学生心里燃起对数学美好的情感。

在数学情感自觉的基础上，要体认数学情感，践行数学情感。学生的数学学习和数学交流基本上是在学校教育中完成的，在这个过程当中，数学教师扮演着极其重要的角色，我国有“亲其师信其道”的说法，波利亚也曾说过：“如果教师讨厌数学，学生便毫无例外地讨厌数学”，因此教师的数学情感会在教学中潜移默化地影响学生的数学情感。教师是能生动的、直接的传递和施加数学情感影响的重要载体，教师设计精妙的教学活动以欣赏的眼光看待数学，不断地激励、唤醒、鼓舞学生的数学情感，那么学生对数学的看法就会发生改变，会用积极的态度学习数学、参与数学活动，因此教师首先要体认数学情感。

最后要坚守数学情感。数学核心素养是跨学科的、综合性的，需要坚守其信念，在数学教与学中，会有许多困难与挫折，无论如何，要有执着的数学情感，坚持不懈，才能逐步打破数学学习的困境，超越数学课程、课堂、年级、资源的边界，勇敢地探索数学情感落地的策略，让数学情感滋养数学核心素养，让数学素养成为数学智慧。

②数学情感实现的实践路径：融通、内化、应用。在自觉、体认、坚守数学情感理念的基础上，要进一步在实践上融通、内化、应用。首先在数学

情感实践上融通。数学情感实践上的融通既是指数学思维品质与数学关键能力各自的融通，又包含数学教育各要素之间的融通，只有做到融通，数学学科核心素养才可能落地生根，产生内化。外在碎片化的、强加的东西不能成为数学学科核心素养，数学学科核心素养需要在数学情感的作用下内化为数学思维习惯、数学行为习惯。

数学情感实践内化十分关键，这种内化作用最终需在课堂教学中来完成，那么如何设计数学课堂教学提高学生的数学学习兴趣就非常重要，好的教学设计可以让数学中“冰冷的美丽”化为“积极的思考”，提高学生对数学的好奇心和求知欲，如果教师在教学设计上下功夫，用情境教学唤起学习的兴趣，用数学故事激发学习的欲望，用信息技术融图、音、文字于一体，将抽象的数学具体化、动态化、可视化，充分调动学生的手、耳、眼、口、脑等器官，通过多种刺激，让学生产生学习兴趣，最终产生正向的数学情感。

数学情感的落地点就是应用，“融通”“内化”需要“应用”这一主要途径来完成，数学情感在数学学科核心素养上的落实体现在数学课堂上。在数学教学中，融入数学情感元素，如数学故事，数学案例等；将被动的数学听讲、做题的过程转化为包括知识、能力、情感、思维等探索活动。数学教师要理解数学情感在课堂教学变革的契合点、发展点，在“读懂学校，读懂儿童，读懂数学”上挖掘数学情感因素，以问题为导向，充分调动学生已有的知识，鼓励学生大胆猜想与质疑，在求证中不断探究获取问题的答案，带领孩子从符号世界走向真实世界，凸显无边界的、有滋味的、有色彩的数学课堂，让孩子成为数学知识的探索者、发现者。在数学情感的促进下使数学课堂教学教中有学、学中有教、师亦生、生亦师、师生互动、生生互动、师师互动，形成有特色的个性化学习共同体。

③数学情感实现的反思路径：担当、批判、建构。数学情感反思路径的一个着力点就是审视数学学科核心素养的落实问题，首先要有担当意识。数学情感反思担当的第一责任人是数学教师，精准地发现数学核心素养培养中的痛点和盲点非常重要，以往的反思将精力投射到环节、过程、成绩、效率上，往往把数学情感因素淡忘了，这种遗忘产生了许多负面影响。数学教师应该审视如何将数学情感要素融合到数学教学场域中，透过数学情感来认知数学教学，比如可反思是什么想法导致了上课的厌倦情绪？是什么想法影响学生不愿意学习这个内容？学习这个内容的实际价值是什么等。

在担当的基础上，批判性反思数学情感是如何对数学学习产生好或不好的影响，反思数学情感的现状、运行机制，深入理解数学学科的思维模式。事实上所有的数学知识是个人的，是内化为数学思维方式的，是基于数学情感建立联结，那么批判性地分析、评估、提高数学情感在数学学科核心素养方面的价值就能调动全部的力量和情感，积极投入到数学学科核心素养的培养中来，使数学情感共鸣、共创、共进。

数学情感系统的建构对数学学科核心素养的实现至关重要。数学情感理念的确立、数学情感机制的形成、数学情感渗透的策略等都是数学情感体系建构地关键环节。但数学情感实际落实的主渠道是数学课堂，从课堂上“学生的听”到“学生的说”，目的是让学生带着充分的数学情感表达、倾听、捕捉、思考，让数学情感成为交响学习的利器与催化剂，发掘学生不同的数学情感表达形态与优势，建构的不仅是学习共同体，更是情感共同体，这样每个学生与教师都如不同的乐器，在“交响的学习”中发出他们独特的声音与情感。教师是学习共同体的发起者和维护者，也是学生情感、学习的合作者，唯有如此，才能建构融洽、和谐、高效的数学情感系统，促进数学学科核心素养的形成与发展。

数学学科核心素养以自主发展、社会参与、文化基础为基本建构体系，要求学生要学会学习、健康生活、实践创新，要有责任担当、文化底蕴、科学精神，“它不仅包括认知层面的数学能力，也包含非认知层面的情感与态度”，“积极的数学情感有助于学生更从容地迎接数学挑战、更专注于数学活动、从而有助于数学成就的提高”。在数学学科核心素养的视域下，数学情感是其基础之基础，形成健康积极的数学情感，是数学课程改革的基本诉求。需要在理念上、实践上、反思上不断深入探索，建构数学情感体系，实现数学学科核心素养培养目标。

二、运用课例研讨法审视数学教学发展

数学课程改革已进入深水区，迫切需要数学教师专业水平的提高以应对教育发展、社会变革、科学进步的诉求，课例研讨就是一条最具现实的数学教师专业发展之路。本部分是以《概率的进一步认识》为课例研讨的案例，基于挖掘其价值与剖析其限度的视角，以审视数学教学发展态势中的关键要素——数学教师。

数学课是证实数学教师生命力存在的场域，是体现数学教师价值的战场；也是数学教师最具话语权、最想表达和深究的领域。数学教师最为迫切需要交流与分享的就是对数学课的感悟，数学课既是数学知识传播的通道，又是学生发展核心素养的主要途径，数学课也是个体体验、学习分享、智慧生成的场所。数学课例研讨作为一种分析与思考数学教学问题的重要活动，需要树立一种正确的研讨观，在剖析价值、析理限度的基础上，切实使数学课例研讨为教与学服务，使研讨的话题富有智慧，成为数学教师专业发展的助

推器。

（一）数学课例研讨的价值

价值是客体满足主体需要的程度。数学课例研讨是数学教师为了促进数学教学进步而进行的一项带有研究性的活动，是有效激活数学教师的内在潜力、满足数学教师的内在需求、推进数学教师专业发展的重要途径。数学教师在长期的数学教学实践中会形成属于自己的数学教学世界，形成自己的数学教学理念与行为，在面对兼带个体特性而共有的数学教学文化世界中，进行数学课例研讨就显得尤为重要。数学课例研讨是以课例的形式来展现数学教学样态，在个性经验舒展的同时，探析数学教学世界的真谛，在直接经验与间接经验互动中，数学教学思维碰撞、对接，形成富有智慧火花的数学教学经验库。概而言之其价值取向主要有四个。

1. 数学课例研讨驱动了数学教学思维的交流与分享

数学课例为数学教师进行教学研讨提供了一个载体，提供了一个直面数学教学实例的平台，它激活了数学教师对教学言说的空间，使教师在感兴趣、能交流、善思考的环境下展开对话交流。每一位数学教师站在不同的视角，根据自己的教学经验与教学理解，行使自己的表达权利，坦诚公开地发表自己的教学看法。由于参与者有自己的教学世界，有可能对同一教学事例出现不同的观点、发表不同的看法，这种争鸣特质的研讨就是驱动数学教学思维深度进行的因子，也正是课例研讨的价值所在。

如《概率的进一步认识》是九年级上册的教学内容，是在已经学习了借助于树状图、列表法计算两步随机实验的概率后要求对等可能性事件的进一步理解。在课例研讨中，驱动教师深度交流的关键点之一是在合作探究环节中，任课教师植入的 8 道历年中考试题问题是否必要的热烈讨论。中考中概率是必考的知识点，一般占全卷分值的 12% ~14%，主要考查古典概型问题，以列举法（树状图或表格）求概率为重点。因此在本节课上教师设计了信封抽题活动，分别是转转盘 4 道题、袋中小球 1 道题、卡片 3 道题，让学生以小组的形式完成并讲解。对于此活动一种观点认为植入中考题，有利于学生应对考试的挑战，另一种观点认为在新授课中过分的强化中考试题，造成紧张气氛不利于学生有效学习。同时，在此活动中，学生用举手的方式来说明完成情况，教师看见举手了就说过，这种处理也引发了讨论，一种观点认为这样不利于检测学生学习的真实情况，题量太多，一种观点认为学生基础好，过就行。这种不同学术立场，不同声音表达，恰是引发参与研讨教师深度思考的关键点，也是教学智慧的提升点。不同声音的民主交流、批判反思就是教学思维流动的源泉。

2. 数学课例研讨提升了教师教学自主与反思的能力

教师的核心素养之一是自主反思，课例研讨的基本形式是参与研讨的教师到一所学校的一个班里去听取一任课教师的常态课，由授课者、学生、听课者以及主持人组成一个共同体，就课的核心问题进行分析、思考、研讨，共同体成员首先参与观课环节，认真仔细地观察、听取一节课；其次听取授课人的说课，最后开展研讨。共同体成员彼此通过他者的眼光审视课所展现的教学样态，探析教学运行的环节与机制。在此期间，参与者作为一个独立的个体思考教学问题，通过观察、倾听、对比、整合，不断地检视和反省他人与自己的教学，在自主反思的基础上发表看法，为课堂建设做出贡献。这种基于反省式的研讨有利于参与者对自己的知识结构、教学理念、教学方法、教学能力进行评析，从而更加理性地反思日常教学。

如《概率的进一步认识》课例中，参与者反思较多的一个点就是教学目标问题，就此展开了深度的讨论。目标是在学情分析与教材分析的基础之上确定的本节课需要达成的具体要求，通过具体的教学活动来实现，具有可操作性与可检测性，规范和导引着教学过程。授课者确立的教学目标是“能运用”“善合作”“会思考”等术语来表述。部分参与者认为此目标与课标中的三维目标并不十分对应，并且如何检测能、善、会等成问题，特别是相应的教学活动并不能贴切的去实现它，也有部分参与者认为这样表述简洁，从而引发目标与活动之间关系的探讨，进而思考数学教学思维力与教学实践力的辩证关系。促发教师反思目标在数学教学过程中的导向作用究竟如何发挥，目标与活动之间的关系到底如何协调，怎么才能确保数学教学运行高效等问题。

3. 数学课例研讨拓展了教师获取教学经验与智慧的路径

课例研讨是在参与—回应—责任的学术氛围中开展的。首先参与者要以积极的态度参与研讨活动之中，这样才能有所收获，其次参与者积极回应研讨议题，紧紧围绕研讨重心作为学术回应，这种回应能引发研讨者的深思，最后每位参与者要有教学研讨的担当意识，透过经验之窗去审视课例，考究每一个环节，从中析理教师的教学智慧，分享教学智慧，为课例研讨做出学术贡献。

如《概率的进一步认识》课例研讨中，参与的教师说应围绕着知识线、组织线、方法线来展开此节课的研讨，也有教师说应从三维目标的角度来探讨此节课的教学过程，特别要关注学生的情感态度价值观的形成，也有的教师认为研讨课例应当带着自己对此节课的思考与建议来进行，比如就某个教学片段的设计提出完善的建议。凡此种种，都能拓展教师教学的思考空间。还有一个环节引发了参与者的不同回应，在本节课一开始让学生齐读学习目标，有教师认为没必要，建议改为绘概念图为好。正是因为研讨的回应多样化，才使更多的教师从课堂的形式上、结构上探寻教学经验与智慧的路径。在形式上关注的点是：目标的达成度、内容选取的恰当性、过程设计的合理性、教学用语的适切性、教学方法的灵活性、教学效果的显著性；在结构上关注的点是：课堂的组织结构、学生的课堂表现、教师的教学风格、课堂节奏的流畅度、师生之间的互动等。从细节处透视上述关注点，采用头脑风暴式地交流看法、展开讨论与争鸣，思想不断交锋，才能不断拓展获取教学经验与智慧的路径，给教师更好地从事教学以信心、给学生更好地进行学习以力量。

4. 数学课例研讨促进了教学研讨文化的开展与模式的变革

课例研讨具有生成性、开放性、反思性的特质，是参与者教学理论与教学实践知识整合的过程，也是他者与我者的视域融合。既能唤醒数学知识与技能、过程与方法、情感态度价值观的共鸣，也能引发经验的冲突，进而促发参与者就课中的教学问题、教学疑难及教学启示展开讨论。课例研讨是为促使形成有利于教学进步的教学研讨文化，这种文化关键的问题就是要培植参与者的教学信仰，使之成为融入教学灵魂的血脉基因，成为教师心中坚守的教学精神高地。教学研讨文化要倡导教师成为优秀的思维者，能够具备教学思维所具有的谦逊、勇气、正直、坚毅、信心、自主、换位思考等品质。

如《概率的进一步认识》课例研讨中，组织者就是希望建立一个民主、开放、科学的课例研讨氛围，形成一种可持续发展的研讨机制，让课例研讨留下长久的痕迹。这节课例研讨的核心是通过观课、说课、评课活动探析建构有效课堂教学的思路，通过不同视角的审视提升课堂评析的质量。首先将所展示课例的教材资料、教学设计等材料提前发给参与者，让其知晓所听课程的内容，以使参与者能够准确了解学习内容，并在听课前将参与课堂活动的学校、学生及任课教师的基本情况向参与者做出说明，以使听课者能够知晓研讨背景，同时以任务驱动法让参与者带着问题去听课，带着感兴趣的话题去关注课堂上的表现，如有些教师关注师生互动情况，有些教师关注目标实现情况，有些教师关心教学任务完成情况，有些教师关注学生数学思维发展情况等；在听课后，听取任课教师的说课，然后展开深度的会话与交流，使课例研讨有目标、能聚焦、深质疑、可建设。

（二）数学课例研讨的限度

数学课例研讨在教师专业发展过程中的地位、价值不能低估，但课例研讨也有许多限度，影响着课例研讨的深度进行，只有全面探晰其限度维度，才能突破限度，彰显课例研讨的力量。课例研讨本质上是对教学生活中的“课”进行研讨的过程，依其参与对象、需求的不同，有不同的课例研讨类型。如设计课研讨、实施课研讨、反思课研讨等，也可依其提升层次的不同，可对不同课例进行研讨，如宏课例、中课例、微课例的研讨等。课例研讨不仅是对课堂的反思，更重要的是对课堂的建构，是在反思的基础上明确如何建构高效的课堂。

1. 数学课例研讨的认知限度

课例研讨中首先一个限度就是认知偏差。认知偏差是影响人们信念形成的心理因素，它扭曲着我们对现实的理解，干扰我们清晰、准确、客观思考的能力。一般而言，在课例研讨中常见的认知偏差主要有几种。①信念偏差，如认为课例研讨就是评课，用评课的方式去参与课例研讨会使课例研讨窄化；②错误共识效应，如假定自己的观点和周围参与者的观点大致相同，使课例研讨易走向形式化；③从众效应，如在研讨中下意识地让自己的想法向大多数靠拢的倾向，易使研讨缺乏深度；④圈内偏见，如在研讨中对于不属于自己圈内的人易于形成负面意见，易使研讨走向极端，缺失公平，在《概率的进一步认识》中因南北方地域差异造成教师的认知偏差；⑤基本归因错误，如在研讨中把课中的亮点归功于教师的勤奋，而把失误归根于环境限制，易使研讨片面化；⑥服从权威，如在研讨中只听从少数权威教师的倾向，易使研讨形成话语霸权；⑦过度自信效应，如过高估计自己对于研讨问题的见解，易使研讨的共鸣力度不够。

《概率的进一步认识》课例研讨中一个最为明显的认知偏差就是信念偏差，在研讨过程中部分教师只评这节课的优缺点，而不是建设性地去思考教学的本质问题，需要组织者多次提醒，才能回到研讨课堂建设的基点上，结合课例思考学情、教材分析的着力点在哪里，目标确定的方向在哪里，如何科学地确定重点、难点、易错点，如何设计教学环节，如何进行教学反思等问题上，以免认知偏差影响课例研讨的效果。

2. 数学课例研讨的数学限度

课例研讨中另一个限度就是学科限度。课例研讨一定是基于某一学科而进行的，必然涉及该学科中的一些核心概念、命题、法则、思想、方法等方面的理解，这种理解上的限度，直接影响课例研讨的深度进行。①知识与技能理解的偏差，如在研讨中对于知识点、技能点、过程点、方法点、情感点、学生点的分析与研讨易成为核心点，问题是不同的认知者带着自己的已有经验与储备参与研讨，理解限度就不可避免。②背景与目标、过程与方法方面的理解限度，如研讨中对课例的背景了解程度差异、目标的认知差异、教学活动中核心概念、方法、思想理解的差异等都会产生学科限度。③情感、态度价值观方面的理解限度。如教学中如何渗透情感、态度与价值观的因子每个人都有自己的做法，但都有一定的局限性。

如《概率的进一步认识》课例研讨中，最为明显的限度就是对概率概念及所涉及的思想方法的理解差异，有教师分析到课例研讨要在理解数学、理解教学、理解学生的基础上进行，处理好舍与得的关系。理解数学就是要理解这里的概念涉及的等可能性、有限性、游戏规则的公平性，特别是了解所有可能出现的结果和每一种结果出现的频率，就本节课而言，还要明了 8 道题之间的条件变异，在研讨中也出现“频率的稳定值就是概率的估计值”的说法对吗？“试验次数越多，频率就越接近于概率”的说法对吗？“必然事件与概率为 1 等价，不可能事件与概率为 0 等价，随机事件的概率大于 0 而小于 1 ”的说法对吗？问题的研讨。理解教学就要在深入学习课标对这一部分的要求，对照课标来深度研讨教学问题，特别是目标问题。理解学生就要知晓学生学习这部分的困惑点，易错点以及区分哪些内容只需学生阅读就能理解，哪些内容需要互动合作就能完成，而哪些内容需要教师讲解。而诊断和利用学生的学习困难和数学错误，应当成为教师必备的意识或能力，只有突破学科限度，才能实现教学创新。

3. 课例研讨的时空限度

课例研讨中还有一个限度就是时空限度。课例研讨是在一定的时间与空间中进行的，不可避免会受到其限制。一般情况下，课例研讨通常在听取常态课后进行，一节课是 40 分钟，研讨时间大概就 2 个小时，必受其限制；二是研讨在一定的空间场所进行，也不可避免受其环境等因素的影响。

如《概率的进一步认识》课例研讨中，学生就有 60 人之多，参与者有 55 人之多，不能提供更多的空间让参与者多角度观察学生的课堂表现，学生也被束缚在座位上不能有效开展小组活动。受其影响，课堂观察的技术工具也就不能有效运用，如一位观察者说有 28 位学生与教师进行了互动，但仅在量上，无法清晰地说出互动的质如何。再者，55 名参与者参与研讨，仅 12 人次进行了发言，大多数受其时间的限度无法表达自己的观点，有代表性发言的味道，使多种声音并存的研讨时空不能实现。研讨后的调研中教师谈到虽然没有时间分享自己的观点，但发言人的表达简洁明了，很有启发性，自己并非无话可言，已在心灵中产生了碰撞，留下了丰富的思考素材。

4. 数学课例研讨的话语限度

课例研讨中最后一个限度是话语限度。话语是由两个相互依存的部分组成的，一部分是话语内容，也就是言语者表达的思想内容；另一部分是话语形式，也就是言语者借以表达思想的形式，这种形式就是语言，是一种现实的、具体的语言运用。课例研讨就是在一定的话语体系中进行的，是通过言语者对课进行表征与分析。由于课例中教学系统的输入输出之间，测量信息和控制决策之间具有时间的显著延迟性特征，加之交流对话的转移性、观点的差异性、表达风格的多样性、理解上的差异性，使得课例研讨不可避免出现话语限度。

如《概率的进一步认识》课例研讨中，最明显的限度就是授课者与参与者之间的话语理解上的限度，好多时间用在授课者解释设计意图上，原因是参与者并不十分了解学习者对象的特点、不清晰授课者为什么对学生不敢放手的原因、不明了教学设计中九个环节（分别是温故知新、独立思考、合作探究、归纳提炼、反思升华、课堂小结、课后作业、教学设计思考、课后反思）之间的关系，特别是对课堂上如何点拨学生、如何凸显学生的主体地位、如何优化活动环节等展开不同意境的探讨，虽具有一定的价值，但影响着研讨的深度高效进行。

课例研讨是一个常说常新的话题，它的内在价值会不断凸显，其中一点就是要使教师在日常的教学工作中充满教学自信、富有教学自觉、拥有教学资本。唯有自信教师才能合理应对教学冲突、恰当处理教学事件，科学建构教学理念；唯有自觉教师才能勇于教学担当、大胆教学改革、锐意教学创新；唯有资本才能使教师拥有教学智慧，做出明智教学决策，创造教学新天地。课例研讨也是教师发展的一个永恒主题，需要对他者与我者的课进行评估和分析、诊断与探究，要以基于现实、回顾过去、畅想未来的视角进行认知，在带有追溯性、反思性、批判性、探究性、连续性思维的过程中形成反思性分析的教学思维模式。

课例研讨要以教师的专业发展，课堂教学的高效，学生的得益为出发点，使课例研讨能够基于反思视角、过程视角、贡献视角、建构视角展开。使课例研讨成为一个有机整体，以教学问题为中心、以教学事实为支撑、以教学时代为参照、以教学包容为策略、以学生得益为取向，以实现研讨多赢。最终实现教师专业成长，显现高效课堂，使学生最大化的受益能够成为现实。进而打造个性化、共识性、求同存异法的精致化、高效化的研讨文化，使参与者有底气、有胆量去分析、研究、探讨课的意义与价值，在科学的话语体系下，有思想、有目标的围绕主题展开面对面、一对多、多对一的交流与分享，真正建立一个民主、开放、科学、可持续发展的课例研讨机制，从而营造一个美好的数学教学态势。

三、运用微型分析法审视数学教学发展

“调查与实验”是数学教学定量研究的重要方式，用于揭示数学教学某一现象的现状、特征，或者是某一数学教学现象与其他数学教学现象之间的关系，或者是某一理论命题是否在数学教学现实中成立等，调查通常采用观察、列表、问卷、访谈、个案研究以及测验等方法具体展开，是有计划、有目标、

有针对地收集和分析属于“事后的”“结果的”资料，反过来寻找和推断造成这种“事后结果”的可能“原因”，而实验是在高度控制的条件下，通过严格的实验设计和精确测量，组建可供比较的实验组及对照组，使得研究者能够依据经验观测的结果和合理的推断逻辑很好地探讨现象之间的因果关系，从而得出相关的因果关系，丰富数学教育理论，改进数学教育实践。虽然“调查与实验”作为触摸数学教学改革脉动的窗口，为数学教学研究者认知与探析数学教学提供了一种通道，但更需要数学教学工作者怀有立足现状、展望未来的胸襟，推动数学教学改革向前迈进。因此，在研究取向上要多元，如可以从实用主义、实证主义以及历史唯物主义等不同取向上研究，也可以从生物学、心理学、跨学科等取向上研究；在研究主题上，可分层次、分主题如小学、初中等依其所学主题如代数、几何、统计与概率等开展调查与实验；在研究范式上，调查与实验的设计更加科学合理，运用更加有效的数学工具设计研究范式，注重质性分析与量化分析的整合统一；在研究理论上，在不断学习新的教育教学理论的基础上去指导调查与实验，强化理论对实践的指导作用，也要注重理论向实践学习，不断完善调查与实验对数学教育理论与实践的促进作用。本部分是基于调查与实验的基础上，探讨运用一种新的方法：微型分析法去思考数学教学的基本态势。

（一）微型分析的基本含义及特征

数学教学理论研究与实践探索的领域十分广阔，需要运用科学的工具与方法去探究，这是丰富数学教学理论的使然，也是数学课程改革与发展的需要。我们就在“双微”（微型调查、微型实验）研究活动的基础上，提出微型分析的观点，并就微型分析的基本含义及其特征进行理论上的思考，从中析理出微型分析的基本理路。

1. 基本含义

与微型调查、微型实验一样，微型分析是以教师个体或者一组教师为主所进行的研究活动，采用一定的视角与工具量表，选取数学教学中有价值的小问题，进行仔细的观察思考、钻研探讨，以达到一定层次的深度认知。微型分析的主要范畴是教学设计层面、教学实施层面及教学评价层面的微型分析。在教学设计层面，有对教材为主的微型分析、有对学生为主的微型分析、有对教学环境为主的微型分析、有对教学资源为主的微型分析等；在教学实施层面，有对课堂表达为主的微型分析、有对课堂教学事件为主的微型分析、有对教学活动为主的微型分析、有对师生角色为主的微型分析、有对课堂管理为主的微型分析等；在教学评价层面，有对学生认知水平的微型分析、有对教师教学水平的微型分析、有对师生关系反思的微型分析等。诸如此类的深度分析，对于深刻理解数学教学过程中的核心问题，掌握数学教学精髓，提高教学质量都具有十分重要的意义。

2. 基本特征

(1) 问题性。微型分析主要是针对数学教学理论与实践中析理出的关键和核心问题进行的，具有明确的问题取向。分析的问题域较为广泛，除了从数学教学设计、实施、评价层面分析，还可以根据数学教学的目标、任务、结构、功能、体系、基本原则和数学教学中的德育、美育、心理以及数学哲学、数学史、数学方法论等领域开展一系列研究，这类问题的一个显著特点是与教师的教学活动紧密相关，可用清楚的语言来界定研究的问题场域。

(2) 目的性。微型分析的第二个特征就是目的性。这种分析目的在于通过一些工具和方法透视和分析数学教学实践中所出现的困惑问题，进而提出解决问题的对策，不断地提高数学教学实践水平。与微型调查、微型实验一样，微型分析对完善数学教学理论、形成重要数学教学观点、灵活进行教学实践具有十分重要的指导意义。可以说通过微型分析能够梳理、优化与完善数学教学运作机制，从理论与实践层面发现并探视问题的本质，并进行前瞻性的预测与导引。

(3) 精细性。微型分析的第三个特点就是精细性。即对所要分析的问题进行精细化的研讨，如对教科书某一章节内容的精细化分析就是这样，从用字、用词到成句、构段，都要细心揣摩、对比分析，从中透视作者所述的本意是什么、接受意义是什么、表现意义是什么。这种精细化的分析可对教科书建构的核心要素：问题、话语、理解上升到一个新的层次，在一个新的语境下，开拓认识、解读和理解教科书问题的新疆域。

(4) 反思性。微型分析的第四个特点就是反思性。这种反思性主要是对个人经验的审视与修正，是通过对比、观察、调查等方式进行的多层次、多角度对话、评析，进行深层次的反省自我认知。如对教材微型分析不单是简单的对文本资料进行统计或分析，而是对教科书中的假定、图像、符号以及概念、定理、例题、习题等进行反思性分析，是微型分析者在阅读、激活、想象、假设、经验参与的过程中对文本建构的再建构，是对数学教科书怎么表达、如何表达、表达了什么、精髓是什么的追问，是语言的转化过程与有效性的实现过程，是自觉地反思书面文本交流的过程，从而实现教学计划与教学实施的无缝衔接。

(二) 微型分析的基本理路

微型分析一般遵循这样一种技术路线：明晰分析的问题、界定达到的目标、运用探析的方法、审视提出的结论、及时应用于现实。这种技术路线的一个前提性因素就是分析者要树立一种微型分析观，把微型分析视作教学生涯中不可或缺的职责，是必须树立的一种态度、秉持的一种精神。

微型分析着眼于小问题的思考与分析，和微型调查与微型实验一样，选准一个值得研讨的问题，在目标的导引下，有计划有方向的深度进行。如对教科书片段的分析就是基于此，它可以深层次挖掘作者建构这一文本的真实含义，从表层的探析至深层的挖掘，做到入乎其内、出乎其外，进一步深化理解文本片段中所表征的数学本真含义。微型分析教科书片段，一个重要的目的是为教学做准备，它是有效讲授内容与创新教学的重要教学行为，也是不断诊断、检测教学效果的重要举措。因此，要高度重视微型分析，持客观、科学的态度，形成批判性、反思性的分析思路，这样才能在教学中避免陷入自鸣得意的状态，防止由于个人经验、知识的局限造成对某些数学问题、核心概念、基本原理的误读、误解，也可以有效地纠正个人的一些偏见甚至错误。

对数学教科书文本进行微型分析，可依研究的问题与目的，采用对比分析、结构透视等方法进行。如为了明晰不同作者对同一概念、命题在文本叙述上的差异，可进行对比分析，这种对比分析的实质就是强化对这一概念的本质认识，整合各种素材、见解，储存教学语料，进而寻找恰当语境，构思教学情节。又如对数学教科书中的例题、习题的结构、特点纵横向分析，可以使用框图、流程图、对比表进行，从中探讨核心概念、核心思想、精妙方法是如何通过例题、习题映照的，从而精选练习题，向学生有力地诠释其意蕴。分析解读数学教科书的视角还有知识视角、教学视角、学习视角、资源视角、建构视角、解构视角、技术视角、功能视角等，无非就是将数学教科书中所蕴藏的深刻内涵打开，采用分析与综合相结合的思维方式，体会数学的内在本质特征，感悟建构者的内在体验，在重新审视和质疑的过程中，强化对数学教科书的认知能力。

微型分析作为一种分析和解决现实问题的方法，或隐或显的在各类期刊中以不同的形态出现，如“小学五年级‘分数的意义’教学结构研究”“从两个争议看概率基本概念教学中存在的问题”等论文中都可以显见其身影，展现出不同的技术路线，突显着它内在的生命力与价值。

因此，选择恰当的问题维度是进行微型分析的关键，基于比较的视角分析又是深度进行微型分析的重要方式。如对人教版、北师大版初中“统计与概率”学习领域中的章引言（共 7 章节，可以“概率初步”一章为例）就两种版本数学教科书章引言的建构体系方面的异同点进行分析。由于不同的作者对同一数学知识点或数学原理、思想、方法会选择不同的呈现方式来表征，以体现“化育个体”的目标。因此作者会选用不同的字、词、句、图、表及其组合来表征章引言体系，会选用不同的话语空间向学生传播作者理解的数学内容体系。其次是进行呈现方式的比较分析，呈现方式主要反映作者所表达的数学内容的构思与着笔的形式，由于不同的作者对同一种知识体系有不同的理解与感悟，因而会产生不同的线路图来表达，通过比较会发现人教版与北师大版在呈现章引言方式方面的异同点。同时可以从关键词的角度比较分析，关键词是组建教科书的核心要素，通过关键词就可把教材中需要呈现的核心内容串起来，这些关键词如同人的眼睛，在建构教科书时起着十分重要的作用。通过关键词的比较分析，就能析理出作者的关注点在何处。上面的分析仅是从一个视角来剖析微型分析的基本思路，旨在与同行一起，就数学教学中的一些核心问题展开更为深入地分析讨论，进一步探寻一些有效的方式方法，深层次地探究新课程实施中所遇到的新问题，从细微处入手，把新课程所倡导的新理念渗透到数学教学的每一个环节中，使数学教学的质量更上一层楼。

思考时刻：说说你对数学教学发展态势的认知。

策略探寻：你是采用何种方式来改善你的日常数学教学工作的，将你的做法写在书中的空白处，并析出哪些方式有利于你的数学教学发生变革。

第二节　建构发展的数学教学文化

数学教学是数学教师生命力展现的最美好的场所，创建美好数学教学是教师永恒的追求，如何建构持续发展的数学教学文化就是其中的应有之义。从探寻数学教学的意义、培植钻研教材素养、着力开展课题研究、积极撰写学术论文等多个角度以形成学习共同体、发展共同体、创新共同体、反思共同体，持续推进数学教学文化建设。

一、通过数学教学意义探寻建构可持续发展的数学文化

数学教学文化建构的根基就是要不断探寻数学教学的意义，因为数学教学本身是充满意义与方向的活动，是师生积极参与、交流互动、共同发展与进步的过程，是在充盈生命和谐环境下，对人类创造的数学文化知识通过观察、操作、猜测、反驳、归纳、推理、计算、证明等活动来感悟和分享其内在价值的过程，是通过问题解决形成数学智慧，养成良好数学思维方式的过程。因此，数学教师就是数学教学文化的主要建设者，可是现实的数学教学却不尽如人意，为数不少的教师感到数学难上、学生难教、教室难进，不仅

如此，在日常的课堂讲解、师生交流、批阅作业、考试阅卷中，常看到不少的学生数学学习劲头不足、精神气缺乏，所做作业错解较多、问题不断，考试成绩不尽人意、低分较多，使好多数学教师产生了教学挫败感，有厌烦数学教学的感觉，出现烦学生、烦上课、烦改作业的心理，较少体会到数学教学的价值、意义和乐趣，对数学教学的意义质疑、方向感缺失。这种现象或者感觉持续时间较长，动摇着数学教师的教育信念、影响着数学教学效率，其实质是影响了学生的数学学习。到底是什么原因造成了数学教学意义与方向的失落，应当采取何种策略改变这种现状，从而探寻数学教学的意义与方向，实现课标理念中所倡导的教学意境，使数学教学中的师生参与、交往互动、共同发展成为现实，从而真正建构起可持续发展的数学教学文化。

（一）探寻数学教学意义和方向的基本方法

面对充满挑战的数学教学现实，数学教师唯一恰当的选择就是面对现实，探查原因，树立信心，坚定信念，锐意改革，采用内外诊疗法去根治教学的意义与方向缺失之病。

1. 自我诊疗法，知晓其数学教学的意义与价值

数学教学意义与方向感的失落，一个关键要素是教师本人对数学教学产生了疲劳与倦怠感，内心对数学教学充满了失望与焦虑。最基本的治疗办法就是自我诊疗法，向内探查原因，以更加理性的方式来反思对数学知识、教学知识的理解程度，审视所秉持的数学教学理念，克服经验论和唯理论的束缚，采用反思日记等方式检查日常数学教学活动，寻求数学教学舒展的途径，以获取理智上调动和激活自身教学行为的能力。

自我诊疗法是一种内部治疗法，要求教师直面学生学不会、不想学的困境，向内探查原因。

（1）要对自己的数学教学理念进行一番刮骨剖析，触碰内心的教学理念及教学行为虽然是很困难的，但必须这样，才能全面审视自己习以为常的教学理念，深究根植于大脑深处的教学认知。在数学教学工作中，教师经常受认知偏差的影响，如认为只有精讲精练学生才能掌握核心的数学知识、思想方法，认为数学课堂教学是以讲为主的好，认为学生数学学习兴趣不浓是因为数学太抽象，数学作业错误多是因为上课不认真听讲，考试成绩不理想是因为学生勤奋不够，学生在数学学习上出现了问题是因为社会、家庭环境造成的，自己的班级成绩不理想是因为班主任管理不严等。这些认知方面的偏差就使得教师很难清醒的反思自己的教学行为。为此，就要从深层次剖析诸如数学教学自信问题、数学课程理念问题、教学活动设计问题、学习评价问题等，采用一些诊断工具，如教学核查表，分析教学历程，从细微处入手，真正省悟教学的缺点与不足，探寻到一条适合自己与学生发展的数学教学

之路。

（2）要对自己的言与行进行反思，运用批判性思维方式对自己的教学行为进行审查。数学教学行为是教学思维导引的过程，教学思维是智力应用于教学时所依托的一种操作技能，无论教什么内容，都能通过分析、评估、重构自己的教学思维来建构教学流程，是自我控制、自我要求、自我监控、自我修正下的教学思维方式，是建立在良好的教学判断基础上，使用恰当的评估标准对教学真实的价值进行判断和思考的过程。数学教师的主要教学行为是语言表达，如何使语言表达有力量就成为教师反思的主要对象，可以采用录音的方式对自己在课堂上的语言表达进行实录，课后进行反思性的试听，从中析理自己语言表达存在的问题，如是否重复啰唆、是否用词准确，是否概念描述、方法挖掘、模型建立得当，同时可用手机将板书、学习行为进行拍照，分析书面语言表达是否有逻辑性、例题分析是否具有示范性，运算步骤、推理过程、定理分析是否具有清晰性，学生参与学习活动是否积极主动等，这种对言与行的考查，有利于寻查到数学教学意义失落的原因，有利于查清问题的实质，有利于认识教学行为的影响力，进而全面反思教学设计是否细致周到，教学用语是否科学规范，教学思维是否契合学生的思维方式，作业布置与批改是否与学生的现实相符，从而在备课、讲课、反思中深层次的思考目标定位、情境创设、作业布置、课堂小结等问题。

（3）要不断地征求同行、专家、家长、学生对自己数学教学的意见，放下架子，虚心请教。请同行教师和专家听自己的常态课，诊断数学教学中出现的问题，帮助自己审视教学态度和行为。同时养成写反思日记的习惯，整理、分析日常教学行为并使之成为常态化。在自我反思，同行诊断中检测自我、认知自我，通过长期不懈的努力，形成自己的数学教学诊疗体系，坦然地对待数学教学中出现的各种困惑，主动积极地寻求数学教学纠偏、完善之路。

2. 望闻问切法，探寻数学教学的意义与方向

自我诊疗法是治理自我教学意义失落的关键，但没有外在力量的协助也很难走出教学困境，因为每个人就生活在别人的视域与评价中，是通过他人的眼光来认知自我的，因此采用望闻问切法探寻数学教学的意义与方向就十分必要。

望闻问切原为中医用语，望指观气色，闻指听声音，问指询问症状，切指模脉象，是中医诊断的手段，简称四诊法。这种中医诊断疾病的方法也适合对数学教学的诊断。望是通过眼睛这一视域来了解自己的数学教学样态，特别是通过学生、同事的眼睛来审视和判断数学教学效果。同时运用好自己的眼睛，多看同行教师是如何上课的，多看学生在数学课堂上是怎样反应的，

用足用好眼睛，对比分析语言表述、活动设计、讲解分析的差异，以真正认识教学中的自己。

闻就是用心地去听，听学生在数学课堂上的表述，听学生对数学概念、原理、思想、方法的理解与掌握程度，听学生在数学学习过程中的困惑及对数学教学的建议；听同事对自己数学教学现实的反馈，听家长对数学教学的诉求，听优秀教师数学教学经验与方法，让耳朵能够真正听得进去并见之于行动。因此要畅通听的渠道，虽然有时听到的会对自己的数学教学情绪产生一定的影响，但一定要耐下心来听，不管顺耳还是逆耳，都要将听到的纳入自己数学教学信息系统，进行分析判断，汲取其精华，以此作为提高数学教学水平的着力点。

问就是开口说话，积极主动地寻求数学教学建议，在交流与互动中深化对数学教学的认知，通过坦诚的数学教学交流，以获取真实的数学教学信息，帮助纠正数学教学偏差。利用一切学习机会，如参与培训、教研活动，班级活动，探寻教学中存在的问题，越早发现，越有利于根治。不仅要经常自我询问数学教学的意义在哪里，而且还要经常询问专家、同行、学生、家长以及一切数学教育共同体成员对数学教学意义与方法的看法，使自己的数学教学在问中前行。

切就是让高明的数学教育工作者给自己的数学教学把脉，帮助找寻失落的数学教学意义与方向。不懈地寻求教学资源，请教于专家，学习于书籍，问诊于学生，通过各种测试、课堂观摩、对照反思把脉自己的数学教学，切入到数学教学的最深处寻找差距，近距离地了解数学教学真相，治疗对数学教学的恐惧感以及面对学生的课堂焦虑症，真正融入学生群体，观其思、敏其行，逐渐形成自己的教学风格，让数学教学充满阳光，享受数学教学的快乐。

（二）重建数学教学意义和方向的基本路径

作为数学教师，既然选择了这一职业，一定希望能够在数学教学领域做出点成绩，那么学习与研究就是重建数学教学意义与方向的基本路径。

1. 在学习思考中理解数学教学的意义和方向

数学教师感知、体悟数学教学的意义与方向是在学习思考与日常教学工作中。所谓学习是指知识经验的获得及行为变化的过程，是教师终生的旅行和事业，是开发和释放教师潜力，感悟教学意义和价值的重要途径，学习的出发点和归宿点是学以致用。数学教师学习之所以要学习最为正当的理由就是为了孩子们美好的明天，只有拥有渊博的知识，才能登高望远，在数学教学天地做出贡献。

数学教师到底要学什么呢？点上要围绕学生的数学发展学、面上要围绕数学教学资源学、体上要围绕人生目标学。也就是说，为了使数学教学充满力量与美，就要建立点、线、面式的学习包，即学习学生身心发展的知识、教育教学原理的知识、数学教学的知识、数学学科及相互关联的知识，同时要学习与教学实践相联系的知识、教育信息技术知识、通用性知识，形成自己的数学教学素养体系。例如唯有认真学习代数与几何中的基因性知识，像点、质数等知识，才能有力量分析点与质数为何是几何、代数的基因，才能深度地剖析相交问题（直线与圆、圆锥曲线之间）、质因数分解定理等。

学习的主要途径是读、写、听、说、做、想等，通过这些方式以获取用于数学教学的素养，进而把学习感悟到的知识、思想、方法用到数学教学实践中，就会使自己的教学产生力量感。为此要阅读经典名著、优秀期刊，以开阔视野、增长见识、丰富智慧，同时要将看到的、听到的、做过的数学故事加以梳理，形成自己的数学教学智慧库，为数学教学能力及教学意义的获得打好基础。数学教师要将学习中感悟到的思想、方法在数学教学中加以示范，引导学生数学学习，使师生在数学教与学中享受数学的本质、美和力量。有效的数学学习有利于固化数学教学思维，而数学教学思维有利于转变数学教学行为，因此，在学习中要不断地优化数学教育理念，重建数学教学知识体系，真正感悟、体会、享受数学教学。

2. 在教学实践中探寻数学教学的意义与方向

数学教师的基础工作是教学的设计、实施与评价。在设计构思中，要投入大量时间阅读理解教材、分析探究学生、科学确定目标、整合课程资源、建构教学环境、完善教学环节、设计教学活动、仔细审视习题。在阅读、分析、确立、探寻、建构、审视、设计中体会和探寻数学教学的意义与方向。

在教学实施中，数学教师主要解决的不仅是知与不知的矛盾，而且要解决善与不善、美与不美、能与不能、接受已知与创造新知的矛盾，在课堂教学的矛盾体系中使语言表达、组织管理、活动开展都富有教育意义。数学教师要把每一节课看作是自己的最爱，科学地使用自己的教学权利，移情式地理解学生的学习状态，在教学活动中不断地调适教学情境，多讲数学故事以激发学生数学学习兴趣。数学教学方向的偏离往往源于对学生认知水平的误读，因此，数学教学中要善于观察和分析，及时调整教学状态，灵巧变革教学进程，适时进行教学监控，不要让偏见影响和干扰课堂教学，管理好教学行为，使每节课富有生命价值。

在教学评价中要正确行使评价权，营造一个轻松快乐的学习环境，随时进行教育会诊、经验总结，学会自我评估，对数学教学进行反思性分析，突破数学语言、内容、活动、评价的束缚，使评价反思真正成为数学教学意义与方向之动力。

3. 在研究反思中提升数学教学的意义与价值

日常的数学教学要充满意义与方向，一个重要的途径就是进行数学教学研究。只有每位数学教师真正走入研究场域，才能从理论高度深切地感悟到数学教学的意义。研究就是针对数学教育中的现象或问题运用科学的理论与方法进行分析综合、抽象概括，从“事”中求“是”的过程。数学教师不仅有研究的条件，而且有研究的必要，通过研究，才能真正探查到数学教学意义与方向失落的原因，也只有研究才能深入到数学教育理论体系与实践场域，有的放矢、去粗取精、去伪存真、由此及彼、由表及里，进而对数学教学产生热爱感、期盼感、上进感、敬畏感。

数学教师可在数学课程与教材、数学教学、数学学习、数学评价、教师专业发展、信息技术应用等领域进行学术研讨，那么怎样进行有效的数学教学研究呢？①紧扣数学教师最熟悉的问题即熟而研之，利用自己的优势方可取得成果，收获研究成功的快乐；②抓住数学教师最感兴趣的问题即乐而研之，因为兴趣驱动，就能尝试到研究使之教学高效的乐趣；③直面数学教师最头痛的问题即困而研之，唯有知难而上，才能感受克服困难后所获得的喜悦；④钻研独特环境产生的独特问题即特而研之，如后进生转化、数学思维能力提升等问题的钻研才能品尝教育多样性和差异性的力量；⑤围绕教师周边资源所产生的问题即近而研之，体悟妙用资源所产生的教学效果。虽然研究是一个艰苦探索的过程，需要付出时间和精力，需要教师的意志力和抗挫折力，但只有如此，才能使数学教学的理念得以拓展、教学知识得以丰富、教学技能得以提高，教学的意义与方向得以回归。

正是因为数学教学研究的价值，才能使教师体悟到数学教学的本质，找到数学教学行动的切入点，在看似平凡的数学教学工作中，保持平和心态，不断进取，在课改实践反思、数学思维培养、中高考解析、数学史教学、信息技术应用、讲评课教学、问题表征研究、概念教学、复习指导、学生认知研究，以及教材分析、教学研究、教学设计、教学策略、备课参考、学生研究、学法指导、学生培养、提问能力培养、命题探究、试卷分析、过程性评价等方面展开有目标有重点的研究，不断提高自身的专业素质与研究水平，推进数学教学高效化。

数学教师自身才是彻底挖掘自身潜力的人，为了使数学教学充满意义，要先成为一个理想的人，进而做出理想的行为，达到理想的教学效果，当数学教师把信念、希望和爱结合为一体时，就可以孕育出积极的成果，在学习、研究、教学实践中实现知行统一。数学教师要在充满挑战的数学世界中认识到数学内容掌握是数学教学有意义的基石，问题意识培养是数学教学有意义的灵魂，思想方法明晰是数学教学有意义的实质，数学活动优化是数学教学有意义的核心，进而在不确定性的数学教学世界中探寻并享受数学教学的意义。

二、通过课题研究素养提升建构可持续发展的数学教学文化

课题一般理解为研究或解决具有全局性、前瞻性、战略性的问题。课题研究就是采用科学的方法对提出的问题进行分析、解决从而发现其规律的过程。为了有效地从事数学教学工作，一线的数学教师有必要进行课题研究。一方面，参与课题研究可以不断地探索数学教学规律，理解数学教学真谛，感知数学教师荣耀，使数学教学更有特色和力量，是利己、利生、利校、利国的重要教研活动；另一方面做课题研究可以丰富自己的认识疆域、挑战和克服数学教学工作中日用不知、习焉不察的状况，进而拥有渊博的知识，居高临下，成就事业，从而更进一步促进学生的数学进步。这样才能有力量建构美好的数学教学文化。

数学课程改革已进入深水区，迫切需要提高数学教师专业水平以应对教育发展、社会变革、数学进步的诉求，而进行课题研究就是一条最具现实的专业发展之路。课题研究是指数学教师在教学过程中对遇到的一些棘手问题，运用适切的研究方法，从不同的视度探索解决问题的思路，形成一定研究成果的过程。课题研究是一个循环往复的过程，在明确问题、确定目标、制订计划、实施计划、收集资料、分析问题、检验反省的基础上，继而形成新的研究问题，再开展研究，如此形成循环链，其目的是让教师实现从优秀教师到卓越教师蜕变，进而实现人生理想。通常数学教师做课题研究一般经历五个关键环节。

（一）找课题的路径与方法

课题研究首要的工作就是找到一个适切的课题去研究，其实质就是提出高质量的研究问题，问题的质量决定研究的方向、水平和价值。爱因斯坦在《物理学的进步》中指出，提出一个问题往往比解决一个问题更重要。科学发现中的第一重要内容是发现和提出问题。选择研究课题是进行研究的首要环节，也是一项完整研究工作的开端，对教育研究工作起着十分重要的开局作用。

1. 教学实践中寻找研究课题

教学实践中寻找研究课题是教师选择研究课题的最基本路径，只要在教学实践过程中细心观察、勤于思考，一定会发现具有研究价值的课题。具体可从如下层面进行遴选。

（1）课程层面。课程可以通俗理解为所要学习的指南，具体表征在课程标准与教科书中，是实现学校教育目的的基本保证，也是教育教学活动的基

本依据。课程层面的探索可从几个方面展开：对课程类型与特点诸多方面的研究如《不同形态的课程在本校或本地实施的策略研究》，非正规课程的建设及其功能性研究如《国家课程校本化实施策略研究》《校本课程的开发与管理研究》等；也可以选定某一主题或内容就其相关的问题进行探究，如课程编排顺序、逻辑结构、课标与教材匹配性等方面；还可以基于学生发展核心素养视角对课标建构、教材建设问题进行研究；从利教与利学的可持续性发展视角探析课程中的相关问题，如教材观、课标观等。

（2）教学层面。课程只是指明了开展教学活动的路向，重要的是在教学方面，也就是采用何种教学路径和方法让学生获取必备品格和关键能力。可以从如下方面进行研究：①教学设计方面的研究，可以结合所教学科的特性选择某一部分内容或者某一主题进行单元式或者主题式教学设计研究：从学科分析、教材分析、课标分析、目标分析、重难点分析、教学方式分析、教学流程设计、教学反思等方面展开深度研究，如对数学课堂教学策略研究，提问、估算、计算、有效性、导入等研究，还有问题情境创设策略研究、翻转课堂、问题探究式、“先学后教，当堂训练”教学法、“动手操作”体验式教学；②教学实施方面的研究，如某一内容或主题的教学策略研究：从创设情境、活动安排、资源利用、语言表达、教学手段等方面进行探索与尝试，特别要关注教学实施中问题的选择、设计以及与此相关活动的开展、反思等，如《初中数学课堂情境教学模式的运用研究》；③对教学实施的反思研究，这是深化教学，促进教学变革的重要途径，如《有效开展数学教学反思的途径与方法研究》，从反思视角探析教学问题是十分重要的研究课题，可从教学理念、教学方法、教学评价等诸多方面来反思剖析教学实践中所发生的现象或遇到的教学困境。

（3）学生层面。学生是教育教学的中心，也是教师教学的核心。一切教学实践的出发点和归宿点都是为了学生的发展。因此学生层面的相关问题研究就是选题的重要领域。例如学生学习的心理状态、学习动机、学习兴趣以及学习焦虑、情感情绪；学生学习的方式、作业情况、自我成效感、生涯规划意识以及学生的培养策略、家校合作的策略、环境育人的策略等，都是很好的研究课题，如《学生数学学习自我监控策略的研究》《小学生数学课外阅读训练策略研究》等。

（4）教师层面。教师不仅是教学的亲历者与实施者，更是教学的研究者与反思者。应当开展教师成长与发展相关问题研究，如新手教师与熟手教师的对比分析研究，教研组教研活动开展的策略研究，教师开展说课、议课、研课、磨课功能与价值研究等。如《农村初中数学课堂教学媒体技术的优化策略研究》《数学教师核心素养和能力建设研究》《乡村数学教师教学生活现状的调查及对策研究》等。

（5）评价层面。评价是促进教学进步的重要手段，也是课题研究的重要领域。可开展课程评价、教学评价、学习评价及其相关问题的研究，如研究课标与课程内容、试题的一致性，也可具体针对考试问题进行系列化研究，如题型维度、关联维度、价值维度等，如《学生数学试卷时效性分析及教学策略研究》《以数学教学诊断为目的的试卷分析研究》等。

总之，教学实践中遇到的很多问题，都为教师有效开展课题研究提供了大量的研究问题与研究场域。

2. 学习反思中寻找研究课题

教师的学习主要是阅读专业书籍、报刊，在参加培训、教学实践、教研活动中学习，同时在观课、评课、议课、建课等活动中学习，通过学习可以发现一些值得研究的课题，特别是在学习与反思的过程中对发现的“观点”“漏洞”“错误”及时梳理，收集素材，凝练问题，进而开展对教与学问题的系统研究，重要的是在学习前人研究成果的基础上进行纵横向拓展，形成自己进一步探索的问题，从而形成自己对诸如教学的目的、内容、过程、方法、评价以及师生关系等一系列重要问题的思考和重新审视。通过学习与反思可以获取自己值得去研究的问题，进而采取有效的策略改进教学实践，丰富教育智慧。

3. 科研指南中寻找研究课题

事实上一些科学研究部门，如全国教育科学规划办、各省市教育研究院（所）都会定期或不定期的公布一些重要的、现实的课题供教师们申报。此外，教师还可以从国家或地方最新颁布的教育政策或者现存的教育争议中找到一些研究热点，此类话题具有一定的时效性，对当前教育研究的进展有一定的参考价值。

中小学教师寻找适切的课题至关重要，所选的课题不仅要具有理论或实践意义，而且还要具备研究的主客观条件（如能力、水平、兴趣、人力、财力、设备等），上述的三大路径仅为研究者提供了一种思路。其实多留心、多观察、多思考好的选题就会随时出现。

（二）报课题的路径与方法

有了好的选题，就要对开展课题研究的思路进行梳理，及时填报课题申请书。这个过程其实质就是在课题申请书的导引下，继续富有逻辑性的深度思考课题研究的骨骼框架。一般情况下，申报书主要包括负责人及研究人员信息表、负责人及课题组成员近三年来取得的教育科学研究成果、预期研究成果、课题设计论证、完成课题的可行性分析等。

填报申请书第一关就要准确清晰的确定课题名称。研究者要熟悉已确定课题所在的领域，全面梳理已有的研究文献，掌握文献对所选择问题的研究概况，从而选择自己研究的切入点，方可创新性地钻研下去，也更容易做出精品。因此课题名称既要体现时代性、重要性、新颖性和创新性的研究特质，又要与自己的专业方向及其优势紧密相关。如在数学教学设计方面有优势，可深入研究数学教学设计创新的思路、原则、方法等，这样凝练出的课题不但有利于开展，也有利于结题；课题名称中要反映所研究的对象、问题和方法。好的课题名称以 15 ~ 20 字为宜，涵盖主要关键词，名称要新颖、独特、精确、简洁，富有信息与吸引力，从而顺利立项，实现研究目标。

填报课题申请书除了课题名称新颖独特外，最为核心关键的就是撰写课题设计论证及可行性报告。课题设计论证一般由六部分构成，它能展现出整个课题研究的脉络：①选题依据，含本课题在国内外相关研究的学术史梳理及研究动态、本课题相对于已有研究的独到学术价值和应用价值。这一部分内容的撰写需要研究者认真阅读已有的相关文献，做细致和精致的文献梳理，简明扼要地阐述与本研究相关的信息从而凸显本课题研究的现实意义与理论价值；②研究内容，含本课题的研究对象、总体框架、重点难点及要解决的主要问题，本部分的撰写需要精心设计，尽可能用框图说明技术路线及研究的重难点问题；③思路方法，含本课题研究的基本思路、具体研究方法、研究计划及其可行性，这部分的撰写需要研究者从宏观与微观层面详实地阐述研究的方法、计划，并从技术层面分析其可行性；④创新之处，指在学术思想、学术观点、研究方法等方面的特色和创新；⑤预期成果，要说明成果形式、使用去向及预期社会效益；⑥参考文献，需附开展本课题研究的主要中外参考文献。这六个方面的表达都很重要，需要下功夫清晰表征。

可行性报告的撰写也至关重要。在选定一个课题后，需要对该课题做多方面的论证，明确研究基础和条件保障，以确保课题可以顺利完成。可行性报告主要包含：①学术简历，包含课题负责人的主要学术简历、学术兼职，在相关研究领域的学术积累和贡献等，以表明课题组有学术积淀，有水平能够完成研究任务。②研究基础，包含课题负责人及参与者前期相关研究成果、核心观点及社会评价等，以表明课题组有一定的研究经验，可以确保课题顺利进行。③承担项目，包含负责人承担的各级各类科研项目情况，包括项目名称、资助机构、资助金额、结项情况、研究起止时间等。④已承担项目与本课题的联系和区别，以表明课题组成员有能力完成课题任务。⑤条件保障，主要是指完成本课题研究的时间保证、资料设备等进行课题研究的软硬件支撑，以表明课题组进行课题研究有充分的时间、人力、物力条件。这样的可行性分析论证，能突出课题组的各种优势，使评阅者相信课题组有能力完成此课题。同时，一个好的课题申请书还要对课题组成员在项目中的分工、经费预算等方面统筹规划。总之，课题申报表中应当突出研究特色和突破点，做到问题新、方法新、角度新、效果新。

（三）做课题的路径与方法

课题研究关键在于研究，也就是做课题，即对所要研究的问题采用一些工具、手段、方法进行探析的过程。很多中小学教师在这个过程中会碰到许多困难，如研究样本选择、研究方法确定、研究数据处理、研究结论分析等环节存在一定的困惑。基于此在做课题的过程中，要有以下三种意识：

（1）要有问题意识，在研究的过程中始终紧紧围绕所研究的问题进行，参阅文献、收集案例和数据都要如此。如果所研究的问题过大，应当分解成几个小问题研究，并且要基于问题提出研究假设，即对所提出的问题做假设性回答，如描述性假设、解释性假设、预测性假设、条件式假设、差异式假设等，基于假设有理有据的选择研究对象，明确研究变量、确定研究方法，如文献研究法、调查法、观察法、实验研究法、经验总结法等。不同的课题，应根据本课题研究的问题，选择和运用相应的研究方法去解决这些问题。

（2）要有目标意识，围绕要解决问题的目标，精确研究，寻找有效的策略，在这个过程中需要制订科学的研究计划，针对其问题和假设去查阅文献，搜集解决问题所需的资料，分析研究所收集到的数据、案例，并对其做出阐释，其目的就是实现研究目标。其中一线教师在课题研究中一个最大的困惑就是缺乏理论，其实好多理论就蕴藏在文献资料中，一线教师获取资料可以通过著作或杂志期刊等纸质资源获取，也可通过网络渠道，如中国知网（CNKI）等获取研究所需资料。在研究工作中，目标是课题研究的向导，文献资料的积累与数据的收集都要围绕目标的实现而进行，如集中时间查文献（容易将相关内容联系起来，形成研究思路）、做好记录和标记（及时记录不让最重要的研究信息流失）、科学整理文献（围绕研究问题整理，做出理论奠基，形成事实依据）；又如对采集到的原始数据进行分析与整理，再根据数据分析来呈现研究结果，即对数据的定性、定量分析，都是确保研究目标实现的重要保证。

（3）要有行动意识，基于问题与目标就要采取切实的研究行动，在日常的教学实践、培训活动、反思学习中去探析所要研究的问题，不断地优化研究方案，科学实施研究方案，及时整理汇总研究数据，同时要与课题组成员及其同行一起分享研究经验，总结研究得失，随时检测研究过程，以确保课题研究有序有效进行。

总而言之，做课题是课题研究的主要过程，也是研究工作的主体，研究者在此过程中扮演着行动者的角色，应做到为行动而研究，在行动中研究，在研究中行动，不断丰富和利用学术理论去解决实际操作中所遇到的问题，顺利完成课题研究的实施阶段。

（四）结课题的路径与方法

课题研究本质来说是循环往复或更准确地说是螺旋型的，而撰写结题报告只是对一段研究工作的总结与梳理。结题报告是一项课题研究的结束，是研究者客观地、概括地介绍研究过程，总结、解释研究成果，向有关部门或机构申请结题验收的报告。好的结题报告可以很好地反映研究者对研究实践和理论的思考。

结题报告的基本结构包括：题目部分，包含标题和署名；其次是正文部分，包含序言（问题的提出、研究的动机）、理论依据、研究目标、研究方法、研究的主要内容、研究过程概述、研究成果（概括性描述、列出图表、研究假设的检验结果等）、结论与建议、存在的问题或研究的局限性；最后是结尾部分，包含注释、参考文献、附录。结题报告是课题研究材料中最主要的材料，也是科研课题结题验收最主要的依据，因此撰写结题报告时一定要注意以下几点：成果要实在，多举实证性例子；主报告与附件分开，附件要精选；成果要经得起检查与答辩；成果报告及附件装帧要美观大方；字数不宜过多。

撰写结题报告的一个重要特点是对整个课题研究的回顾性梳理，要从中提取研究中所取得的成效，阐述出研究的不足，析理出今后努力的方向与新的研究设想等。

（五）形成研究成果的路径与方法

课题研究结束后，必须形成与课题相关的且有针对性的研究成果。课题研究的成果有很多种类，如学术论文、专著、反映成果的实践操作的教学设计、活动设计、个案研究报告、调研报告、教学软件或光盘、文献资料的汇编等。不论何种成果，都是对课题研究过程中所获取的一些经验、结果进行表达而外显的过程。而形成研究成果的最佳路径之一就是论文写作，也就是让课题研究以论文的形式留下痕迹，产生影响。在论文写作过程中，一定要以读者为中心（要让别人能懂研究主旨）、以清晰为准绳（要让读者能享受文体的清新）、以逻辑为纲要（要让人人能从中受益），方可形成优秀的研究成果。

课题研究会改变教师的理念、知识结构、行为方式，使教师的教学更有力量，使教育生活更加精彩。因此数学教师在进行课题研究时要在理念上高度认识课题研究的重要性，处理好工作与课题研究的关系，在行动上把改进课堂教学作为切入点，完善教研一体化机制，在反思上把元反思作为新基点，总结分析教学与课题研究经验。数学教师从事课题研究是专业发展的必然诉求，这是一项长期而艰巨的任务。运用科学的方法和工具，找寻数学教学中极为重要的、现实的、可行的策略去推进数学教学事业的进步，进而掌握和理解数学教学的真谛，收获科研成果，通过课题研究探寻建构数学教学文化的拓展点。

三、通过论文写作素养提升建构可持续发展的数学教学文化

教育要发展，教研就要先行。教育科研是教育发展的动力源泉，必须通过聚焦教育发展中的科学问题，加强实证研究，揭示教育活动各要素之间的联系和规律，提高教研的规范性，切实发展数学教育。论文写作、课题研究、教研活动等都是教师从事教育科研活动的主要途径，是教师将自身在教育实践中所获得的经验进行理性分析和思考，并加以总结、提炼、升华的有效方式，有助于教师专业发展、教育水平提高、教育智慧丰富。本部分透过探究论文写作机制促进数学教师的专业发展，建构绿色的数学教学文化。

（一）铸牢论文写作的着力点之一：四基

所谓论文写作的“四基”，是指基础写作知识、基本写作技能、基本写作思想和基本写作经验。数学教师论文写作必须以基础写作知识的积累为支撑、以基本写作技能的训练为核心、以基本写作思想的凝练为主导、以基本写作经验的形成目标，从而科学有效地将数学教育教学中的感性认识提升至理性认知层面，有效服务于数学教育的经验交流与理论探讨。

1. 基础写作知识

基础写作知识是论文写作必备的先决性知识。一般由相关的数学知识、教育理论知识、教育研究知识和论文写作知识等构成，这些知识根据论文写作的需要相互交融，是数学教师对日常数学教育实践中碰到的现象、问题进行思考、分析、概括、总结、提升时用到的知识，不同于数学教师的学科知识、学科教学知识、教育心理知识等，这些基础写作知识在写作中能有效地将数学教师的自身经验优势与学术理论相结合，使论文写作规范化、理性化与科学化。其中所需的数学知识是指分析和解释数学概念、原理、思想等所需要的数学语言、数学理论、数学方法等方面的知识，这些知识是数学教学论文写作之母，必须准确深刻的理解与掌握；教育理论知识包括教育学、教育心理学以及数学教学等方面的知识，是分析数学教育现象、教育问题的必备知识；教育研究知识包括教育研究的理论、方法、工具、规范要求等方面的知识；论文写作知识是指数学教师将教育实践过程中发现的问题、事实、现象、因果等进行阐释、论证、表达的知识，包括论文内容与形式建构方面的知识、语言表达方面的知识等。

2. 基本写作技能

基本写作技能是指运用已有的基础写作知识，通过写作练习而形成的对所研究现象、问题的选择与析理、资料的收集、整理与加工、文献的综述与反思、论文框架的构思与创新、语言的表达与凝练、修改润色与完善等方面的技能。问题的选择技能应是基本写作技能中最重要的技能，因此要以数学教育生活或是数学教学问题的理性演绎与合情推理为取向，确定具体且新颖的论文写作选题，因为论文写作是因问题而进行，而对问题的析出、分析、解决又依赖于对已有文献的了解和掌握，因此文献梳理的技能也是十分重要的写作技能，研究者需要依据研究主题查阅文献、分析文献、反思文献，以找到所研究问题的突破点和创新域；论文写作是一个艰苦的探索过程，除了选择问题与文献梳理的技能，还要依据研究问题选择最恰当的解决方法，因此对方法的描述与分析也是必不可少的写作技能；另外，待问题解决后，要对所得出的结论进行语言概括表征，其用词用语所体现的表达风格与技能也是论文写作不可或缺的，这种技能决定着文章的逻辑层次、布局谋篇，既要结构合理，又要论点、论据统一，用词精炼，语言表达具有可读性与感染力，恰当地运用修改润色技能，可以使论文干净、清晰、完整、一致。同时，在提高数学教学论文写作技能的过程中，要注重对学术语言、文学语言与生活语言的吸收与借鉴，以此提高数学教师的语言修养，避免论文写作过程中出现口语化、盲目套用专业术语等现象。

3. 基本写作思想

基本写作思想是指论文写作过程中对为什么写、写什么、如何写所确立的理念、态度与精神，是论文写作的主导思想。数学教学论文写作是基于数学教学中的问题而进行的，是为了明晰数学教学现状、剖析数学教学问题、提出数学教学策略，促进学生数学学科核心素养发展、推动数学教学进步而进行的。因此，数学教师论文写作中首先应思考值不值得写的问题，然后思考能不能写、如何去写、有没有人写过、能否开拓与深化讨论等问题。最后还要考虑时间、精力、条件及采用的方法、态度等问题。论文写作的目的之一是传播思想，把自己所感悟到的数学文化、思想、观点、认知等进行规范化的表达。无论是回答是什么、为什么，或是怎么做、为什么这么做的问题都要明晰写作的主导思想，并将研究和思考的产物清晰表达出来，体现思想的力量和价值。因此，数学教师要有正确的写作认知，要以促进自身吸纳先进思想、丰富教学经验、完善教学思维、激发进取精神以及培养顽强意志为动力，以一颗平常心，有感而研，有研而写，从而促进自身专业能力的发展。要视论文写作为提升数学教育科研素养的职责，不断唤醒写作意识、培植写作理念，有特色的开展系列研究，形成数学教师独有的教研风格。如对初中生数学运算错误的诊断分析，必须基于教师教学的实践有感而研，以解决学生疑惑、提升学生运算能力为驱动力对学生的作答情况进行分析、思考、归类，最终得出结论。这一过程不仅有利于数学教育的学术交流，也自然而然提升了教师自身的科研素养。

4. 基本写作经验

基本写作经验是撰写论文历程中对研究、思考、表达中取得成功与错误的分析总结所形成的经验。无论是成功或失败，都是在反复持久的写作练习中逐步积累的，是与写作知识、技能、思想交织在一起，渗透到整个论文写作系统中的。数学教育论文的撰写经历借鉴、模仿与创作的过程，学会借鉴别人的论文写作经验是培养自身写作能力的基础，亲身练习才是写作能力提升的主要途径，在练习中逐渐学会掌控写作时间、规划写作任务、完成写作目标都是弥足珍贵的经验。无论写之前的构思阶段、遣词造句的动笔阶段、初稿后的完善阶段均要建构自身的思维模式和经验世界；除了积累常识性经验，还要汲取论文写作中情感、信念、对话、创造、改进、效能经验，将论文写作视为一种经验丰富的过程。如对近几年期刊论文高频作者进行研究分析发现，高频作者普遍存在关注教育教学热点与前沿、重视教育理论与实践相联系、引文广泛且质量高等特点，由此可以看出，论文写作不仅需要广泛的阅读与积累，同时也需要不断的练习写作，通过量的积累逐步丰富自身的写作知识、技能、思想与经验。

（二）夯实论文写作的着力点之二：四能

所谓论文写作的“四能”，是指写作中问题发现、提出、分析和解决的能力。这四种能力是数学教师论文写作的动力源泉，必须立足于数学教育实践，以四基为基础，经历发现、提出、分析、解决问题四个阶段，才能形成富有特色和力量感的论文。

1. 问题发现的界定能力

问题发现的界定能力是指有敏锐的问题意识，无论是数学课程、教学、学习、评价存在的“大问题”，如拓展性课程资源开发、分层教学、深度学习、中高考试题设计等；还是日常教学设计、实施、反思中的“小问题”，如几何直观的课堂教学设计、从情境到现象的数学课堂教学、错题资源利用等都要有问题视野，形成自己的研究问题域。现实的数学教育会有许多问题存在，直接或间接地影响着数学教育的质量。面对种种问题，就要对问题的现状、原因进行诊断分析，并加以界定形成清晰的研究思路，进而分析与解决。而要发现这些问题，首先必须树立一种批判性思维，同时也要突破刻板印象和思维误区，循前人未竟之问题、驳他人未善之问题、寻学界未涉及之问题。

另外，界定自己研究的问题要与自身的特质相适应，基于日常的教学设计、教学实施、作业批改、考试检测、交流研讨、研课磨课、评课议课去发现与界定；同时要在阅读学习与专业提升中对与数学教育相关的领域进行分析思考，从中发现困惑、促发写作与创新的动机，以此丰富论文写作的源泉。发现并界定问题是进行论文写作的前提与起点，需要对所发现的问题进行论证与分析，从而开启研究与写作之旅。

2. 问题提出的析取能力

问题提出的析取能力就是选题，是从问题域中选择一个适切的问题进行学术研究的能力。问题提出的析取能力不仅涉及所选问题的恰当、适切、有用，而且涉及写作中的态度、情感和价值观。论文的写作所提出的问题应该是有价值、可操作、能够被验证的真实问题，这样才能获得有意义的结论，取得学术共同体的共识，实现知识增长，如数学学科核心素养如何在不同年级落地的问题等；问题的提出必须是关键的、亟待解决的问题，是从问题域中有选择的析取，这样才能调动内驱力，带着冲动与力量去从事研究与写作，如数学学科核心素养的测试研究等；此外，问题的提出必须是及时的、普遍关注的、有远见的前瞻性问题，这样才能赋予研究写作以新动力，集中精力攻关，形成富有特色的数学教育研究成果，如脑科学在数学教育中的应用等。因此，论文写作中问题的提出必须是真实、关键、前瞻性的问题，遵循价值性、实践性、发展性、创新性原则，将问题析取与数学素养、教与学的方法、态度价值观相融合，构成一个相互依存、相互支持的有机统一体。问题提出的析取能力是论文写作的关键，在思维转向、视角转换、方法更新中选择好的选题，方可开启分析和有效解决问题的征途。

3. 问题分析的阐释能力

问题分析的阐释能力就是对所析取的问题进行研究后所形成的素材进行取舍、分析与解释的能力。数学教育论文写作的核心就是对所研究问题的深度剖析，分析点之一是对此问题的已有研究成果进行收集、整理、加工，从理论、核心概念入手，形成自己对所研究问题的阐释框架；分析点之二就是运用分析框架对研究所得的资料与信息进行分析，形成自己对所研究问题分析的理论逻辑、实践逻辑，在阐释过程中注重理念与研究方向的匹配性以及逻辑关系的衔接性，避免论文构思过程中“观点 + 例证”的直线型论文建构模式，同时要突显数学教育论文中阐释的数学味道，以体现数学教育论文的不可替代性；分析点之三是要体现自己的研究贡献，将自己的研究所得、所思、所想、所悟有效融合，运用丰富的数学教育语料分析问题，使其系统化与条理化，避免材料的堆砌与无序组合，对问题的分析要层次分明，逻辑清晰，论证有据，从而使文章的整体构思具有严密的逻辑思路与论证层次，问题分析的阐释是论文写作的核心，论文写作是奔着问题而去的，清晰的问题分析是形成论文的有力表征，只有把问题分析到位，才能有力的解决问题。如为什么要学习和理解《课标》，就要结合现实与未来，前瞻后顾的阐释，才能分析清学习和理解数学课标的真谛。

4. 问题解决的表征能力

问题解决的表征能力是指论文写作中围绕问题解决所进行的一系列活动的呈现。不同于数学学习中的四能，这里指的是数学教师通过论文写作这一方式对问题解决的表征。论文写作中的问题解决不能只停留在观点与经验的总结层面，更多的要通过文献阅读、观察、调查、实验、案例+反思、数学方法、人类学方法、系统科学方法、逻辑思维方法等多样化与综合化的研究方法，创新性的将心智层面的推理或实践层面的行动、问题的探索与解决途径、发现的结果、观点、成效等进行表征。这种表征以论文结构为布局，以系统性的思考和理性的建构使问题解决的过程脉络清晰，通过叙述、议论、归纳、演绎、分析、综合、比较等多种方式，使论据有效服务于论点；以适切的语言为表征工具，使表征说服人、打动人。从而使问题解决的表征过程成为经验转化为智慧的过程，使读者阅读后，有所感、有所悟、有所思，从而对数学教育教学产生深刻影响。如“三会”视域下解读教材文本就要结合三会理论清晰地阐释到底如何运用三会去透视与挖掘数学教材的意境和深刻含义。

（三）拓展论文写作的着力点之三：四关键

所谓论文写作环节中的“四关键”，是指论文写作过程中的设计、实施、完善以及反思，要以创新力促进设计、以执行力践行实施、以批判力助力完善、以发展力推动反思，以此提高论文写作的创新性、规范性与科学性，提高数学教师的写作素养。

1. 设计关键：创新力

设计是理念支撑下对论文的整体构思与框架建构，包括对论文写作的目标、对象、问题、方法、思路、过程、行文等方面的设计，创新力是设计的关键，同时也是衡量论文价值的根本标准。当前数学教师论文写作普遍存在人云亦云、拾人牙慧现象，没有新创见、新思想、新方法的文章较多，究其原因在于创新力不够，误解所谓创新一定要有新理论或新工具的提出，致使好多数学教师在论文写作中绞尽脑汁在题目与观点表述上寻求突破，导致所谓的创新本质上仍是老生常谈。我国数学方法论的开创者与奠基人徐利治先生曾提出一个著名的“创造力公式”，其表述为：创造力=有效知识量×发散思维能力×抽象分析能力×审美能力。而对于数学教师而言，只要勤于思考、善于捕捉自身教育教学实践中的切身体会与内心感受，从研究的新视角、新方法、新路径等方面进行统整性设计，就可以使论文出现“闪光点”，也就是创新点。如学者张国杰与王光明在《数学教育研究域写作评析》一书当中，所列举的《教坛鳞爪录》当中的例子，教师要善于捕捉教育教学中的思想火花，将其与教育学、心理学的相关知识相联系，从而探寻文章的创新点。

2. 实施关键：执行力

实施是指采取写作行动而完成论文写作的过程。在这个过程中，数学教师要投入时间、精力，有计划有目标有检测的进行论文写作，体现在选择问题、阅读文献、构思流程、选用方法、收集资料、整理分析、观点析出、成果表征、修订完善、论文发表等各个写作活动中，执行力就是论文成形的关键。现实中的数学教师经常忙于教学实践，很难集中时间静心来实施写作活动，这对一线教师的时间掌控能力提出了很大的挑战，务必下决心制订计划并持之以恒的坚持写作。同时，也要刻意训练自己的执行力，对具体教学中发现的问题进行思考，选择最值得研究的问题，规划时间展开研究，按计划完成论文撰写，并随时监督执行力，增强获得感。如研究学生理解反证法的心理困难，就是在阅读文献的基础上，完成问题提出、文献综述、心理困难测试问卷的编制、实测、对结果的整理、分析，观点析出、结论的形成等写作活动，以强执行力推动高品质的研究成果问世。

3. 完善关键：批判力

完善就是对论文的不断充实与修改，致使其趋于完整与完美的过程。包括对论文结构调整、文字修正、润色修饰、审校引注以及审阅行文规范、错字别字、标点符号、参考文献等。而批判力是论文完善的关键，运用批判性思维方式克服论文形成中的“好问题的迷茫、好方法的缺乏、逻辑体系的混乱、语言的非学术化、用词的单调化”等方面的问题，通过对自己所完成的论文进行质疑、剖析、审核，才能使论文更加接地气、有力量。唯有赋能于自己的批判力，才能避免少走弯路，在写作过程中坚持勤于思考、敢于质疑、勇于探索、善于学习，在完善的过程中才能处处为读者着想，方能引人看、看了能懂、懂了能从心里被打动，在反复的批判完善中努力做到表述准确、鲜明、生动，从而使论文具有“凤头（抓住读者）、猪肚（丰富有层次）、豹尾（有力量感结尾）”的结构。如张奠宙先生在《数学教育研究导引》一书中推荐的“理解数学归纳法原理的心理困难”一文就有这样的结构体例。

4. 反思关键：发展力

反思就是认知者对自身思维活动过程和结果的自我觉察、自我评价、自我探究、自我监控及自我调节。完成一篇论文的终极目标是提高教师素养，通过研究与写作，检测教师自身科研、教育教学能力等方面的发展现状，更重要的促使其改变与发展，那么发展力就是论文反思的关键。要以发展的理念、眼光、行动展开对论文各个方面的反思，包括反思论文是否合乎写作规范、是否以读者为中心、是否以清晰为准绳、是否以逻辑为纲要，是否以增长见识为目标，是否为教师发展提供了智慧等，通过反思使论文写作助推教师数学教育理念更加先进、思维方式更加优化、教学与研究行为更加规范，从而提升数学教师的教学与研究素养。如郭沫若先生曾经透露自身写作的“秘诀”，实则就一个“改”字，数学教育论文亦是如此。高质量的文章都是建立在作者不断反思、斟酌、修改，甚至是重写的基础之上，教师要以一种发展的眼光、顽强的毅力、精益求精的态度，将隐藏在大量实践背后的线索上升至理论层次，从而促进自身的发展。

数学教学中的论文写作就是将日常的数学教学经验学理化、将遇到的数学教育问题分析化、将数学教学的规则系列演绎化以及将思考的过程形式逻辑化、将常见的数学教育问题归类化以及将迷乱的数学教学生活清晰化的过程。在这一艰苦的探索过程中，要以“四基”“四能”“四关键”为要，以写作认识、写作理论、写作实践、写作反思为着力点，克服认知上的种种偏差、深耕理论上的原理方法、找到实践上的路径方向、汲取反思上的力量价值，以此实现知识与心智的融合创新，促进数学教育教学的质量提升，更进一步推进数学教学文化的发展。

思考时刻：你对数学教学文化是如何认知的？你是通过怎样的方式来提高你的数学教学文化水平的，哪种途径和方式你感到最有实效性？

策略探寻：根据自己的数学教学经验，你认为建构数学教学文化的基本途径还有哪些，罗列在书中的空白处，分享你的见解。

参考文献

[1] 夏征民. 辞海（普及本）[M]. 上海：上海辞书出版社，1999.

[2] 胡军. 哲学是什么 [M]. 北京：北京大学出版社，2002.

[3] 周春荔，张景斌. 数学学科教育学 [M]. 北京：首都师范大学出版社，2001.

[4] 李文林. 数学史教程 [M]. 北京：高等教育出版社，2002.

[5] 张定强，曹春艳，张炳意. 数学教科书建构和解构：理论和方法 [M]. 北京：中国科学技术出版社，2014.

[6] 理查·德保罗，琳达·埃尔德. 批判性思维工具 [M]. 侯玉波，姜佟琳，译. 北京：机械工业出版社，2013.

[7] 吕叔湘. 现代汉语词典 [S]. 北京：商务印书馆，2011.

[8] 张国杰，王光明. 数学教育研究与写作评析 [M]. 上海：华东师范大学出版社，2003.

[9] 中华人民共和国教育部. 全日制义务教育数学课程标准（实验稿）[M]. 北京：北京师范大学出版社，2001.

[10] 中华人民共和国教育部. 义务教育数学课程标准（2011 年版）[S]. 北京：北京师范大学出版社，2012.

[11] 中华人民共和国教育部. 普通高中数学课程标准（实验）[M]. 北京：人民教育出版社，2003.

[12] 中华人民共和国教育部. 普通高中数学课程标准（2017 年版）[M]. 北京：人民教育出版社，2018.

[13] 马复．义务教育课程标准实验教科书数学（七—九年级）［M］．北京：北京师范大学出版社，2003.
[14] 王建磐．义务教育课程标准实验教科书数学（七—九年级）［M］．上海：华东师范大学出版社，2005.
[15] 林群．义务教育课程标准实验教科书数学（七—九年级）［M］．北京：人民教育出版社，2005.
[16] 刘绍学．普通高中课程标准实验教科书数学（必修1）［M］．北京：人民教育出版社，2009.
[17] 严士健，王尚志．普通高中课程标准实验教科书数学（必修1）［M］．北京：北京师范大学出版社，2008.
[18] Joanne M Arhar，Mary Louise Holly，Wendy C Kasten．教师行动研究［M］．黄宇，陈晓霞，阎宝华，译．北京：中国轻工业出版社，2002.
[19] 李吉林，王林．情境数学典型案例设计与评析：为儿童的数学［M］．北京：教育科学出版社，2012.
[20] 戴再平．数学习题理论［M］．上海：上海教育出版社，1999.
[21] 李大潜．圆周率漫话［M］．北京：高等教育出版社，2007.
[22] 张志伟．写作大众的西方哲学［M］．北京：中国人民大学出版社，2004.
[23] 米盖尔·德·古斯曼．数学探奇［M］．周克希，译．上海：上海教育出版社，1993.
[24] 金盛华．社会心理学［M］．北京：高等教育出版社，2010.
[25] 舒尔茨．教育的情感世界［M］．上海：华东师范大学出版社，2010.
[26] 林崇德，杨志林，黄希庭．心理学大辞典［M］．上海：上海教育出版社，2003.
[27] 乔纳森·H 特纳．人类情感：社会学的理论［M］．孙俊才，文军，译．北京：东方出版社，2003.
[28] 佐藤学．静悄悄的革命［M］．李季湄，译．北京：教育科学出版社，2014.
[29] 傅道春．教育学：情境与原理［M］．北京：教育科学出版社，1999.
[30] 李文林．数学史概论［M］．北京：高等教育出版社，2002.
[31] 列昂纳多·姆洛迪诺夫．几何学的故事［M］．沈以淡，王季华，沈佳，译．海口：海南出版社，2004.
[32] 吴开朗．数学美学［M］．北京：北京教育出版社，1993.
[33] 吴华，张守波．数学课程与教学论［M］．北京：北京师范大学出版社，2012.

[34] 张奠宙．数学教育研究导引［M］．南京：江苏教育出版社，1994.
[35] S lan Robertson．问题解决心理学［M］．张奇，译．北京：中国轻工业出版社，2004.
[36] 张奠宙．普通高中《课标》（实验）解读［M］．南京：江苏教育出版社，2010.
[37] 黄显华，霍秉坤．寻找课程论和数学教材设计的理论基础［M］．北京：人民教育出版社，2005.
[38] 钟启泉．课程与教学概论［M］．上海：华东师范大学出版社，2004.
[39] 张奠宙．数学教育概论［M］．北京：高等教育出版社，2004.
[40] Charlotte Danielson．教学框架：一个新教学体系的作用［M］．北京：中国轻工业出版社，2005.
[41] 瞿葆奎．教育学文集：教育评价［M］．北京：人民教育出版社，1989.
[42] 瞿葆奎．教育基本理论之研究［M］．福州：福建教育出版社，1998.
[43] 曹才翰．数学教育学概论［M］．南京：江苏教育出版社，1989.
[44] 王仲春，孙名符．数学思维与数学方法论［M］．北京：高等教育出版社，1989.
[45] 奚定华．数学教学设计［M］．上海：华东师范大学出版社，2000.
[46] Mary Dantonio，Panl C Beisenherz．教师怎样提问才有效：课堂提问的艺术［M］．宋玲，译．北京：中国轻工业出版社，2015.
[47] 张奠宙．大千世界的随机现象［M］．南宁：广西教育出版社，1999.
[48] 熊川武．反思性教学［M］．上海：华东师范大学出版社，1999.
[49] 莱斯特·恩布里．现象学入门［M］．靳希平，译．北京：北京大学出版社，2007.
[50] Timothy G Reagan，Charles W Case，Joha W. Brubacher．成为反思型教师［M］．沈文钦，译．北京：中国轻工业出版社，2005.
[51] 爱恩戴维斯，爱恩格莱格瑞，尼克麦克基恩．教师一定要思考的四个问题［M］．冯怡，译．北京：中国青年出版社，2007.
[52] Stephen D Brookfild．批判反思型教师 ABC［M］．张伟，译．北京：中国轻工业出版社，2002.
[53] James A Middleton，Polly Goepfert．数学教学的创新策略［M］．伍新春，张洁，译．中国轻工业出版社，2003.
[54] Lynda Fielstein，Patricia Phelps．教师新概念：教师教育理论与实践［M］．王建平，译．北京：中国轻工业出版社，2002.
[55] Stephen D Brookfild．批判反思型教师 ABC［M］．张伟，译．北京：中国轻工业出版社，2002.

[56] Ellen Weber. 有效的学生评价 [M]. 国家基础教育课程改革“促进教师发展与学习成长的评价”项目组，译. 北京：中国轻工业出版社，2003.

[57] 保罗 D 利迪. 实用研究方法论计划与设计 [M]. 顾宝炎，译. 北京：清华大学出版社，2005.

[58] 郭利萍. 前行、攀升与飞翔 [J]. 课程教材教法，2010 (4)：3-8.

[59] 张恭庆. 谈数学职业 [J]. 数学通报，2009 (7)：1-7.

[60] 张定强，欧桂瑜. 数学问题：从教材到教学 [J]. 初中数学教与学，2013 (10)：2-6.

[61] 郭韶. 初中数学思想与方法渗透数学的五条路径 [J]. 知识窗，2017 (2)：59.

[62] 卢萍，邵光华. 2014 年数学教材研究与发展国际会议综述 [J]. 课程·教材·教法，2015 (4)：121-125.

[63] 张倩，黄毅英. 教科书研究之方法论建构 [J]. 课程·教材·教法，2016 (8)：41-47.

[64] 张定强. 论数学反思能力 [J]. 课程教材教法，2005 (3)：49-54.

[65] 张定强. 为什么数学教师要学习《数学课程标准》 [J]. 数学通报，2005 (9)：24-26.

[66] 方运斌. “数学问题解决”研究的中国特色 [J]. 课程·教材·教法，2015 (3)：58-62.

[67] 程靖，孙婷，鲍建生. 我国八年级学生数学推理论证能力的调查研究 [J]. 课程·教材·教法，2016 (4)：17-22.

[68] 郑毓信.《数学课程标准 (2011)》的另类解读 [J]. 数学教育学报，2013 (1)：1-7.

[69] 张定强. 核查表：积累、提升、拓展教育智慧的有用工具 [J]. 当代教师教育，2011 (3)：7-13.

[70] 张国杰，徐沥泉，杨世明. 数学教育微型调查和微型实验的若干课题 [J]. 数学教育学报，1996 (3)：17-20.

[71] 王光明，王富荣，杨之. 深入钻研数学教材：高效教学的前提 [J]. 数学通报，2010 (11)：8-10.

[72] 杨豫晖，宋乃庆. 小学五年级“分数的意义”教学结构研究 [J]. 课程·教材·教法，2010 (4)：54-57.

[73] 张定强. 论数学教科书的价值观 [J]. 数学通报，2011 (8)：5-11.

[74] 谢琳，刘剑涛. 从两个争议看高中概率基本概念教学中存在的问题 [J]. 数学教育学报，2010 (6)：6-8.

[75] 丁锦宏，陈怡，奚萍．换一个角度透视情境教育：一项关于“情境教育研究”的元研究 [J]．教育研究与评论，2011 (2)：32 -48.
[76] 沈林，黄翔．数学教学中的情境设计：类型与原则 [J]．中国教育学刊，2011 (6)：48 -51.
[77] 张定强．论教学日记及其对话艺术 [J]．当代教师教育，2012 (1)：53 -56.
[78] 张定强，欧桂瑜．数学问题：从教材到教学 [J]．数学教学研究，2013 (6)：2 -6.
[79] 李庆明．全国“情境教学——情境教育”学术研讨会综述 [J]．教育研究，1997 (4)：64 -67.
[80] 佘玉春．新课改背景下的情境教学 [J]．上海教育科研，2004 (7)：40 -42.
[81] 张新华．关于在课堂多媒体网络环境下的情境创设 [J]．电化教育研究，2001 (5)：48 -52.
[82] 吕传汉，汪秉彝．论中小学“数学情境与提出问题”的教学 [J]．数学教育学报，2006 (2)：74 -79.
[83] 王文静，郑秋贤．贾斯珀系列：基于情境认知的美国数学学习案例研究 [J]．教育发展研究，2001 (8)：39 -42.
[84] 卢晓平，何金鑫．情境教学在数学教学中的应用 [J]．教学与管理，2004 (3)：48 -49.
[85] 黄翔，李开慧．关于数学课程的情境化设计 [J]．课程·教材·教法，2006 (9)：39 -43.
[86] 张定强．教师专业成长不可或缺的特质：反思性分析 [J]．课程·教材·教法，2011 (5)：92 -97.
[87] 张定强．论教师实力的内涵及其基本属性 [J]．当代教育与文化，2012 (4) 73 -77.
[88] 李吉林．为全面提高儿童素质探索一条有效途径：从情境教学到情境教育的探索与思考（上）[J]．教育研究，1997 (3)：33 -41.
[89] 冷平，梅松竹．数学课堂中的情境教学误区 [J]．教学与管理，2011 (1)：54 -56.
[90] 王鉴，张晓洁．论情境教学的理论基础 [J]．当代教育与文化，2011 (5)：19 -22.
[91] 张定强，裴凯．数学教师应当树立怎样的教材分析观 [J]．数学教学研究，2019 (5)：2 -5.
[92] 张定强，梁会芳，杨怡．论数学教师论文写作的三个着力点 [J]．中小

学教师培训，2019（12）：21－25.
［93］石鸥，石玉. 论教科书的基本特征［J］. 教育研究，2012（4）：92－97.
［94］陈新汉. 哲学审视中的问题［J］. 新华文摘，2005（9）.
［95］张定强，王伶俐. 怎样准确理解与把握数学新课程体系中的目标［J］. 数学通报，2007（12）：54－57.
［96］张定强. 课堂教学同意与争鸣模式的质性分析：基于课堂现象学的视角［J］. 课程·教材·教法，2014（6）：23－28.
［97］蔡金法，徐斌艳. 也论数学核心素养及其建构［J］. 全球教育展望，2016（11）：3－12.
［98］代钦. 释数学文化［J］. 数学通报，2013（4）：1－4.
［99］刘丹. 情境学习在数学课堂中的案例分析：情境创设与合作交流真的那么重要吗［J］. 数学教育学报，2006（3）：95－98.
［100］袁振国. 科学问题与教育知识增长［J］. 教育研究，2019（4）：4－14.
［101］何小亚，李湖南，罗静. 学生接受假设的认知困难与课程及教学对策［J］. 数学教育学报，2018（4）：25－30.
［102］夏心军. 教育生活：教科研论文选题的应然观照［J］. 江苏教育研究，2012（29）：58－62.
［103］张肇丰. 关于教师论述语言的修辞问题：中小学教师论文写作的语言学分析之二［J］. 上海教育科研，2010（4）：42－45.
［104］张定强，蔡娟娥. 拓展学生数学思维的基本途径：外促与内生［J］. 中小学数学，2014（6）：44－46.
［105］张定强，王伶俐. 把系统掌握《数学课程标准》作为教师的看家本领［J］，中学数学杂志，2015（6）：1－4.
［106］缪爱明. 中小学教师论文写作的价值认知及其架构策略［J］. 教育理论与实践，2014（2）：33－35.
［107］林运来. 在阅读中求发展［J］. 高中数学教与学，2018（6）：62－65.
［108］徐利治. 科学文化人与审美意识［J］. 数学教育学报，1997（1）：1－7.
［109］陈月茹. 数学教材应该是权威吗［J］. 教育研究 .2009（7）：100－103.
［110］孙名符，张定强. 数学教育评论学刍议［J］. 高等理科教育，2006（5）：24－28.
［111］张定强，秦炜杰，王小虎. 数学教师：探寻数学教学意义的方法与途

径［J］，中学数学杂志，2015（12）：1－3.
［112］曹永红．在做什么，抑或知道在做什么：教师的前提性反思的危机与重建［J］．华东师范大学学报（教育科学版），2014（1）：41－49.
［113］张定强．论教师实力的内涵及其基本属性［J］．当代教育与文化，2012（4）：73－77.
［114］詹小美，皮家胜．马克思主义哲学研究中的“理解间距”问题［J］．新华文摘，2007（12）：23－26.
［115］孙平．课堂教学与文本解释［J］．高等教育研究，2007（5）：66－70.
［116］吕世虎，杨婷，吴振英．数学单元教学设计的内涵、特征以及基本操作步骤［J］．当代教育与文化，2016（7）：41－46.
［117］马兰．整体化有序设计单元教学探讨［J］．课程·教材·教法，2012（2）：23－31.
［118］陶东风．记忆是一种文化建构［J］．新华文摘，2011（2）.
［119］张定强，张元媛，祈乐珍．教师参与“课例研讨”：价值与限度：以《概率的进一步认识》为例［J］．中小学教师培训，2016（12）：20－23.
［120］张定强，张元媛．数学文化融入数学教学的意蕴与路径［J］．数学教学研究，2017（3）：2－5.
［121］张定强，朱鸽．谈数学教师进行教学设计的“四个需要”［J］．中小学教学研究，2019（12）：84－90.
［122］张定强，裴阳．中小学教师开展课题研究的途径与方法［J］．中小学教师培训，2018（3）：29－32.
［123］张定强，薛凤明．数学教师教材研究素养解析［J］．中学数学杂志［J］．2018（2）：1－4.